中国地质调查成果 CGS 2020－012
"长吉经济圈地质环境综合调查"项目资助

长吉经济圈水资源及地质环境综合研究

CHANGJI JINGJIQUAN SHUIZIYUAN JI DIZHI HUANJING ZONGHE YANJIU

孙岐发　郭晓东　田　辉　于慧明　李旭光
梁秀娟　肖长来　张　茜　王　鸽　戚琳琳　　著

内容摘要

本书重点介绍了长吉经济圈的水资源合理配置、供水安全评价及重点工作区地质环境问题。首先,从水资源量评价和变化规律性研究开始,从考虑生态需水量的水资源供需平衡关系出发,查明了区域供需水所存在的问题;其次,在水量、水质评价的基础上,结合区域用水及生态需水要求,进行了地表水、地下水联合水功能区划分,基于划分结果评价水资源安全性;再次,以 MIKE BASIN 数值模拟为平台开展定量化研究,以生态优先为原则,以社会、经济可持续发展为目标,系统地考虑了水资源分布的规律性、功能性、安全性,提出了水资源合理配置方案;最后,研究了重点工作区的水文地质条件、工程地质条件及环境地质问题。本书可为长吉经济圈地区解决制约地方经济发展的环境地质等"瓶颈"问题,促进绿色、健康发展提供有力支撑,也可为水资源环境、资源地质等研究方向的专业人士提供参考。

图书在版编目(CIP)数据

长吉经济圈水资源及地质环境综合研究/孙岐发等著. —武汉:中国地质大学出版社,2020.8
ISBN 978 - 7 - 5625 - 4802 - 7

Ⅰ. ①长…
Ⅱ. ①孙…
Ⅲ. ①区域资源-水资源管理-研究-吉林 ②区域环境-地质环境-研究-吉林
Ⅳ. ①TV213.4 ②X321.234

中国版本图书馆 CIP 数据核字(2020)第 097310 号

长吉经济圈水资源及地质环境综合研究		孙岐发 等著
责任编辑:唐然坤 　　选题策划:唐然坤		责任校对:徐蕾蕾

出版发行:中国地质大学出版社(武汉市洪山区鲁磨路 388 号)		邮编:430074
电　　话:(027)67883511　　传　　真:(027)67883580		E-mail:cbb @ cug.edu.cn
经　　销:全国新华书店		http://cugp.cug.edu.cn
开本:880 毫米×1230 毫米　1/16	字数:539 千字	印张:17
版次:2020 年 8 月第 1 版	印次:2020 年 8 月第 1 次印刷	
印刷:广东虎彩云印刷有限公司		
ISBN 978 - 7 - 5625 - 4802 - 7		定价:298.00 元

如有印装质量问题请与印刷厂联系调换

前　言

长吉经济圈是长吉图经济区的腹地，包括长春市、吉林市城市规划区和九台市、永吉县全境，从汽车物流产业发展考虑，扩展到公主岭市范家屯镇、响水镇和大岭镇。长吉经济圈地理坐标为：东经124°45′00″—126°57′00″，北纬43°15′40″—44°32′00″，区域面积约14 360 km²，占吉林省总面积的7.5%。区域总人口约663万人，其中非农业人口约416万人，城镇化率达63%。长吉经济圈是吉林省为了带动中部城市群发展而提出的"以长春、吉林两市为核心"的区域经济体，区内有国家级新区"长春新区"及省级开发区"长春莲花山生态旅游度假区"。长吉经济圈水资源及重点区地质环境综合调查评价作为推进"一带一路"建设、加快新一轮东北地区等老工业基地振兴的重要举措，为促进吉林省经济发展和东北地区全面振兴发挥了重要支撑作用。

本书依托于中国地质调查局"长吉经济圈地质环境综合调查"项目（项目编号：DD20160265），项目周期为2016—2018年，审批意见（任务书）编号分别为中地调审[2016]05031、中地调审[2017]0301和中地调审[2018]0567。在充分利用前人资料的基础上，该项目通过野外调查与室内分析相结合，综合研究了长吉经济圈的水资源合理配置与供水安全。由于水资源在此区域内时空分配不均，水资源的合理配置已成为长吉经济圈协同发展的重要前提。此外，区域内还面临着过度开采造成的水资源不足、水体污染引起的水质性缺水、生态环境恶化等问题，单纯考虑水量的水资源配置已不能满足区域的用水需求。而目前关于将生态系统需水纳入水资源配置中的研究尚处于起步阶段，对于不同生态环境需水的估算以及基于水资源的功能差异、考虑安全性的水资源分配原则和方法的研究都尚待完善。因此，提出一套维护生态环境良性循环、保障区域水资源安全、满足社会可持续发展的水资源合理配置的理论与方法，对评价供水安全性、对地方政府管理和决策具有重要的理论意义与现实意义。

通过调查研究，区域已查明了长春新区、长春莲花山生态旅游度假区的水文地质、工程地质条件以及存在的矿山环境地质问题，为解决制约地方经济发展的水文、工程、环境地质等"瓶颈"问题提供了有力支撑；发现长春莲花山生态旅游度假区地下水中锶和偏硅酸含量达到矿泉水标准，具有可开发潜力，可为地方绿色、健康发展提供支撑。

本书是在中国地质调查局、中国地质调查局沈阳地质调查中心的组织领导，以及相关部门有关科技人员的大力支持和指导下完成的。在工作过程中，吉林省自然资源厅、长春莲花山生态旅游度假区等单位的主管领导和技术专家参与了部署研究与工作协调等工作；在长吉经济圈承担地质环境综合调查评价项目的吉林省、辽宁省相关的地勘部、院校等单位领导和同行们都对项目给予了极大支持与热情帮助。

本书搜集和利用了吉林省地质调查院、吉林省地质工程勘察院、吉林省地质环境监测总站等单位和各方面地质工作者的成果及资料，在此一并表示衷心的感谢！

著者
2020年3月

目 录

第一章 研究区概况 …………………………………………………………………… (1)
第一节 自然地理概况 ………………………………………………………………… (1)
第二节 社会经济概况 ………………………………………………………………… (8)
第三节 区域地质条件 ………………………………………………………………… (9)
第四节 区域水文地质条件 …………………………………………………………… (12)

第二章 长吉经济圈水资源量 ………………………………………………………… (14)
第一节 降水量分析评价 ……………………………………………………………… (14)
第二节 地表水资源量分析与评价 …………………………………………………… (18)
第三节 地下水资源量分析与评价 …………………………………………………… (26)
第四节 水资源总量的计算 …………………………………………………………… (52)

第三章 长吉经济圈水资源质量分析与评价 ………………………………………… (55)
第一节 地表水水质评价 ……………………………………………………………… (55)
第二节 地下水水质评价 ……………………………………………………………… (64)

第四章 长吉经济圈水资源供需平衡分析 …………………………………………… (77)
第一节 需水量分析与预测 …………………………………………………………… (77)
第二节 水资源可供水量分析与预测 ………………………………………………… (95)
第三节 水资源供需平衡分析 ………………………………………………………… (102)

第五章 长吉经济圈水资源合理配置 ………………………………………………… (103)
第一节 MIKE BASIN 模型的构建过程 ……………………………………………… (103)
第二节 数据处理及生成时间序列 …………………………………………………… (103)
第三节 模型的运行结果与分析 ……………………………………………………… (107)
第四节 合理配置方案 ………………………………………………………………… (111)
第五节 推荐方案 ……………………………………………………………………… (117)

第六章 长吉经济圈供水安全评价 …………………………………………………… (119)
第一节 供水安全概念及供水安全评价方法 ………………………………………… (119)
第二节 指标体系构建 ………………………………………………………………… (120)

第七章　重点工作区水文地质条件 ·· (142)

第一节　地下水赋存条件 ·· (142)
第二节　地下水化学 ·· (146)
第三节　地下水动态 ·· (155)
第四节　地下水质量 ·· (187)
第五节　锶和偏硅酸矿泉水可开发潜力分区 ······································ (205)

第八章　重点工作区工程地质条件 ·· (209)

第一节　工程地质评价原则 ·· (209)
第二节　长春新区工程条件 ·· (210)
第三节　泉眼幅工程地质 ·· (214)
第四节　新安堡幅工程地质 ·· (219)

第九章　重点工作区环境地质问题 ·· (224)

第一节　重点工作区矿山地质环境 ·· (224)
第二节　重点工作区土壤环境质量问题 ·· (233)

主要参考文献 ·· (265)

第一章 研究区概况

第一节 自然地理概况

一、位置与交通

长吉经济圈是长吉图经济区的腹地,包括长春市、吉林市城市规划区和九台市、永吉县全境,从汽车物流产业发展考虑,扩展到公主岭市范家屯镇、响水镇和大岭镇。长吉经济圈的地理坐标为:东经124°45′00″—126°57′00″,北纬43°15′40″—44°32′00″,区域面积约14 360 km²,占吉林省总面积的7.5%。区域总人口约663万人,其中非农业人口约416万人,城镇化率达63%。

研究区交通便利,水陆交通均较发达。长春市、吉林市均是东北地区重要的交通枢纽。由长哈、长白、长沈、吉哈、吉长、吉沈、吉图干线组成的铁路枢纽贯通南北东西,长吉、长营等高速公路均已通车,民航班机可直达国内各大城市,并有飞往韩国、日本、俄罗斯等国家的国际航班(图1-1-1)。

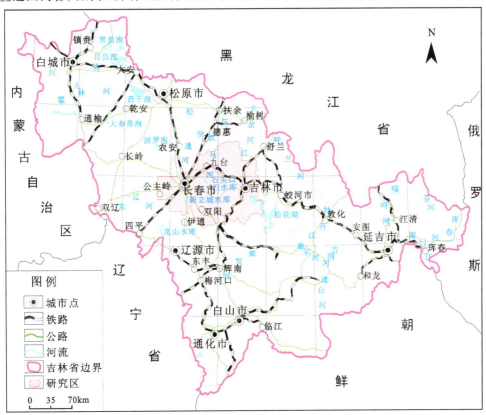

图1-1-1 研究区地理位置示意图

二、地形地貌

研究区位于松嫩平原向长白山区的过渡带，地形总体趋势东南高、西北低，海拔高度为180～1404m，高差为1224m。西北部河谷平原主要包括第二松花江（简称二松）河谷平原、伊通河部分河谷平原和饮马河河谷平原等，海拔在130～500m之间，地势平坦开阔。中部低山丘陵区包括长春市郊的鸡冠山、大顶子山、大黑山等山区，绵延东北至西南部，海拔在500～1400m之间。中南部河谷平原区主要包括二松河谷平原、饮马河河谷平原，此区为诸多河流的发源地，地形略有起伏。东南山区主要包括吉林市区南部、永吉县部分地区，海拔可达1000m以上，地形起伏明显。

地貌按成因和形态特征可分为4种类型。

侵蚀构造中低山：分布于研究区东南部，主要由花岗岩、浅变质岩、中酸性熔岩及碳酸盐岩组成。山体走向为北东-南西向，切割深度为200～500m。河谷垂向上多呈"V"字形，平面上呈树枝状分布。

构造剥蚀丘陵：分布在大黑山和中低山山前地带，主要由花岗岩、火山碎屑岩及小部分碳酸盐岩组成，切割深度为50～100m，沟谷多呈"U"字形。

冲洪积高平原：分为山前倾斜台地和波状台地。山前倾斜台地分布在山间沟谷坡麓地带，主要由中更新统黄土状亚黏土及砂砾石组成，海拔高度为220～260m。波状台地分布在伊通-舒兰（伊舒）断陷槽地和大黑山西侧长春地区，主要由亚黏土、黄土状亚黏土、亚砂土、砂砾石组成，在岔路河东侧可见由下更新统冰水堆积物砂砾石、卵砾石、中粗砂组成的冰水堆积台地，海拔高度为200～240m。台地总体趋势较平坦，表面呈波状起伏，靠近低山丘陵一侧起伏较大，前缘陡坎高出冲积平原3～10m，冲沟较发育。

河谷冲积平原：分布在伊通河、饮马河、岔路河、温德河两侧，呈条带状分布，地貌单元为漫滩、Ⅰ级阶地、Ⅱ级阶地。各地貌单元界线明显，呈陡坎接触，地势平坦，略向河谷方向倾斜，海拔高度为180～200m，主要由亚黏土、中粗砂、砂砾石、卵砾石组成，阶地二元结构明显（图1-1-2）。

三、气象

研究区属北寒温带大陆性半湿润季风气候，多年平均温度为4.4～6.0℃，多年平均降水量为611.81～688.97mm，多年平均蒸发量为858.6～1432mm。

气候介于东部山地湿润区与西部平原半干旱区之间的过渡带，属温带大陆性湿润气候类型。东部和南部虽距海洋不远，但由于长白山（白头山）地的阻挡，削弱了夏季风的作用。西部和北部为地势平坦的松辽平原，西伯利亚极地大陆气团畅通无阻。故该区气候的总特点是春季干旱多风，夏季温暖短促，秋季晴朗温差大，冬季严寒漫长。年平均气温为4.6℃，历史上最高气温可达40℃，自1951年有气象记录以来，最低温度出现在1970年，为-36.5℃。年降水量为600～700mm，全年无霜期为140～150天，全年冰冻期为5个月。

吉林市属温带大陆性季风气候，四季分明。夏季温热多雨，冬季寒冷干燥，受地形影响气温由南向北逐渐降低。年平均气温为3.9℃，一月平均气温最低，一般为-20～-18℃；七月平均气温最高，一般为21～23℃。全年平均降水量为650～750mm，全年日照时数一般为2300～2500小时。

四、水文

研究区地处东北平原东部低山丘陵向西部台地平原的过渡地带，受东南高、西北低地形地势的影响，形成了长吉地区特有的南源北流的水系格局。境内有大小河流100余条，属于第二松花江水系流域。流域面积在100km²以上的主要江河有10条，即饮马河、伊通河、第二松花江、新开河、沐石河、雾开河、双阳河、牤牛河、温德河、鳌龙河。较大的水库有松花湖水库、新立城水库、石头口门水库、净月水库、双阳水库、星星哨水库等（图1-1-3）。

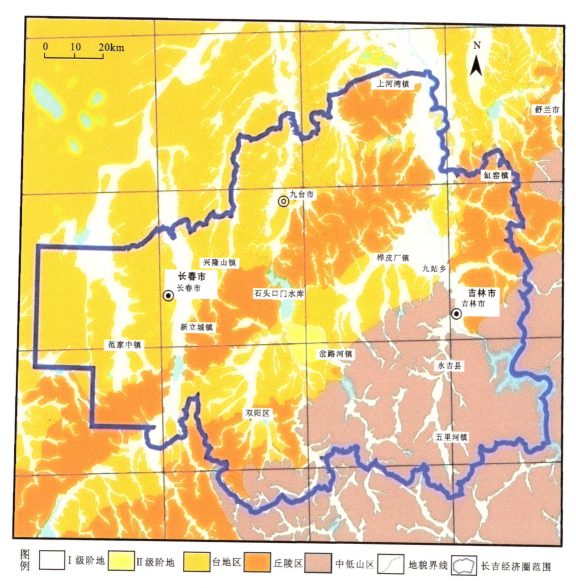

图 1-1-2 研究区地形地貌示意图

1. 饮马河

饮马河为第二松花江左岸一大支流，发源于磐石县驿马乡呼兰岭，流经磐石、双阳、永吉、九台、德惠等县，至农安县靠山屯北 15km 处注入松花江。饮马河长 403km，流域面积为 16 793km²，河道平均坡降为 2‰。整个流域略成一斜长方形，东部为山地和松辽平原过渡带，南部为起伏的低山丘陵，西北部为松辽平原，中部为平原台地。饮马河洪水多发生在 7—8 月，官马店水文站监测历年最大洪峰流量为 1010m³/s。烟筒山水文站实测饮马河流域烟筒山以上多年平均年径流深为 210mm，最大年径流量为 $4.55 \times 10^8 m^3$（1973 年），最小年径流量为 $0.469 \times 10^8 m^3$（1985 年）。

2. 伊通河

伊通河发源于吉林省伊通县境内哈达岭山脉青顶山北麓，在农安县靠山镇靠山大桥下 5km 与饮马河汇合后北流 20km 左右注入第二松花江，从河源至汇合处流程 343.5km，径流量为 $3.5 \times 10^8 \sim 6 \times 10^8 m^3/a$。

因饮马河在汇合处以上流程为368km,比伊通河长20余千米,按"河源唯长"原则,以饮马河为干流,该流域统称饮马河流域。

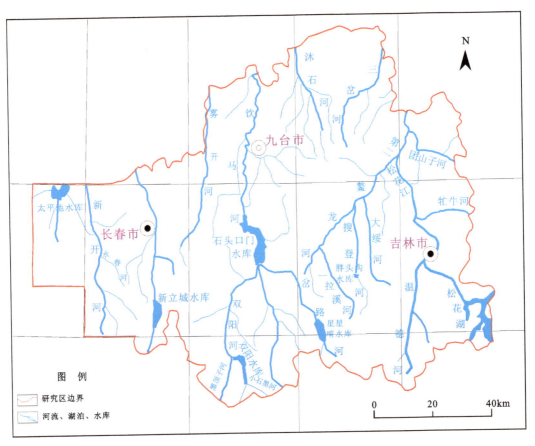

图 1-1-3 研究区区域水系示意图

3. 第二松花江(西流松花江)

第二松花江,又称西流松花江。西流松花江是指松花江的南源[(松花江有南、北两源,北源嫩江发源于大兴安岭伊勒呼里山,南源松花江是松花江的正源,发源于长白山(白头山)的天池]。

西流松花江干支流流经吉林省的安图、敦化、吉林、长春、扶余等26个市、县,河流总长958km,流域面积为$7.34×10^4 km^2$。整个流域地势东南高,西北低,江道由东南流向西北。流域年平均降水比较充沛,水资源较丰富,特别是上游山区,山高河陡,水能资源也很丰富。西流松花江干流水能理论蕴藏量$80.29×10^4 kW$,河流落差1556m。

4. 岔路河

岔路河是第二松花江水系饮马河支流,满语"岔路"意为"满",岔路河意为"水量大的河"。岔路河自发源地至取柴河镇河段原称取柴河,以下至河口段称岔路河,1988年江河普查登记时,统一定名为岔路河。岔路河发源于磐石市取柴河乡哈达岭山脉太平岭北侧,西北流向,先后流经磐石市取柴河镇,永吉县双河镇、黄榆、大岗子、岔路河、三家子、万昌、官厅共8个乡(镇、屯),至官厅乡吴家屯西汇入饮马河。河干流全长103km,流域面积为$1076 km^2$,流域内共有各级支流18条。

5. 双阳河

双阳河位于吉林省双阳县境内,属松花江支流,发源于土顶乡长炮村小老鸹窝屯,流经土顶、太平、石溪、双阳、双阳镇、齐家等乡(镇),于四家乡光辉村注入饮马河。双阳河全长95km,流域面积1290km²,在双阳镇以北,沿河两岸均有堤防。双阳河的有效灌溉面积达70 000亩(1亩≈666.67m²)。双阳系满语音译转化而来,意即黄色、浑浊的河。双阳河上游为低山、丘陵地带,山坡多被垦殖,植被较差,水土流失严重;中、下游泄流不畅,常发生水灾。冬季结冰期约5个月。

6. 新开河

新开河为伊通河的一个支流,从长春市区西南向东北流过,全长131km,汇水面积小,冬季干涸。

7. 牤牛河

牤牛河发源于蛟河市老爷岭,在永吉县江密峰镇与吉林市城区江北乡交汇的牛头山流入区内,河长78.4km,流域面积为874.0km²,河道平均坡降2.7‰,多年平均流量为5.55m³/s,多年平均径流深为273mm。

8. 温德河

温德河发源于永吉县五里河镇肇大鸡山北侧,呈南北走向,于吉林市区白山乡温德河屯北从左岸汇入第二松花江,河长64.5km,流域面积为1179km²,河道平均坡降2.9‰,多年平均流量为5.98m³/s。

五、水资源开发利用现状

1. 水利工程概况

研究区境内有大小河流100余条,呈叶脉状延伸全境,各种水利工程星罗棋布,水利工程供水能力较大,大、中、小型水库及塘坝工程多达640多处,大型水库包括丰满水库、石头口门水库、新立城水库等(表1-1-1),水利工程总蓄水量高达$135.83×10^8 m^3$,担负着供水、防洪(治涝)、发电、灌溉、渔业养殖、景观娱乐等功能。

另外,境内有引水工程2处,其中一处为"引松入长"工程,设计每年从第二松花江的丰满水库坝下向长春市调水$4.62×10^8 m^3$;另一处为从第二松花江上游丰满水库引水至吉林省中部地区,设计水平年为2030年,届时工程建成后每年可退还农业用水$1.48×10^8 m^3$,补偿河道生态环境用水$1.4×10^8 m^3$,减少地下水超采量$2.86×10^8 m^3$,解决长春、四平、辽源3个市,九台、双阳、德惠、农安、公主岭、梨树、伊通、东辽8个县(市、区)以及沿线26个乡镇的生活和工业用水短缺问题。

其中,以丰满水库经济效益最为显著,最大集水面积为$4.25×10^4 km^2$,最大水面面积为550km²,正常蓄水位为261.00m(设计最高水位为266.50m),最大水深为80m,最大库容为$107.8×10^8 m^3$。丰满水电站发电装机容量为$55.4×10^4 kW$,年发电量可达$18.9×10^8 kW·h$,是东北地区重要的电力节点。

2. 水资源开发及用水水平分析

1) 供水量

研究区内有集中式城镇生活和工业用水地表水水源地7处,设计年供水量可达$14.53×10^8 m^3/a$(设计日供水量为$398.1×10^4 m^3/d$),其中面向城镇生活供水$2.47×10^8 m^3/a$,面向工业供水$12.06×10^8 m^3/a$

(表1-1-2)。在地表供水量中,蓄水工程供水所占比重最大,引水工程供水量所占比重次之。研究区内有面向城镇生活用水而建设的集中式地下水供水水源地3处,设计年供水量为$0.18 \times 10^8 \mathrm{m}^3/\mathrm{a}$(设计日供水量为$4.8 \times 10^4 \mathrm{m}^3/\mathrm{d}$),为区内24万人提供生活饮用水(表1-1-3)。

表1-1-1 研究区内大中型水库统计表

行政区	水库名称	河流	正常蓄水位(m)	水面面积(km²)	总库容(×10⁴m³)	主要功能
长春市市区	新立城	伊通河	218.83	61.93	57 600	防洪、发电、供水、灌溉、渔业养殖
	净月潭	小河沿河	234.50		2770	灌溉、渔业养殖、景观娱乐
长春市九台区	石头口门	饮马河	186.50	40.02	126 400	防洪、发电、供水、灌溉、渔业养殖
	牛头山	三岔河	193.50		3789	灌溉、渔业养殖
	卡伦湖	雾开河	216.53		4180	灌溉、渔业养殖、景观娱乐
	柴福林	八家子河	212.00		1289	灌溉、渔业养殖
长春市双阳区	双阳	双阳河	218.86		7780	防洪、灌溉、渔业养殖
	黑顶子	黑顶子河	248.55		1710	灌溉、渔业养殖
长春市农安县	太平池	翁克河	183.73	34.3	20 110	防洪、灌溉、渔业养殖
	两家子	赵家沟			1400	供水、灌溉、渔业养殖
吉林市市区	丰满	第二松花江	261.00	550	1 078 000	防洪、发电、供水、灌溉、渔业养殖、景观娱乐
	二道	前二道河	225.40	3	1053	灌溉、渔业养殖
	碾子沟	一拉溪河	307.15	2	1355	灌溉、渔业养殖
	大绥河	大绥河	230.50	2	1618	灌溉、渔业养殖
吉林市永吉县	星星哨	岔路河	245.50	15	26 500	防洪、发电、灌溉、渔业养殖
	碾子沟	一拉溪河	307.15	2	1355	灌溉、渔业养殖
	庙岭	倒木河	394.50	1	1010	灌溉、渔业养殖
	朝阳	温德河	378.80	1	1480	发电、灌溉、渔业养殖
四平市公主岭市	平洋	新开河	226.34	2.7	1680	灌溉、渔业养殖

表1-1-2 研究区内地表水水源地分布

行政区	水源名称	水源水质现状	用途	使用人口(万人)	设计日供水量(×10⁴m³/d)	使用城镇	管理部门	取水位置
长春市市区	石头口门水库	Ⅱ	生活、工业	330.8	109.6	长春市区	水库管理局	坝西
	新立城水库	Ⅱ			24.3	长春市区	水库管理局	坝下
	第二松花江	Ⅱ			84.4	长春市区	长春市水利局	丰满水库坝下
长春市农安县	两家子水库	Ⅱ	生活	13	5.2	农安县	长春市水利局	净水厂出口

续表 1-1-2

行政区	水源名称	水源水质现状	用途	使用人口（万人）	设计日供水量（×10⁴m³/d）	使用城镇	管理部门	取水位置
吉林市市区	松花江	Ⅱ	生活	172.4	51.5	吉林市城区	吉林市自来水公司	一、二、三、四水厂
		Ⅱ	工业		118	吉林市	吉林市城市水资源管理办公室	30余处取水斛头
吉林市永吉县	松花江	Ⅱ	生活	8.5	5	永吉县口前镇	永吉县自来水公司	丰满区大兰旗村
四平市公主岭市	平洋水库	Ⅲ	工业		0.1	范家屯镇、响水镇	公主岭市水务局	坝下

表 1-1-3 研究区内地下水供水水源地分布

行政区	水源名称	水源水质现状	使用人口（万人）	设计日供水量（×10⁴m³/d）	使用城镇	管理部门	取水位置
长春市九台区	深水井	Ⅰ	7	0.8	九台区	长春市建设局	九台区西营城沿线
长春市双阳区	双阳区自来水公司	Ⅱ	8	2	云山平湖镇	长春市城建局	15口井
四平市公主岭市	40眼井	Ⅱ	9	2	公主岭市城区苇子沟乡、环岭乡	公主岭市水务局	公主岭市城区

2）用水量

研究区内多年平均用水量为 28.82×10^8 m³/a。在用水组成中，工业用水量最多，为 12.533×10^8 m³/a，占总用水量的 43.49%；农业灌溉用水量次之，为 11.346×10^8 m³/a，占总用水量的 39.37%；居民生活用水量为 2.133×10^8 m³/a，占总用水量的 7.40%；林牧渔畜用水量为 1.404×10^8 m³/a，占总用水量的 4.87%；城市公共用水量为 0.842×10^8 m³/a，占总用水量的 2.92%；生态环境用水量为 0.561×10^8 m³/a，占总用水量的 1.95%（表 1-1-4）。

表 1-1-4 研究区各行业地表水、地下水多年平均用水比重

项目	地表水（×10⁸m³/a）	占比（%）	地下水（×10⁸m³/a）	占比（%）
农田灌溉用水量	6.630	58.4	4.716	41.6
工业用水量	12.218	97.5	0.315	2.5
居民生活用水量	1.286	60.3	0.847	39.7
林牧渔畜用水量	0.133	9.5	1.271	90.5
城市公共用水量	0.242	28.8	0.600	71.2
生态环境用水量	0.506	90.3	0.055	9.7
合计	21.016	72.9	7.803	27.1

3) 用水水平分析

根据各地区多年水资源公报数据显示，研究区内多年平均用水量为 $28.82\times10^8\text{m}^3/\text{a}$。从总体用水结构来看，各产业用水比例相差较大，农业仍是用水大户，占总用水量的 39.37%，农田实际用水量为 9 410.4 m^3/hm^2（$1\text{hm}^2=10\ 000\text{m}^2$）。《吉林省行业用水定额标准》中东部低山丘陵区水田灌溉定额为 6800～11 250 m^3/hm^2，本区农田灌溉用水量处在中游水平，仍有较大的节水灌溉的潜力。居民生活用水量为 118.7 L/(人·d)，相应用水定额为 55～130 L/(人·d)，用水过程中存在浪费现象，应提高用水效率，减少浪费。林牧渔畜用水量中大牲畜用水量为 42.3 L/(头·d)，用水定额为 40～60 L/(头·d)，小牲畜 21.35 L/(头·d)，用水定额为 20～35 L/(头·d)，二者均处在较高用水水平。生态环境用水量中城市园林及绿化用水量为 0.98 L/(m^2·d)，用水定额为 2～5 L/(m^2·d)，实际用水量远小于用水定额，可以适当加大这部分用水量。

第二节 社会经济概况

"长吉一体化"是吉林省委省政府确定的统筹推进全省特色城镇化战略的重要组成部分。它充分利用长吉北线、长吉南线等交通优势，在长春、吉林之间打造长吉新型产业带、生态农业和现代服务业产业带。先行先试重点内容包括：探索建立"长吉一体化"发展规划机制，探索建立基础设施共建共享的体制机制，探索建立产业错位发展和区域市场一体化的体制机制，探索建立生态建设一体化的体制机制，并积极地与吉林市北部工业新区对接，另外吉林市的北部工业新区也在积极地向长春靠拢。

2010 年 7 月 2 日，长春、吉林两市签署了《推进一体化发展合作框架协议》。这个协议确定了"长吉一体化"要遵循"体制创新、优势互补、务实合作、积极推动、重点突破、整体推进"的基本原则；提出了统筹规划交通、能源、水利设施及信息化的具体事项；明确了重大产业、基础设施、生态环保、市场机制等一体化合作内容，并建立了两市工作层面的协调推动机制。

目前，"长吉一体化"重大合作项目已经不仅仅处于设计和规划阶段，其中长春东北国家开放开发先导区、长春兴隆综合保税区、长春空港经济开发区、长春低碳产业合作区、吉林北部工业新区、中国吉林（新加坡）新型农业合作食品区、吉林化学工业循环经济示范园区等合作平台都已启动实施。在推进"长吉一体化"的进程中，随着设计时速 250km 的长吉铁路通车，以及长春、吉林两市间特色城镇的迅速发展，"长吉一体化"经济带上将崛起四大世界级的产业集群和基地。

初步核算，长吉经济圈 2017 年全年实现地区生产总值 8 832.8 亿元，按不变价格计算，比上年增长 7.0%。其中，第一产业增加值为 544.5 亿元，比上年增长 3.2%；第二产业增加值为 3 999.5 亿元，增长 6.5%；第三产业增加值为 4 288.8 亿元，增长 8.3%。

其中，长春市全年实现地区生产总值 6530 亿元，按不变价格计算，比上年增长 8.0%。其中，第一产业增加值为 315.1 亿元，比上年增长 3.8%；第二产业增加值为 3 175.2 亿元，增长 7.5%；第三产业增加值为 3 039.7 亿元，增长 9.0%。三次产业结构为 4.8∶48.6∶46.6，对经济增长的贡献率分别为 2.8%、47.0%、50.2%。

吉林市全年实现地区生产总值 2 302.8 亿元，比上年增长 2.6%。其中，第一产业完成增加值为 229.4 亿元，增长 2.2%；第二产业完成增加值为 824.3 亿元，增长 0.7%；第三产业完成增加值为 1 249.1 亿元，增长 4.5%。三次产业结构的比例关系由上年的 9.8∶43∶47.2，调整为 10∶35.8∶54.2，第三产业占比提升 7%，产业结构进一步优化。全市人均生产总值达到 54 969 元，按现行汇率折算为 8 448.9 美元。

第三节 区域地质条件

一、地层

工作区地处两个地层分区,即九台-白城地层区和吉林-四平地层区,3个地层小区,即松辽盆地、九台、吉中地区。

区内地层发育较全,自新元古代至新生代地层均有分布。由于受中生代岩浆活动及火山喷发作用的影响,新元古代及古生代地层遭到严重破坏,地层沿走向和倾向连续性较差,且部分新元古代地层以捕虏体形式存在。又由于伊通-舒兰地堑形成后,上覆的大面积第四系沉积物及松花江流域形成的冲、洪积物质的大面积覆盖,使得新近纪及之前各时代形成的地层出露不全,且面积较小。

出露地层有古生界志留系、泥盆系、石炭系、二叠系,中生界三叠系、侏罗系和白垩系,新生界古近系、新近系和第四系。

研究区内地层属天山-兴安岭区和华北区。区内地层发育齐全,太古宇、元古界、古生界、中生界、新生界均有出露(表1-3-1)。

表1-3-1 研究区地层简表

界	系	统	组	地层代号	地层岩性
新生界	第四系	全新统	河漫滩及Ⅰ级阶地堆积物	Qh	冲积层:砂与砂砾石组成的上粗下细的二元结构;湖积层:淤泥质黏性土;风积层:粉细砂
		上更新统	顾乡屯组	Qp^3	黄土状亚砂土与黄土状亚黏土
		中更新统	荒山组、大青沟组	Qp^2	冲洪积层:黄土状亚黏土、含砾亚黏土、亚黏土;湖积层:亚黏土,中粗砂,砂砾石
		下更新统	白土山组	Qp^1	灰黄色黄土
	新近系	上新统	船底山组	N_2	主要岩性有灰黑色玄武岩、橄榄玄武岩、巨斑状玄武岩、粗面玄武岩、安山岩等,玄武岩呈柱状节理
	古近系	始新统	舒兰组、棒槌沟组	E_3	砂岩、泥页岩的含煤系地层
		古新统	缸窑组、富峰山组	E_1	以泥岩、砂岩为主,夹褐煤层
中生界	白垩系	下白垩统	嫩江组、姚家组、青山口组、泉头组、营城子组	K_1	泥岩、砂质泥岩与砂岩互层,多见砂砾岩
	侏罗系	上侏罗统	长安组、安民组、久大组、德仁组	J_3	中酸性火山岩、火山碎屑岩及正常沉积岩夹可采煤层
		中侏罗统	夏家街组、太阳岭组	J_2	中酸性火山岩及含煤碎屑岩
		下侏罗统	板石顶子组	J_1	火山碎屑岩及正常碎屑岩
	三叠系	上三叠统	大酱缸组	T_3	陆相含煤碎屑岩,与下伏古生代断层接触

续表 1-3-1

界	系	统	组	地层代号	地层岩性
古生界	二叠系	上二叠统	马达屯组、杨家沟组	P_2	以陆相碎屑岩类为主,夹火山岩及少量海相灰岩
		下二叠统	一拉溪组、范家屯组、大河深组、寿山沟组	P_1	以海相灰岩、碎屑岩、火山岩为主,偶夹陆相碎屑岩
	石炭系	上石炭统	石咀子组	C_3	浅海相夹白色大理岩、砂岩夹结晶灰岩
		中石炭统	磨盘山组	C_2	浅海相中厚层状灰岩及燧石结核灰岩
		下石炭统	鹿圈屯组、北通气沟组	C_1	上部以灰岩为主,中、下部为砂岩、大理岩
	泥盆系	中泥盆统	王家街组	D_2	上部为砂岩、灰岩,含生物碎屑灰岩,下部为砾岩、含砾砂岩、砂岩、粉砂岩夹灰岩
	志留系	中志留统	张家屯组	S_2	砂岩、页岩夹灰岩透镜体
		下志留统	桃山组	S_1	砂岩、页岩夹灰岩透镜体、安山岩、凝灰岩等
	奥陶系		石缝组	O	灰白色大理岩、含墨大理岩夹薄层含墨云母变粒岩、石墨二云片岩

二、岩浆岩

研究区内岩浆岩十分发育,主要为古生代、中生代的岩浆岩侵入,并以中生代侏罗纪为主。岩浆岩以海西晚期、印支期和燕山早期花岗岩为主,呈岩基、岩株状产出。岩浆活动频繁,侵入面积较大,种类较多。现将在区内分布面积较广且有代表性的几个岩体及脉岩介绍如下。

1. 侵入岩

晚泥盆世橄榄岩出露于大绥河一带,长约3km,宽10m,近东西向,呈多个小岩株产出。橄榄岩呈灰绿—浅绿色,主要矿物成分为橄榄石,少量辉石,岩石已全部蛇纹石化,原生矿物及原生结构、构造均被破坏。

早侏罗世闪长岩分布于研究区西北部鸡冠山,研究区内分布面积为1.42km²。早侏罗世二长花岗岩分布于土城子乡北侧,研究区内分布面积为29.52km²,呈浅肉红色,花岗结构,块状构造。中侏罗世石英闪长岩分布于研究区南侧边部旺起镇西侧,研究区内分布面积为6.35km²,呈灰白色,柱粒状结构,块状构造。中侏罗世正长花岗岩分布于研究区西北左家特区附近,研究区内分布面积为22.1km²,呈肉红色,花岗结构,块状构造。中侏罗世花岗闪长岩分布于研究区东部旺起镇、江密峰、新房子、杨木乡、缸窑镇一带,呈岩体状大面积侵入于中上二叠统中,研究区内分布面积为370km²。中侏罗世二长花岗岩分布于吉林市西铜匠沟、沙河子及图幅东南松花湖附近,研究区内分布面积为407.43km²。晚侏罗世二长花岗岩分布于研究区西北左家镇、大石顶子,研究区内分布面积为68.65km²。晚早白垩世花岗斑岩分布于研究区西北八台岭、鸡冠山附近,面积较小,仅1.14km²。

2. 脉岩

闪长玢岩脉分布于八台岭东南侧,出露长约1km,宽50~100m,走向北东40°。闪长玢岩呈灰绿色,具斑状结构,块状构造;斑晶为斜长石、角闪石,含量为25%;基质为灰绿色隐晶质,含量为75%。

三、构造及新构造运动

1. 地质构造

在地质构造上,研究区属于新华夏系第二隆起带与第二沉降带的衔接带,在漫长的地质变迁中,经历了加里东期、海西期、燕山期等多次剧烈构造运动,形成松辽坳陷(I_1)和张广才岭优地槽褶皱带(I_2)两大构造单元(图1-3-1),产生了现今的东南山区、西北平原的地貌景观,产生了诸多不同性质、不同规模的断裂构造、褶皱、坳陷、断陷。

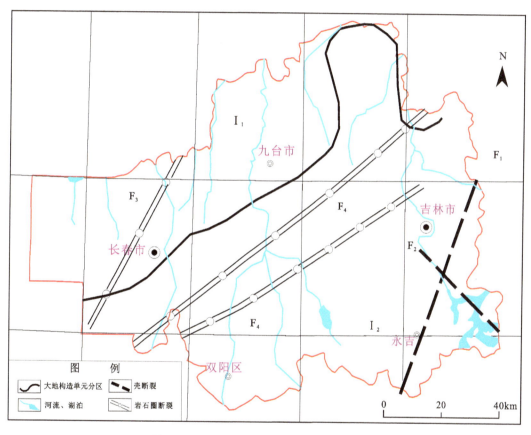

图1-3-1 研究区地质构造图(胡宝和,1990)

区内分布中生代—新生代断裂,按断裂带切割地壳深度、规模大小及展布形态分为岩石圈断裂、壳断裂,断裂构造特征见表1-3-2。新华夏系壳断裂主要有柳河-吉林断裂带,北西向壳断裂主要包括丰满-二道甸子断裂带。华夏系岩石圈断裂主要有四平-德惠断裂带和依兰-伊通断裂带。

表1-3-2 断裂构造特征表

断裂构造	位置	编号	构造特征
壳断裂	柳河-吉林断裂带	F_1	由北北东(20°～30°)向的逆断层、平推-逆断层及破碎带组成,宽18～25km
	丰满-二道甸子断裂带	F_2	为北西向的隐伏断裂,发育有挤压带
岩石圈断裂	四平-德惠断裂带	F_3	由一系列北北东向的逆断层、褶皱、挤压破碎带组成,宽10km
	依兰-伊通断裂带	F_4	由两条相互平行的北东向逆断层构成,控制伊通-舒兰槽型盆地的展布

区内盆地及断陷、坳陷盆地在空间上主要受北东向与北西向构造控制,因此具有明显的方向性和地带性,主要有伊通-舒兰槽型盆地(简称伊舒盆地)。

2. 新构造运动

区内新构造运动表现为中等隆起上升剥蚀,形成以低山丘陵为主的构造剥蚀地形地貌,山顶平缓,风化壳发育,沟宽谷浅,并分布有第四系松散堆积物。本区新近纪一直处于上升剥蚀,第四纪沿伊通-舒兰地堑、辉发河断裂沉降,并堆积有较厚的松散层。其中,伊通-舒兰地堑下中更新统厚40~70m,辉发河谷下中更新统厚10~30m。晚更新世以来本区沿东丰—大孤山一线形成北西向隆起,形成现今的松辽分水岭。

第四节 区域水文地质条件

一、地下水分类

1. 第四系松散岩类孔隙水

全新统河谷冲积层孔隙潜水,赋存于松花江、饮马河、伊通河、牤牛河、温德河等河谷带,呈带状分布,埋深2~4m,局部有承压性。

全新统湖积层孔隙潜水,分布在农安县的波罗湖等封闭的碟状洼地中,埋深较浅。

中上更新统冲积、洪积层孔隙潜水,主要分布在波状台地上,埋深4~10m。

下更新统冰水堆积层孔隙潜水,分布在农安县的西北部、长春绿园区以及各中心区外缘、双阳区盆地、九台区放牛沟,埋深5~35m。

2. 碎屑岩类裂隙孔隙水

新近系碎屑岩裂隙孔隙水主要分布于伊通、双阳以及九站至双吉一带,主要含水层为河流相和河湖相堆积的碎屑岩层。伊通-舒兰槽型盆地砂岩和砂砾岩含水段厚度为30~70m,单井出水量为100~500m^3/d,最大可达3000m^3/d。九站至双吉一带的多层含水层累计厚度由小到大,厚度为10~30m,顶板埋深由浅到深,深度为25~50m,富水性由贫到富,单井涌水量为100~500m^3/d。

白垩系碎屑岩孔隙裂隙水广泛分布于大黑山山前地区,双阳等地也有局部分布且置于第四系覆盖层之下。该水岩组以下白垩统的砂质岩层为主要含水层,地下水多具有承压性,一般厚50~80m,单井出水量为100~1000m^3/d。

3. 碳酸盐岩类裂隙溶洞水

该类型地下水赋存于碳酸盐岩与碎屑岩夹碳酸盐岩分布区,富水性取决于岩溶的发育程度,多以泉的形式出露,泉流量多大于10L/s。

4. 一般基岩裂隙水

一般基岩裂隙水分为构造裂隙水和风化带网状裂隙水两类,前者赋存于断裂构造破碎带和褶皱构造的节理裂隙中;后者分布于低山丘陵区,赋存于松散岩类孔隙潜水之下。含水岩段为岩浆岩、碎屑岩及变质岩的风化裂隙和构造裂隙。因地下水补给及储存条件差,富水性贫乏,单井涌水量小于100m^3/d。

二、地下水补给、径流、排泄条件

本区地下水补给来源主要是大气降水。随地形由高向低径流,地下水以泉的形式排出地表或以地下水径流形式向深切河谷排泄。地下水动态受降水影响,具明显的季节性变化规律,不同类型地下水动态变化各具特征。

松散岩类孔隙水分布于河谷,与河水水力联系密切,同时受人为因素影响较大。基岩裂隙水中风化裂隙水受降水影响大,而构造裂隙水受降水影响小,动态相对稳定。盆地中的碎屑岩孔隙裂隙水多属承压性质,水位动态变化迟缓,一般延后 1~2 个月。

三、地下水动态变化规律

第四系孔隙潜水及部分波状台地孔隙裂隙水处于一个开放的地下水系统,地下水动态变化是地形地貌、地层岩性、地质结构、气象水文和人类活动等多种因素综合影响的结果,因此地下水呈现出不同的变化规律。部分波状台地及大黑山丘陵地区孔隙裂隙水受地层限制水位普遍较浅,地下水主要来源于降水补给,水量较小,水位受降水控制明显,丰水期水位抬升明显,枯水期水位下降。该区属于地下水补给区。

波状台地上覆厚层黄土状亚黏土,水位埋深多大于 5m,蒸发对水位动态影响不大。大气降水及侧向径流为主要补给来源,动态特征为降水渗入径流型,年最大变幅为 1~4m。

基岩裂隙水多赋存在火山岩的节理、裂隙中。基岩裂隙水受大气降水补给和人为开采限制,在地下水开采量较大地区,地下水动态主要受人为开采影响。地下水位变化主要受开采强度的控制,在时空分布上变化较大。

第二章　长吉经济圈水资源量

水资源评价作为水资源规划、开发、利用、保护和管理的基础工作,在水资源合理配置与供水安全评价中起着重要的作用。本章在收集长吉经济圈气象、水文、地质、国民经济发展、水资源开发利用量等各类资料的基础上,综合各种评价方法甄选适合研究区现有水资源现状的评价方法,通过整理、分析和研究,确定研究区多年平均地表水和地下水资源量。

第一节　降水量分析评价

降水是地表水、地下水的主要补给来源,降水量的多少直接影响河川径流量及地下水补给量,因此分析评价降水量的时空分布对水资源量评价有先导意义。本次收集整理了长春、新立城、吉林、口前等17个雨量站(图2-1-1),1958—2011年(54年)逐月降水量数据,总数据量高达11 016个。对选定的资料进行代表性、一致性和可靠性分析,根据系列资料进行频率计算。

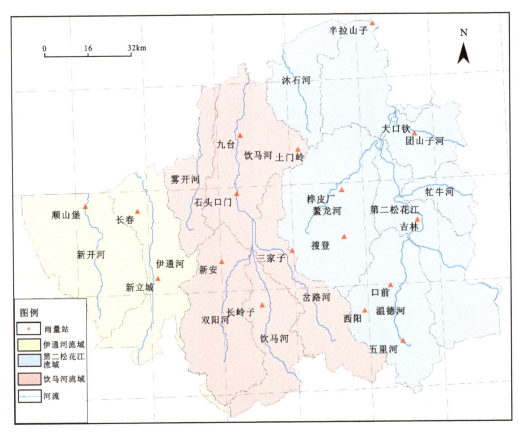

图2-1-1　长吉经济圈雨量站分布图

一、降水资料的"三性"分析

1. 资料可靠性分析

雨量站均匀遍布研究区,全部数据来自中国气象局气象数据中心,数据充足、翔实,雨量站的选取具有代表性。

2. 资料一致性分析

水文计算过程中,要求降水、径流系列必须是具有同一成因条件的统计系列,即具有较高的一致性(叶守泽,2013)。双累积曲线是一种识别降水数据在测量、记录过程中是否产生偏差以及误差修正的常用方法。将被检验雨量站的累积降水量与周围若干雨量站平均值的累积值绘制相关曲线,若二者关系呈明显线性,证明该雨量站资料与其他参证站具有一致性(图2-1-2)。

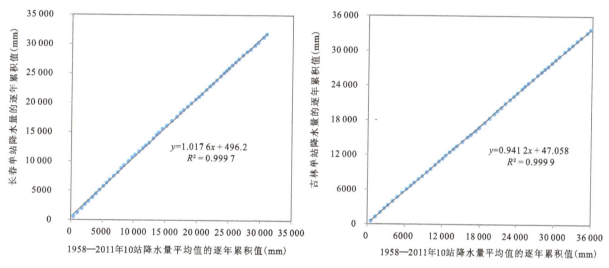

图2-1-2 长春站、吉林站降水量双累积曲线图

3. 资料代表性分析

降水具有系列性、随机性、循环性等特点,因而降水过程的分析与计算准确度受所选取的降水量系列资料的代表性影响很大。降水量累积距平曲线为各月降水量和多年平均月降水量之差累积值与时间的关系曲线,其波动性反映了降水逐月的变化情况,波动明显的曲线体现了降水波动较大,那么所选取系列的资料比较典型。以长春站和吉林站的降水系列为例,绘制两站逐月的降水量累积距平曲线(图2-1-3),整条累积距平曲线呈现规律性波动,变幅明显,证明所选取的资料具有代表性。

二、降水量频率分析与计算

对所选的17个雨量站数据序列进行均值、C_v值的计算,采用P-Ⅲ频率曲线类型(詹道江和叶守泽,2000;梁忠民等,2006),频率计算公式采用数学期望公式:$P=m/(n+1)\times100\%$;以长春站为例,绘制经验频率曲线(图2-1-4),对经验频率曲线进行拟合,得到理论频率曲线,据此计算25%、50%、75%、90%保证率的年降水量。

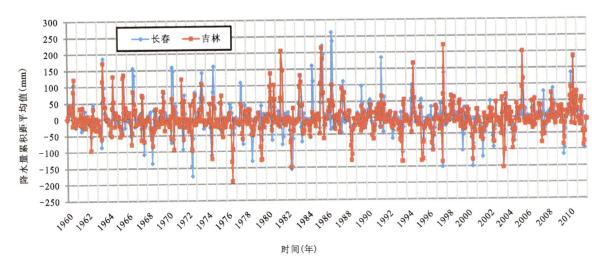

图2-1-3 长春站、吉林站降水量累积距平曲线

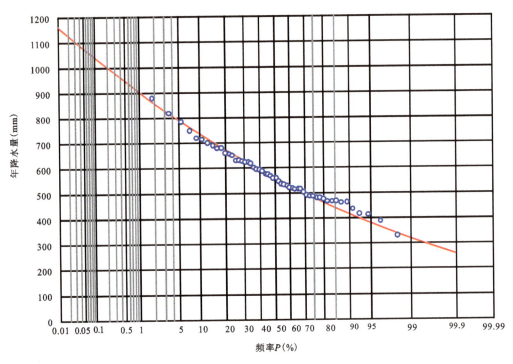

图2-1-4 长春站降水频率曲线

不同保证率年降水量的计算公式为:

$$X_P = \overline{X}[1+C_v\Phi(P,C_s)] \tag{2-1}$$

式中,X_P为保证率为P时的降水量,mm;$\overline{X}$为多年平均降水量,mm;C_v为数据序列的变异系数,无量纲;P为保证率,%;C_s为数据序列的偏态系数,无量纲;$\Phi(P,C_s)$为保证率为P、偏态系数为C_s下的系数,无量纲。

在降水频率计算过程中首先要获取平均值、C_v(变异系数)、C_s(偏态系数)等主要计算参数。从表2-1-1中可以看出,多年平均降水量最大值为719.9mm,出现在西阳站,最小值为545.1mm,出现在顺山堡站;变异系数反映了时间序列整体的离散程度,变异系数越大表示降水变化越剧烈,最大值为0.221,出现在大口钦站,最小值为0.177,出现在西阳站,其他雨量站降水量变异系数整体在0.20左右浮动,变化较小。

对17个雨量站数据进行统计分析,计算结果见表2-1-1。代表性雨量站九台站、长春站、五里河站逐年降水变化趋势见图2-1-5～图2-1-7。

表2-1-1 雨量站降水量数据统计成果表

站名	多年平均值(mm)	最大值(mm)	最小值(mm)	C_v	C_s	不同保证率下的降水量(mm)			
						$P=25\%$	$P=50\%$	$P=75\%$	$P=90\%$
长春	571.4	878.3	329.7	0.195	0.390	633.00	560.00	482.00	439.00
新立城	590.1	1 078.0	392.3	0.216	0.432	617.20	582.67	511.59	451.72
顺山堡	545.1	768.9	323.0	0.196	0.392	624.00	514.71	451.92	399.03
长岭子	642.6	1 060.1	377.2	0.198	0.396	721.54	603.84	530.18	468.13
新安	592.9	1 052.2	355.7	0.206	0.412	649.11	555.65	487.87	430.77
石头口门	587.3	850.3	363.2	0.209	0.418	687.20	579.92	509.18	449.59
土门岭	654.1	1 014.8	414.0	0.207	0.414	731.54	624.06	547.93	483.81
九台	587.8	840.0	335.8	0.215	0.430	671.24	580.39	509.59	449.95
三家子	549.4	1 014.5	336.8	0.220	0.440	614.57	542.47	476.29	420.56
吉林	661.7	962.2	439.2	0.181	0.362	751.24	653.42	573.71	506.57
口前	672.6	984.9	389.7	0.202	0.404	792.46	664.19	583.17	514.92
五里河	666.9	1 246.5	449.8	0.215	0.430	779.25	658.51	578.18	510.52
西阳	719.9	1 150.3	457.3	0.177	0.354	808.92	710.83	624.12	551.08
搜登	567.0	811.5	410.0	0.185	0.370	638.27	559.89	491.59	434.06
桦皮厂	632.5	1 052.2	355.4	0.211	0.422	738.63	624.57	548.38	484.21
大口钦	621.4	895.8	358.9	0.221	0.442	741.52	613.59	538.74	475.70
半拉山子	549.1	906.8	342.7	0.209	0.418	605.55	516.83	446.62	390.01

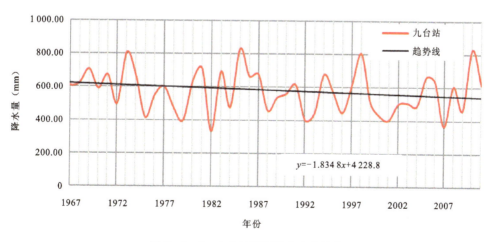

图2-1-5 九台站逐年降水变化趋势

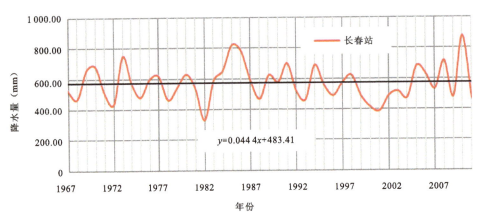

图 2-1-6 长春站逐年降水变化趋势

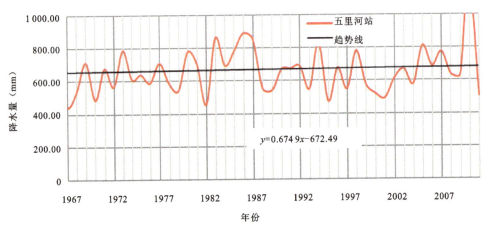

图 2-1-7 五里河站逐年降水变化趋势

1. 降水空间分布特征

降水量在空间上分布不均匀，多年平均降水量值具有从西到东、从北到南、由平原区到山区逐渐升高的趋势。结合降水序列的多年变化趋势(图 2-1-5～图 2-1-7)以及统计参数(表 2-1-1)分析可见，多年平均降水量最大值为 719.9mm，出现在西阳站，最小值为 545.1mm，出现在顺山堡站。

2. 降水时间分布特征

降水量随时间的变化特征表现为：九台站、吉林站等略呈递减趋势；长春站变化非常小，基本保持平衡；五里河站多年降水量有略微增加趋势，且五里河站降水量序列方差最大，表示降水量波动最为强烈。

第二节 地表水资源量分析与评价

本研究采用降水-径流相关法和径流深等值线法计算地表水资源量。降水-径流相关法采用泰森多边形法(芮孝芳，2004)和等雨量线法计算各分区面降水量，之后采用降水-径流相关法计算地表水资源量。

一、泰森多边形法

以 17 个雨量站数据创建泰森多边形,计算各个雨量站的控制面积(图 2-2-1),计算面雨量,公式如下:

$$\overline{P} = \frac{1}{A}\sum_{i=1}^{n} p_i a_i \qquad (2-2)$$

式中,A 为区域(流域)的面积,m^2;a_i 为第 i 个泰森多边形即第 i 个计算单元的面积,$i=1,2,\cdots,n$,m^2;p_i 为第 i 个泰森多边形即第 i 个计算单元的雨量,$i=1,2,\cdots,n$,mm;n 为区域(流域)内泰森多边形的数目,无量纲。

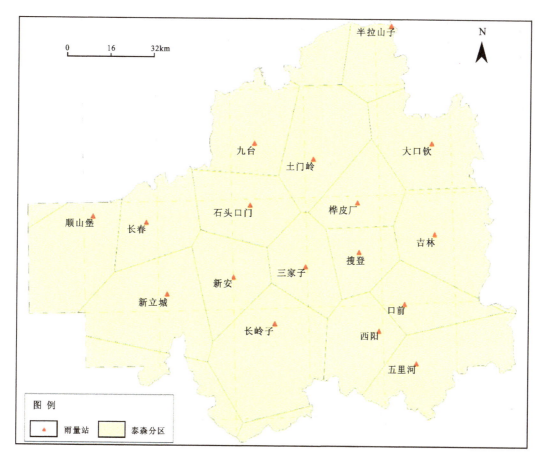

图 2-2-1 泰森多边形法确定面降水量计算分区图

得到全区多年平均降水量计算结果(表 2-2-1)。

采用降水-径流关系法(芮孝芳,2004),估算各四级流域分区的地表水资源量。计算公式如下:

$$\overline{R} = \alpha \cdot \overline{P} \qquad (2-3)$$

式中,$\overline{R}$ 为多年平均径流深,mm;α 为降水径流系数,无量纲;$\overline{P}$ 为多年平均降水量,mm。

$$Q = A \cdot \overline{R} \qquad (2-4)$$

式中,Q 为多年平均径流量,$\times 10^8 m^3$;A 为雨量站控制区面积,km^2。

其中,径流系数根据流域地形地貌特征及下垫面条件,结合《吉林省水资源》《吉林水资源公报》中的经验值选取径流系数,得到相应径流深,在此基础上通过径流深等值线及水文站实测数据对径流深(R)及径流系数进行修正。计算结果表明,研究区内伊通河流域分区多年平均地表水资源量为 $1.96\times 10^8 m^3$,饮马河流域分区多年平均地表水资源量为 $5.45\times10^8\,\mathrm{m}^3$，第二松花江流域分区多年平均地表水资源量为 $11.64\times10^8\,\mathrm{m}^3$，研究区内多年平均总地表水资源量为 $19.05\times10^8\,\mathrm{m}^3$。具体计算结果见表 2-2-2。

表 2-2-1 降水特征值统计表

分区	面积 (km²)	多年平均降水量 (mm)	不同保证率下的降水量(mm)			
			$P=25\%$	$P=50\%$	$P=75\%$	$P=90\%$
长岭子	1 669.86	642.57	721.54	603.84	530.18	468.13
长春	720.26	571.44	633.00	560.00	482.00	439.00
新立城	1 371.59	590.07	617.20	582.67	511.59	451.72
新安	648.40	592.91	649.11	555.65	487.87	430.77
西阳	686.80	719.86	808.92	710.83	624.12	551.08
五里河	969.75	666.87	779.25	658.51	578.18	510.52
土门岭	1 014.83	654.15	731.54	624.06	547.93	483.81
搜登	474.28	567.00	638.27	559.89	491.59	434.06
顺山堡	895.82	545.09	624.00	514.71	451.92	399.03
石头口门	736.46	587.28	687.20	579.92	509.18	449.59
三家子	612.11	549.36	614.57	542.47	476.29	420.56
口前	623.24	672.63	792.46	664.19	583.17	514.92
九台	865.12	587.76	671.24	580.39	509.59	449.95
吉林	1 027.74	661.72	751.24	653.42	573.71	506.57
桦皮厂	624.40	632.50	738.63	624.57	548.38	484.21
大口钦	945.57	621.39	741.52	613.59	538.74	475.70
半拉山子	683.44	549.10	605.55	516.83	446.62	390.01
合计	14 569.66	615.10	696.49	599.23	525.31	464.25

表 2-2-2 研究区内各流域地表水资源量计算结果

计算区	计算亚区	面积 A (km²)	水量 Q ($\times10^8\,\mathrm{m}^3$)	不同保证率下的资源量($\times10^8\,\mathrm{m}^3$)			
				$P=25\%$	$P=50\%$	$P=75\%$	$P=90\%$
第二松花江流域（Ⅰ）	第二松花江干流（Ⅰ₁）	2 258.12	4.07	4.69	3.99	3.50	3.09
	沐石河（Ⅰ₂）	713.94	0.66	0.74	0.63	0.55	0.48
	鳌龙河（Ⅰ₃）	1 690.42	2.33	2.66	2.29	2.01	1.78
	温德河（Ⅰ₄）	1 239.48	2.79	3.24	2.75	2.43	2.13
	团山子河（Ⅰ₅）	526.02	0.92	1.10	0.91	0.80	0.71
	牤牛河（Ⅰ₆）	382.87	0.87	0.99	0.86	0.75	0.66
	小计	6 810.86	11.64	13.41	11.43	10.04	8.85

续表 2-2-2

计算区	计算亚区	面积 A (km²)	水量 Q (×10⁸m³)	不同保证率下的资源量(×10⁸m³)			
				$P=25\%$	$P=50\%$	$P=75\%$	$P=90\%$
饮马河流域（Ⅱ）	饮马河干流（Ⅱ₁）	2 127.14	1.97	2.23	1.89	1.66	1.47
	雾开河（Ⅱ₂）	582.91	0.43	0.49	0.42	0.37	0.33
	双阳河（Ⅱ₃）	1 311.45	1.36	1.51	1.29	1.13	1.00
	岔路河（Ⅱ₄）	1 022.13	1.68	1.91	1.65	1.46	1.28
	小计	5 043.63	5.45	6.14	5.25	4.61	4.08
伊通河流域（Ⅲ）	伊通河干流（Ⅲ₁）	1 257.62	0.95	1.03	0.93	0.81	0.73
	新开河（Ⅲ₂）	1 813.71	1.01	1.11	0.97	0.85	0.76
	小计	3 071.33	1.96	2.14	1.90	1.66	1.48
合计		14 925.8	19.05	21.69	18.58	16.32	14.41

二、降水量等值线法

采用多年平均降水量等值线图（张德新，2003）（图2-2-2），计算各流域分区面降水量，利用径流系数计算径流量。根据径流量的计算结果，利用多年径流变异系数等值线图（张德新，2003；图2-2-3）计算不同保证率下的地表水资源量。

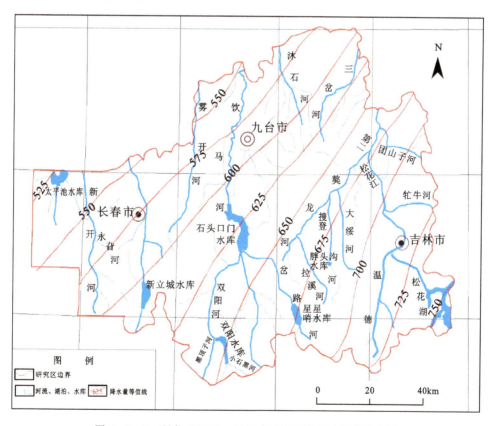

图 2-2-2 研究区 1956—2000 年多年平均降水量等值线图

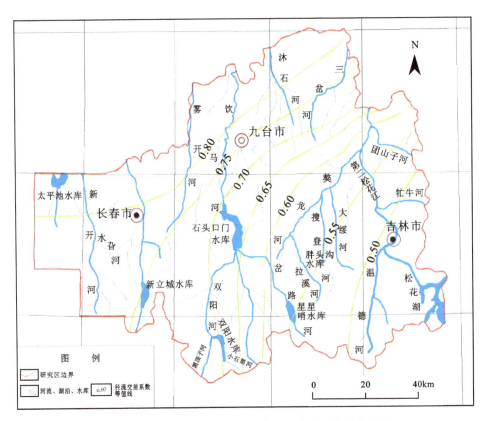

图 2-2-3 研究区 1956—2000 年径流变异系数等值线图

采用降水-径流关系法，估算各分区的地表水资源量。计算公式同式(2-3)和式(2-4)，计算结果见表 2-2-3，研究区多年平均地下表资源量为 $23.16 \times 10^8 \mathrm{m}^3$。

表 2-2-3 平均年降水量等值线法求得地表水资源量

控制分区	面积 (km^2)	多年平均降水量 (mm)	C_v	C_s	α	多年平均径流量 ($\times 10^8 \mathrm{m}^3$)	不同保证率下的年径流量 ($\times 10^8 \mathrm{m}^3$)			
							$P=25\%$	$P=50\%$	$P=75\%$	$P=90\%$
1	310.43	525	0.80	1.6	0.22	0.36	0.51	0.29	0.15	0.08
2	556.10	550	0.80	1.6	0.17	0.52	0.74	0.42	0.22	0.11
3	523.24	550	0.80	1.6	0.22	0.63	0.90	0.51	0.27	0.13
4	367.14	550	0.80	1.6	0.22	0.44	0.63	0.36	0.19	0.09
5	453.22	575	0.80	1.6	0.17	0.44	0.63	0.35	0.19	0.09
6	271.40	575	0.80	1.6	0.20	0.31	0.44	0.25	0.13	0.07
7	498.08	575	0.80	1.6	0.20	0.57	0.81	0.46	0.24	0.12
8	352.50	575	0.80	1.6	0.22	0.45	0.63	0.36	0.19	0.09
9	744.49	600	0.80	1.6	0.22	0.98	1.39	0.79	0.41	0.21
10	577.16	600	0.80	1.6	0.22	0.76	1.08	0.61	0.32	0.16
11	78.87	600	0.70	1.4	0.20	0.09	0.13	0.08	0.05	0.03
12	111.96	600	0.70	1.4	0.22	0.15	0.21	0.13	0.07	0.04

续表 2-2-3

控制分区	面积 (km²)	多年平均降水量 (mm)	C_v	C_s	α	多年平均径流量 (×10⁸ m³)	不同保证率下的年径流量(×10⁸ m³)			
							$P=25\%$	$P=50\%$	$P=75\%$	$P=90\%$
13	245.17	600	0.80	1.6	0.25	0.37	0.52	0.29	0.15	0.08
14	396.42	600	0.75	1.5	0.22	0.52	0.73	0.43	0.24	0.13
15	594.69	600	0.75	1.5	0.20	0.71	1.00	0.59	0.32	0.17
16	327.03	600	0.80	1.6	0.20	0.39	0.56	0.31	0.16	0.08
17	630.77	625	0.75	1.5	0.24	0.95	1.33	0.78	0.43	0.23
18	328.27	625	0.70	1.4	0.24	0.49	0.69	0.42	0.24	0.13
19	209.81	625	0.70	1.4	0.22	0.29	0.40	0.25	0.14	0.08
20	252.49	625	0.75	1.5	0.22	0.35	0.49	0.28	0.16	0.08
21	221.46	625	0.70	1.4	0.25	0.35	0.48	0.29	0.17	0.09
22	244.04	625	0.65	1.3	0.25	0.38	0.52	0.33	0.20	0.12
23	79.38	625	0.70	1.4	0.29	0.14	0.20	0.12	0.07	0.04
24	247.75	650	0.75	1.5	0.24	0.39	0.54	0.32	0.17	0.09
25	340.64	650	0.70	1.4	0.24	0.53	0.74	0.45	0.26	0.14
26	223.83	650	0.65	1.3	0.24	0.35	0.48	0.30	0.18	0.11
27	329.41	650	0.65	1.3	0.29	0.62	0.85	0.54	0.32	0.19
28	239.60	650	0.60	1.2	0.29	0.45	0.61	0.40	0.25	0.16
29	57.73	650	0.75	1.5	0.22	0.08	0.12	0.07	0.04	0.02
30	70.21	650	0.65	1.3	0.29	0.13	0.18	0.12	0.07	0.04
31	27.01	650	0.70	1.4	0.29	0.05	0.07	0.04	0.02	0.01
32	63.41	650	0.70	1.4	0.25	0.10	0.14	0.09	0.05	0.03
33	285.18	650	0.60	1.2	0.26	0.48	0.65	0.43	0.27	0.17
34	154.24	650	0.65	1.3	0.26	0.26	0.36	0.23	0.14	0.08
35	108.26	675	0.65	1.3	0.29	0.21	0.29	0.18	0.11	0.07
36	254.76	675	0.60	1.2	0.29	0.50	0.67	0.44	0.28	0.17
37	445.50	675	0.60	1.2	0.26	0.78	1.05	0.70	0.44	0.27
38	511.69	675	0.60	1.2	0.29	1.00	1.35	0.89	0.56	0.35
39	288.89	675	0.55	1.1	0.29	0.57	0.75	0.51	0.33	0.23
40	132.18	700	0.60	1.2	0.29	0.27	0.36	0.24	0.15	0.09
41	144.03	700	0.55	1.1	0.27	0.27	0.36	0.24	0.16	0.11
42	287.34	700	0.50	1.0	0.29	0.58	0.76	0.54	0.37	0.26
43	1 029.05	700	0.55	1.1	0.29	2.09	2.77	1.88	1.23	0.84
44	1 047.20	725	0.50	1.0	0.29	2.20	2.87	2.03	1.41	0.97
45	263.73	750	0.50	1.0	0.29	0.57	0.75	0.53	0.37	0.25
合计	14 592.80	—	—	—	—	23.16	31.73	19.84	11.89	7.10

三、径流深等值线法

采用多年平均径流深等值线图(张德新,2003;图2-2-4)和多年径流变异系数等值线图(图2-2-3)计算径流量,从而确定地表水资源量。

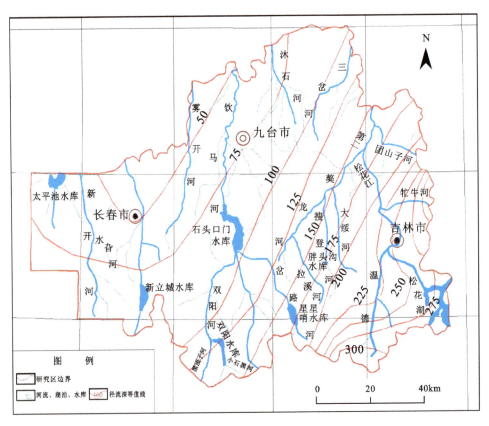

图2-2-4 研究区1956—2000年径流深等值线图

采用频率分析方法,确定不同频率的设计年径流量。根据查得的统计参数值,结合P-Ⅲ分布Φ值表,求不同频率P对应的设计值X_{rP},计算公式如下:

$$X_{rP}=\overline{X_r}[1+C_v\Phi(P,C_s)] \tag{2-5}$$

式中,X_{rP}为保证率为P时的年径流量,$\times 10^8 m^3$;$\overline{X_r}$为多年平均径流量,$\times 10^8 m^3$;C_v为变异系数,无量纲;P为保证率,%;C_s为偏态系数,无量纲;$\Phi(P,C_s)$为保证率为P、偏态系数为C_s下的系数,无量纲。

其中,多年平均径流量按下式计算:

$$\overline{X_r}=R \cdot F \tag{2-6}$$

式中,$\overline{X_r}$为多年平均径流量,$\times 10^8 m^3$;R为多年平均径流深,mm;F为计算面积,km^2。

将径流深等值线与径流变异系数等值线相结合,运用统计学方法求得不同保证率下的径流深,从而获得不同保证率下的地下水资源量(表2-2-4),由此方法算得研究区多年平均地表水资源量为$18.76\times 10^8 m^3$,在25%、50%、75%、90%保证率下的地表水资源量分别为$25.46\times 10^8 m^3$、$16.33\times 10^8 m^3$、$10.09\times 10^8 m^3$、$6.25\times 10^8 m^3$。

表 2-2-4 径流深等值线法求得地表水资源量

控制分区	面积 (km²)	径流深 (mm)	C_v	C_s	多年平均径流量 (×10⁸m³)	不同保证率下的年径流量（×10⁸m³）			
						$P=25\%$	$P=50\%$	$P=75\%$	$P=90\%$
1	1 539.20	50	0.80	1.6	0.77	1.09	0.62	0.32	0.16
2	534.58	50	0.80	1.6	0.27	0.38	0.21	0.11	0.06
3	534.11	75	0.80	1.6	0.40	0.57	0.32	0.17	0.08
4	1 250.10	75	0.80	1.6	0.94	1.33	0.75	0.39	0.20
5	1 726.85	75	0.75	1.5	1.30	1.82	1.06	0.58	0.31
6	345.15	75	0.70	1.4	0.26	0.36	0.22	0.13	0.07
7	103.72	100	0.80	1.6	0.10	0.15	0.08	0.04	0.02
8	261.98	100	0.80	1.6	0.26	0.37	0.21	0.11	0.06
9	212.70	100	0.75	1.5	0.21	0.30	0.17	0.10	0.05
10	641.39	100	0.70	1.4	0.64	0.89	0.55	0.31	0.17
11	554.17	100	0.75	1.5	0.55	0.78	0.45	0.25	0.13
12	430.86	100	0.65	1.3	0.43	0.59	0.37	0.22	0.13
13	135.60	100	0.75	1.5	0.14	0.19	0.11	0.06	0.03
14	121.64	100	0.70	1.4	0.12	0.17	0.10	0.06	0.03
15	30.72	125	0.80	1.6	0.04	0.05	0.03	0.02	0.01
16	187.85	125	0.75	1.5	0.23	0.33	0.19	0.11	0.06
17	98.77	125	0.70	1.4	0.12	0.17	0.10	0.06	0.03
18	401.06	125	0.65	1.3	0.50	0.69	0.44	0.26	0.16
19	455.50	125	0.60	1.2	0.57	0.77	0.51	0.32	0.20
20	202.70	125	0.75	1.5	0.25	0.36	0.21	0.11	0.06
21	152.07	125	0.70	1.4	0.19	0.26	0.16	0.09	0.05
22	34.95	150	0.70	1.4	0.05	0.07	0.04	0.03	0.01
23	113.51	150	0.65	1.3	0.17	0.23	0.15	0.09	0.05
24	796.36	150	0.60	1.2	1.19	1.61	1.06	0.67	0.42
25	10.83	150	0.75	1.5	0.02	0.02	0.01	0.01	0
26	51.65	150	0.70	1.4	0.08	0.11	0.07	0.04	0.02
27	158.47	150	0.65	1.3	0.24	0.33	0.21	0.12	0.07
28	78.98	175	0.65	1.3	0.14	0.19	0.12	0.07	0.04
29	561.59	175	0.60	1.2	0.98	1.33	0.87	0.55	0.34
30	241.57	175	0.55	1.1	0.42	0.56	0.38	0.25	0.17
31	26.08	200	0.60	1.2	0.05	0.07	0.05	0.03	0.02
32	782.23	200	0.55	1.1	1.56	2.07	1.41	0.92	0.63
33	231.67	225	0.55	1.1	0.52	0.69	0.47	0.31	0.21

续表 2-2-4

控制分区	面积 (km²)	径流深 (mm)	C_v	C_s	多年平均径流量 (×10⁸m³)	不同保证率下的年径流量(×10⁸m³)			
						$P=25\%$	$P=50\%$	$P=75\%$	$P=90\%$
34	144.55	225	0.55	1.1	0.33	0.43	0.29	0.19	0.13
35	262.91	225	0.50	1.0	0.59	0.77	0.54	0.38	0.26
36	51.34	250	0.55	1.1	0.13	0.17	0.12	0.08	0.05
37	460.35	250	0.50	1.0	1.15	1.50	1.06	0.74	0.51
38	66.91	250	0.55	1.1	0.17	0.22	0.15	0.10	0.07
39	489.42	275	0.50	1.0	1.35	1.75	1.24	0.86	0.59
40	41.65	275	0.55	1.1	0.11	0.15	0.10	0.07	0.05
41	106.92	300	0.50	1.0	0.32	0.42	0.30	0.21	0.14
42	277.24	300	0.50	1.0	0.83	5.67	0.77	0.53	0.37
43	15.88	300	0.55	1.1	0.05	0.06	0.04	0.03	0.02
合计	14 925.80	—		—	18.76	25.46	16.33	10.09	6.25

对以上计算结果进行比较,认为研究区内多年平均总地表水资源量为 $19.05×10^8m^3$。在25%、50%、75%、90%保证率下的地表水资源量分别为 $21.69×10^8m^3$、$18.58×10^8m^3$、$16.32×10^8m^3$、$14.41×10^8m^3$(表 2-2-2)。

第三节 地下水资源量分析与评价

一、确定地下水资源计算分区

首先,依据研究区内流域进行分区,第二松花江流域为Ⅰ区,饮马河流域为Ⅱ区,伊通河流域为Ⅲ区;其次,再根据主要支流将其分为12个计算亚区;最后,依据不同地貌特性、含水层岩性及富水性差异将各亚区划分为若干计算小区,共80个计算小区。研究区总面积为 14 925.80km²,计算分区详情见图 2-3-1和表 2-3-1。

二、确定水文地质参数

水文地质参数一般通过两个方面获得:一是通过抽水试验、物探分析和地下水动态的长期观测数据计算获得;二是根据区域研究经验,通过野外调查、对比前人成果而获得(梁秀娟等,2016)。主要参数的计算方法如下。

1. 降水入渗系数 α

大气降水入渗系数根据观测井埋深与降水量数据计算,公式如下:

$$\alpha=\mu(h_{max}-h\pm\Delta h \cdot t)/P \tag{2-7}$$

式中,α 为降水入渗系数,无量纲;μ 为含水层给水度,m;h_{max} 为降水后观测孔中的最大水柱高度,m;h 为降水前观测孔中的水柱高度,m;Δh 为临近降水前,地下水水位的天然平均降(升)速,m/d;t 为观测孔水柱高度从 h 变化到 h_{max} 的时间,d;P 为时段降水量,mm。

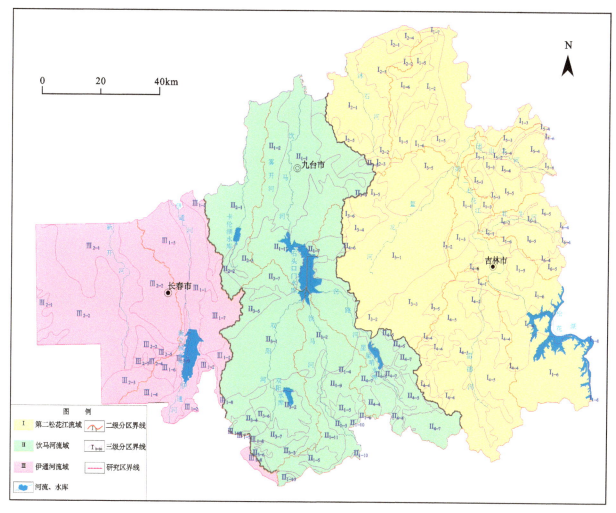

图 2-3-1　地下水资源量计算分区图

表 2-3-1　地下水资源量计算分区表

计算区	计算亚区	分区编号	分区类型	涌水量	面积(km²)
第二松花江流域(Ⅰ)	第二松花江干流(Ⅰ₁)	Ⅰ_{1-1}	松散岩类孔隙潜水	1000~3000m³/d	529.05
		Ⅰ_{1-2}	松散岩类孔隙潜水	100~1000m³/d	183.28
		Ⅰ_{1-3}	碎屑岩类孔隙裂隙水	大于100m³/d	142.13
		Ⅰ_{1-4}	碎屑岩夹碳酸盐岩溶洞裂隙水	大于1L/s	208.63
		Ⅰ_{1-5}	碎屑岩夹碳酸盐岩溶洞裂隙水	小于1L/s	271.51
		Ⅰ_{1-6}	基岩裂隙水	大于1L/s	881.56
		Ⅰ_{1-7}	基岩裂隙水	0.1~1L/s	29.83
		Ⅰ_{1-8}	基岩裂隙水	小于0.1L/s	12.13
			小计		2 258.12

续表 2-3-1

计算区	计算亚区	分区编号	分区类型	涌水量	面积(km²)
第二松花江流域（Ⅰ）	沐石河（Ⅰ$_2$）	Ⅰ$_{2-1}$	松散岩类孔隙潜水	100～1000m³/d	365.13
		Ⅰ$_{2-2}$	碎屑岩夹碳酸盐岩溶洞裂隙水	小于 1L/s	63.94
		Ⅰ$_{2-3}$	基岩裂隙水	大于 1L/s	185.85
		Ⅰ$_{2-4}$	基岩裂隙水	0.1～1L/s	28.80
		Ⅰ$_{2-5}$	基岩裂隙水	小于 0.1L/s	70.22
		小计			713.94
	鳌龙河（Ⅰ$_3$）	Ⅰ$_{3-1}$	松散岩类孔隙潜水	1000～3000m³/d	822.01
		Ⅰ$_{3-2}$	碎屑岩类孔隙裂隙水	大于 100m³/d	77.22
		Ⅰ$_{3-3}$	碎屑岩夹碳酸盐岩溶洞裂隙水	大于 1L/s	275.30
		Ⅰ$_{3-4}$	碎屑岩夹碳酸盐岩溶洞裂隙水	小于 1L/s	177.58
		Ⅰ$_{3-5}$	基岩裂隙水	大于 1L/s	315.17
		Ⅰ$_{3-6}$	基岩裂隙水	小于 0.1L/s	23.14
		小计			1 690.42
	温德河（Ⅰ$_4$）	Ⅰ$_{4-1}$	松散岩类孔隙潜水	1000～3000m³/d	26.56
		Ⅰ$_{4-2}$	松散岩类孔隙潜水	100～1000m³/d	51.43
		Ⅰ$_{4-3}$	松散岩类孔隙潜水	小于 100m³/d	230.38
		Ⅰ$_{4-4}$	碎屑岩夹碳酸盐岩溶洞裂隙水	大于 1L/s	125.65
		Ⅰ$_{4-5}$	基岩裂隙水	大于 1L/s	803.53
		Ⅰ$_{4-6}$	基岩裂隙水	0.1～1L/s	1.93
		小计			1 239.48
	团山子河（Ⅰ$_5$）	Ⅰ$_{5-1}$	松散岩类孔隙潜水	1000～3000m³/d	79.74
		Ⅰ$_{5-2}$	松散岩类孔隙潜水	小于 100m³/d	46.54
		Ⅰ$_{5-3}$	碎屑岩类孔隙裂隙水	大于 100m³/d	95.58
		Ⅰ$_{5-4}$	碎屑岩夹碳酸盐岩溶洞裂隙水	小于 1L/s	140.05
		Ⅰ$_{5-5}$	基岩裂隙水	大于 1L/s	140.73
		Ⅰ$_{5-6}$	基岩裂隙水	0.1～1L/s	23.38
		小计			526.02
	牤牛河（Ⅰ$_6$）	Ⅰ$_{6-1}$	松散岩类孔隙潜水	1000～3000m³/d	12.06
		Ⅰ$_{6-2}$	松散岩类孔隙潜水	100～1000m³/d	32.14
		Ⅰ$_{6-3}$	松散岩类孔隙潜水	小于 100m³/d	28.70
		Ⅰ$_{6-4}$	碎屑岩夹碳酸盐岩溶洞裂隙水	小于 1L/s	20.55
		Ⅰ$_{6-5}$	基岩裂隙水	大于 1L/s	289.43
		小计			382.88
		合计			6 810.85

续表 2-3-1

计算区	计算亚区	分区编号	分区类型	涌水量	面积(km²)
饮马河流域（Ⅱ）	饮马河干流（Ⅱ₁）	Ⅱ₁-1	松散岩类孔隙潜水	1000～3000m³/d	475.31
		Ⅱ₁-2	松散岩类孔隙潜水	100～1000m³/d	531.51
		Ⅱ₁-3	松散岩类孔隙潜水	小于100m³/d	107.82
		Ⅱ₁-4	碎屑岩类孔隙裂隙水	大于100m³/d	6.80
		Ⅱ₁-5	碳酸盐岩夹碎屑岩裂隙溶洞水	大于1L/s	128.43
		Ⅱ₁-6	碳酸盐岩夹碎屑岩裂隙溶洞水	0.1～1L/s	13.74
		Ⅱ₁-7	碎屑岩夹碳酸盐岩溶洞裂隙水	大于1L/s	12.59
		Ⅱ₁-8	碎屑岩夹碳酸盐岩溶洞裂隙水	小于1L/s	30.73
		Ⅱ₁-9	基岩裂隙水	大于1L/s	166.37
		Ⅱ₁-10	基岩裂隙水	0.1～1L/s	26.22
		Ⅱ₁-11	基岩裂隙水	小于0.1L/s	627.62
		小计			2 127.14
	雾开河（Ⅱ₂）	Ⅱ₂-1	松散岩类孔隙潜水	100～1000m³/d	471.79
		Ⅱ₂-2	基岩裂隙水	大于1L/s	43.06
		Ⅱ₂-3	基岩裂隙水	小于0.1L/s	68.06
		小计			582.91
	双阳河（Ⅱ₃）	Ⅱ₃-1	松散岩类孔隙潜水	500～1000m³/d	560.64
		Ⅱ₃-2	松散岩类孔隙潜水	小于100m³/d	166.89
		Ⅱ₃-3	碳酸盐岩夹碎屑岩裂隙溶洞水	大于1L/s	75.01
		Ⅱ₃-4	碳酸盐岩夹碎屑岩裂隙溶洞水	0.1～1L/s	51.36
		Ⅱ₃-5	基岩裂隙水	大于1L/s	93.85
		Ⅱ₃-6	基岩裂隙水	0.1～1L/s	123.97
		Ⅱ₃-7	基岩裂隙水	小于0.1L/s	239.73
		小计			1 311.45
	岔路河（Ⅱ₄）	Ⅱ₄-1	松散岩类孔隙潜水	1000～3000m³/d	61.75
		Ⅱ₄-2	松散岩类孔隙潜水	100～1000m³/d	213.45
		Ⅱ₄-3	松散岩类孔隙潜水	小于100m³/d	79.29
		Ⅱ₄-4	碳酸盐岩夹碎屑岩裂隙溶洞水	0.1～1L/s	48.07
		Ⅱ₄-5	碎屑岩夹碳酸盐岩溶洞裂隙水	大于1L/s	144.64
		Ⅱ₄-6	碎屑岩夹碳酸盐岩溶洞裂隙水	小于1L/s	2.07
		Ⅱ₄-7	基岩裂隙水	大于1L/s	402.52
		Ⅱ₄-8	基岩裂隙水	0.1～1L/s	13.90
		Ⅱ₄-9	基岩裂隙水	小于0.1L/s	56.44
		小计			1 022.13
		合计			5 043.64

续表 2-3-1

计算区	计算亚区	分区编号	分区类型	涌水量	面积(km²)
伊通河流域（Ⅲ）	伊通河干流（Ⅲ₁）	Ⅲ₁₋₁	松散岩类孔隙潜水	1000～3000m³/d	402.28
		Ⅲ₁₋₂	松散岩类孔隙潜水	100～1000m³/d	154.53
		Ⅲ₁₋₃	松散岩类孔隙潜水	小于100m³/d	266.52
		Ⅲ₁₋₄	碳酸盐岩夹碎屑岩裂隙溶洞水	大于1L/s	89.29
		Ⅲ₁₋₅	碳酸盐岩夹碎屑岩裂隙溶洞水	0.1～1L/s	0.62
		Ⅲ₁₋₆	碎屑岩夹碳酸盐岩溶洞裂隙水	小于1L/s	47.64
		Ⅲ₁₋₇	基岩裂隙水	大于1L/s	211.51
		Ⅲ₁₋₈	基岩裂隙水	0.1～1L/s	39.09
		Ⅲ₁₋₉	基岩裂隙水	小于0.1L/s	46.14
		小计			1 257.62
	新开河（Ⅲ₂）	Ⅲ₂₋₁	松散岩类孔隙潜水	100～1000m³/d	573.69
		Ⅲ₂₋₂	松散岩类孔隙潜水	小于100m³/d	1 097.18
		Ⅲ₂₋₃	碳酸盐岩夹碎屑岩裂隙溶洞水	大于1L/s	106.18
		Ⅲ₂₋₄	碎屑岩夹碳酸盐岩溶洞裂隙水	小于1L/s	11.13
		Ⅲ₂₋₅	基岩裂隙水	小于0.1L/s	25.53
		小计			1 813.71
		合计			3 071.32
		总计			14 925.80

2. 渗透系数 κ

利用以往工作中抽水试验所获得的数据,试验场包括长春市人民广场、北环路、繁荣路(肖长来等,2011)、吉林市江南公园(梁秀娟等,2012)等地,主要考虑稳定流的参数计算方法(薛禹群等,1997),具体方法如下。

1)Dupuit 公式法

$$H_0 - h_w = s_w = \frac{Q}{2\pi\kappa M}\ln\frac{R}{r_w} \qquad (2-8)$$

式中,H_0 为地下水初始水位,m;h_w 为抽水后稳定水位,m;s_w 为井中水位降深,m;Q 为抽水井流量,m³/d;κ 为渗透系数,m/d;M 为含水层厚度,m;R 为影响半径,m;r_w 为井半径,m。

2)Thiem 公式法

$$s_w - s = \frac{Q}{2\pi\kappa M}\ln\frac{r}{r_w} \qquad (2-9)$$

$$\lg R = \frac{s_w \lg r - s \lg r_w}{s_w - s_2} \qquad (2-10)$$

式中,s_w、s 分别为 r_w 和 r 处的水位降深,m;其余同上。

3. 灌溉入渗系数 β

计算方法参考《专门水文地质学(第四版)》中灌溉入渗系数 β 给定的经验值,综合确定。

三、地下水资源量计算

(一)平原区地下水资源量计算方法

按地下水计算单元计算多年平均条件下的各项补给量、排泄量以及地下水总补给量、地下水资源量和地下水蓄变量,并将计算成果分配到各县(市、区)级行政区,计算方法参考《专门水文地质学(第四版)》(梁秀娟等,2016)、《水文地质学》(肖长来等,2010)、《工程地质及水文地质学》(陈南祥,2007)、《全国水资源调查评价技术细则》(水利部水利水电规划设计总院,2017)、《水文地质手册》(中国地质调查局,2012)等资料。

1. 补给量的计算

补给量包括降水入渗补给量、河道渗漏补给量、渠系渗漏补给量、渠灌田间入渗补给量和井灌回归补给量。其中,降水量采用1956—2000年系列成果,计算地下水降水入渗补给量;其他各项补给量计算系列均为1980—2000年数据系列。

1)降水入渗补给量

计算公式:

$$Q_{pr} = 10^{-1} \cdot P \cdot \alpha \cdot F \tag{2-11}$$

式中,Q_{pr}为降水入渗补给量,$\times 10^4 \text{m}^3$;α为降水入渗补给系数,无量纲;F为均衡计算区计算面积,km^2。

根据不同保证率下的降水量与多年平均降水量,计算降水入渗补给量。第二松花江流域分区地下水在50%保证率下的降水入渗补给量为$2.89\times10^8 \text{m}^3/\text{a}$,饮马河流域分区地下水在50%保证率下的降水入渗补给量为$2.93\times10^8 \text{m}^3/\text{a}$,伊通河流域分区地下水在50%保证率下的降水入渗补给量为$2.33\times10^8 \text{m}^3/\text{a}$,研究区地下水50%保证率下的降水入渗补给量为$8.15\times10^8 \text{m}^3/\text{a}$(表2-3-2、表2-3-3)。

表2-3-2 不同频率下降水量计算成果表

单位:mm

计算区	计算亚区	不同保证率下的降水量				多年平均值
		25%	50%	75%	90%	
第二松花江流域(Ⅰ)	第二松花江干流(Ⅰ$_1$)	620.3	549.7	467.9	408.0	549.1
	沐石河(Ⅰ$_2$)	615.3	527.5	447.0	389.1	538.7
	鳌龙河(Ⅰ$_3$)	738.6	624.6	548.4	484.2	632.5
	温德河(Ⅰ$_4$)	792.5	664.2	583.2	514.9	672.6
	团山子河(Ⅰ$_5$)	741.5	613.6	538.7	475.7	621.4
	牤牛河(Ⅰ$_6$)	751.2	653.4	573.7	506.6	661.7
饮马河流域(Ⅱ)	饮马河干流(Ⅱ$_1$)	687.2	579.9	509.2	449.6	587.3
	雾开河(Ⅱ$_2$)	671.2	580.4	509.6	450.0	587.8
	双阳河(Ⅱ$_3$)	649.1	555.7	487.9	430.8	592.9
	岔路河(Ⅱ$_4$)	614.6	542.5	476.3	420.6	549.4
伊通河流域(Ⅲ)	伊通河干流(Ⅲ$_1$)	633.0	560.0	482.0	439.0	571.4
	新开河(Ⅲ$_2$)	624.0	514.7	451.9	399.0	545.1

表 2-3-3 降水入渗补给量成果表

计算区	计算亚区	分区编号	面积 (km²)	降水入渗补给系数	不同保证率下的降水入渗补给量(×10⁴m³/a)				多年平均值 (×10⁴m³/a)
					25%	50%	75%	90%	
第二松花江流域（Ⅰ）	第二松花江干流（Ⅰ₁）	Ⅰ₁₋₁	529.05	0.22	7 364.20	6 526.03	5 554.91	4 843.77	6 518.97
		Ⅰ₁₋₂	183.28	0.20	2 273.72	2 014.94	1 715.10	1 495.53	2 012.75
		Ⅰ₁₋₃	142.13	0.06	528.96	468.76	399.00	347.92	468.25
	沐石河（Ⅰ₂）	Ⅰ₂₋₁	365.13	0.18	4 043.91	3 466.87	2 937.80	2 557.27	3 540.49
	鳌龙河（Ⅰ₃）	Ⅰ₃₋₁	822.01	0.20	12 386.05	10 473.39	9 195.74	8 119.62	10 606.39
		Ⅰ₃₋₂	77.22	0.06	342.21	289.36	254.06	224.33	293.04
	温德河（Ⅰ₄）	Ⅰ₄₋₁	26.56	0.21	441.99	370.45	325.26	287.19	375.15
		Ⅰ₄₋₂	51.43	0.19	606.14	537.15	569.85	503.17	657.27
		Ⅰ₄₋₃	230.38	0.11	2 429.43	2 152.92	2 284.01	2 016.72	2 634.38
	团山子河（Ⅰ₅）	Ⅰ₅₋₁	79.74	0.20	1 182.53	978.52	859.15	758.61	990.95
		Ⅰ₅₋₂	46.54	0.17	586.70	485.48	426.26	376.38	491.65
		Ⅰ₅₋₃	95.58	0.05	354.37	293.24	257.47	227.34	296.96
	牤牛河（Ⅰ₆）	Ⅰ₆₋₁	12.06	0.22	199.29	173.34	152.20	134.39	175.54
		Ⅰ₆₋₂	32.14	0.19	458.73	399.00	350.32	309.33	404.07
		Ⅰ₆₋₃	28.70	0.10	366.53	318.80	279.91	247.16	322.85
	小计		2 721.95		33 564.76	28 948.25	25 561.04	22 448.72	29 788.72
饮马河流域（Ⅱ）	饮马河干流（Ⅱ₁）	Ⅱ₁₋₁	475.31	0.22	7 316.65	6 174.43	5 421.26	4 786.80	6 252.84
		Ⅱ₁₋₂	531.51	0.20	7 305.01	6 164.62	5 412.64	4 779.19	6 242.90
		Ⅱ₁₋₃	107.82	0.12	1 333.64	1 125.44	988.16	872.51	1 139.73
		Ⅱ₁₋₄	6.80	0.06	28.06	23.68	20.79	18.36	23.98
	雾开河（Ⅱ₂）	Ⅱ₂₋₁	471.79	0.18	5 700.32	4 928.81	4 327.54	3 821.12	4 991.40
	双阳河（Ⅱ₃）	Ⅱ₃₋₁	560.64	0.19	6 914.47	5 918.92	5 196.87	4 588.71	6 315.80
		Ⅱ₃₋₂	166.89	0.16	1 733.23	1 483.68	1 302.69	1 150.24	1 583.17
	岔路河（Ⅱ₄）	Ⅱ₄₋₁	61.75	0.20	758.96	669.92	588.19	519.37	678.43
		Ⅱ₄₋₂	213.45	0.18	2 361.27	2 084.25	1 829.98	1 615.85	2 110.72
		Ⅱ₄₋₃	79.29	0.12	779.67	688.20	604.24	533.54	696.94
	小计		2 675.25		34 231.29	29 261.95	25 692.36	22 685.70	30 035.92
伊通河流域（Ⅲ）	伊通河干流（Ⅲ₁）	Ⅲ₁₋₁	402.28	0.23	5 347.45	4 730.76	4 071.84	3 708.58	4 827.40
		Ⅲ₁₋₂	154.53	0.19	1 858.51	1 644.18	1 415.17	1 288.92	1 677.77
		Ⅲ₁₋₃	266.52	0.12	2 868.07	2 537.31	2 183.90	1 989.07	2 589.14
	新开河（Ⅲ₂）	Ⅲ₂₋₁	573.69	0.18	6 443.68	5 315.07	4 666.68	4 120.57	5 628.79
		Ⅲ₂₋₂	1 097.18	0.16	10 954.24	9 035.60	7 933.35	7 004.95	9 568.93
	小计		2 494.20		27 471.96	23 262.92	20 270.94	18 112.09	24 292.03
合计			7 891.40		95 268.00	81 473.12	71 524.34	63 246.51	84 116.67

2）灌溉入渗补给量

研究区河谷及周围有水田种植,一部分由地表水灌溉,其余由地下水灌溉。该区的灌溉水量应用灌溉定额计算,地表水灌溉定额为 $8400m^3/100m^2$,地下水灌溉定额为 $7400m^3/100m^2$。根据各区不同的水文地质条件,对各区的水田灌溉入渗补给量分别计算(表 2-3-4)。

表 2-3-4　灌溉入渗补给量成果表　　单位:$\times 10^4 m^3/a$

计算区	计算亚区	分区编号	灌溉入渗补给系数	总灌溉量	地下水灌溉量	地表水灌溉量	总灌溉入渗补给量	地下水灌溉入渗补给量	地表水灌溉入渗补给量
第二松花江流域（Ⅰ）	第二松花江干流（Ⅰ₁）	Ⅰ₁₋₁	0.180	379.167	169.982	209.185	68.250	30.597	37.653
		Ⅰ₁₋₂	0.170	114.186	44.802	69.385	19.412	7.616	11.795
	沐石河（Ⅰ₂）	Ⅰ₂₋₁	0.170	339.457	193.064	146.393	57.708	32.821	24.887
	鳌龙河（Ⅰ₃）	Ⅰ₃₋₁	0.170	605.920	212.824	393.096	103.006	36.180	66.826
	温德河（Ⅰ₄）	Ⅰ₄₋₁	0.180	20.981	7.400	13.581	3.777	1.332	2.445
		Ⅰ₄₋₂	0.170	42.003	14.417	27.587	7.141	2.451	4.690
		Ⅰ₄₋₃	0.110	139.667	35.557	104.109	20.950	5.334	15.616
	团山子河（Ⅰ₅）	Ⅰ₅₋₁	0.170	61.540	22.282	39.258	10.462	3.788	6.674
		Ⅰ₅₋₂	0.160	22.917	6.824	16.094	3.667	1.092	2.575
	牤牛河（Ⅰ₆）	Ⅰ₆₋₁	0.200	9.306	3.370	5.937	1.861	0.674	1.187
		Ⅰ₆₋₂	0.180	24.803	8.981	15.823	4.465	1.616	2.848
		Ⅰ₆₋₃	0.100	15.361	4.792	10.569	2.458	0.767	1.691
	小计						303.16	124.27	178.89
饮马河流域（Ⅱ）	饮马河干流（Ⅱ₁）	Ⅱ₁₋₁	0.190	361.517	205.981	155.536	68.688	39.136	29.552
		Ⅱ₁₋₂	0.170	478.864	262.411	216.453	81.407	44.610	36.797
		Ⅱ₁₋₃	0.120	39.017	13.411	25.606	6.243	2.146	4.097
	雾开河（Ⅱ₂）	Ⅱ₂₋₁	0.170	660.896	274.914	385.982	112.352	46.735	65.617
	双阳河（Ⅱ₃）	Ⅱ₃₋₁	0.170	252.383	143.562	108.821	42.905	24.405	18.500
		Ⅱ₃₋₂	0.150	77.905	44.329	33.577	11.686	6.649	5.037
	岔路河（Ⅱ₄）	Ⅱ₄₋₁	0.180	41.574	16.287	25.287	7.483	2.932	4.552
		Ⅱ₄₋₂	0.170	131.949	37.693	94.256	22.431	6.408	16.023
		Ⅱ₄₋₃	0.120	42.080	9.030	33.051	6.733	1.445	5.288
	小计						359.93	174.47	185.46
伊通河流域（Ⅲ）	伊通河干流（Ⅲ₁）	Ⅲ₁₋₁	0.190	346.313	141.379	204.934	65.799	26.862	38.937
		Ⅲ₁₋₂	0.170	89.428	35.900	53.528	15.203	6.103	9.100
		Ⅲ₁₋₃	0.120	143.441	62.867	80.574	22.950	10.059	12.892
	新开河（Ⅲ₂）	Ⅲ₂₋₁	0.170	431.526	83.461	348.065	73.359	14.188	59.171
		Ⅲ₂₋₂	0.150	978.996	215.705	763.291	146.849	32.356	114.494
	小计						324.16	89.57	234.59
合计							987.24	388.30	598.94

(1) 地表水灌溉入渗补给量：

$$Q_{灌溉} = \beta \times Q_{灌溉水量} \tag{2-12}$$

式中，$Q_{灌溉}$为灌溉入渗补给量，$\times 10^4 \text{m}^3$；β为灌溉入渗补给系数，无量纲；$Q_{灌溉水量}$为灌溉水进入田间的水量，$\times 10^4 \text{m}^3$。

(2) 井灌回归补给量：

$$Q_{井灌} = \beta_{井} \times Q_{井田} \tag{2-13}$$

式中，$Q_{井灌}$为井灌回归补给量，$\times 10^4 \text{m}^3$；$\beta_{井}$为井灌回归补给系数，无量纲；$Q_{井田}$为井灌水进入田间的水量，$\times 10^4 \text{m}^3$。

可以看出，第二松花江流域分区总灌溉入渗补给量为$303.16 \times 10^4 \text{m}^3/\text{a}$，其中地表水灌溉入渗补给量为$178.89 \times 10^4 \text{m}^3/\text{a}$，地下水灌溉入渗补给量为$124.27 \times 10^4 \text{m}^3/\text{a}$。饮马河流域分区总灌溉入渗补给量为$359.93 \times 10^4 \text{m}^3/\text{a}$，其中地表水灌溉入渗补给量为$185.46 \times 10^4 \text{m}^3/\text{a}$，地下水灌溉入渗补给量为$174.47 \times 10^4 \text{m}^3/\text{a}$。伊通河流域分区总灌溉入渗补给量为$324.16 \times 10^4 \text{m}^3/\text{a}$，其中地表水灌溉入渗补给量为$234.59 \times 10^4 \text{m}^3/\text{a}$，地下水灌溉入渗补给量为$89.57 \times 10^4 \text{m}^3/\text{a}$。研究区总灌溉入渗补给量为$987.24 \times 10^4 \text{m}^3/\text{a}$，其中地表水灌溉入渗补给量为$598.94 \times 10^4 \text{m}^3/\text{a}$，地下水灌溉入渗补给量为$388.30 \times 10^4 \text{m}^3/\text{a}$。

3) 河道渗漏补给量

河流在枯水期接受地下水排泄补给，在丰水期河水位上涨后，补给地下水。利用达西公式对河道渗漏补给量进行计算（表2-3-5），计算公式为：

$$Q_{河补} = 10^{-4} \cdot \kappa \cdot I \cdot H \cdot L \cdot t \tag{2-14}$$

式中，$Q_{河补}$为河道渗漏补给量，$\times 10^4 \text{m}^3$；κ为渗透系数，m/d；I为水力坡度，无量纲；H为含水层厚度，m；L为河段过水长度，m；t为过水（或渗漏）时间，d。

第二松花江流域分区河道渗漏补给量为$6\ 761.67 \times 10^4 \text{m}^3/\text{a}$，饮马河流域分区河道渗漏补给量为$1\ 028.79 \times 10^4 \text{m}^3/\text{a}$，伊通河流域分区河道渗漏补给量为$206.61 \times 10^4 \text{m}^3/\text{a}$，研究区河道渗漏总补给量为$7\ 997.08 \times 10^4 \text{m}^3/\text{a}$。

表 2-3-5 河道渗漏补给量成果表

计算区	计算亚区	分区编号	水力坡度	渗透系数 (m/d)	含水层厚度 (m)	河段长度 (m)	补给时间 (d)	河道渗漏补给量 ($\times 10^4 \text{m}^3/\text{a}$)
第二松花江流域（Ⅰ）	第二松花江干流（Ⅰ$_1$）	Ⅰ$_{1-1}$	0.002	82.50	33.00	112 693.152	90	5 658.328
	沐石河（Ⅰ$_2$）	Ⅰ$_{2-1}$	0.001	2.00	15.00	34 731.52	90	6.988
	鳌龙河（Ⅰ$_3$）	Ⅰ$_{3-1}$	0.001	29.86	3.28	61 535.02	90	54.241
	温德河（Ⅰ$_4$）	Ⅰ$_{4-1}$	0.003	32.42	15.00	4 272.12	90	56.093
		Ⅰ$_{4-2}$	0.004	28.00	15.00	7 825.46	90	118.321
		Ⅰ$_{4-3}$	0.005	16.48	15.00	36 720.22	90	408.476
	团山子河（Ⅰ$_5$）	Ⅰ$_{5-1}$	0.002	17.14	30.00	10 154.13	90	93.983
		Ⅰ$_{5-2}$	0.004	13.00	8.00	26 823.4	90	100.427
	牤牛河（Ⅰ$_6$）	Ⅰ$_{6-1}$	0.002	40.12	30.00	4 899.6	90	106.149
		Ⅰ$_{6-2}$	0.003	28.00	8.00	11 950.96	90	72.279
		Ⅰ$_{6-3}$	0.004	18.00	8.00	16 664.03	90	86.386
	小计							6 761.67

续表 2-3-5

计算区	计算亚区	分区编号	水力坡度	渗透系数(m/d)	含水层厚度(m)	河段长度(m)	补给时间(d)	河道渗漏补给量($\times 10^4 m^3/a$)
饮马河流域（Ⅱ）	饮马河干流（Ⅱ$_1$）	Ⅱ$_{1-1}$	0.001	53.00	11.00	59 761.6	90	324.382
		Ⅱ$_{1-2}$	0.001	22.00	5.00	44 692.97	90	44.246
		Ⅱ$_{1-3}$	0.001	16.00	5.00	34 153.070	90	15.563
	雾开河（Ⅱ$_2$）	Ⅱ$_{2-2}$	0.002	16.00	17.06	57 820.935	90	284.090
	双阳河（Ⅱ$_3$）	Ⅱ$_{3-1}$	0.002	16.00	18.00	42 081.04	90	218.148
		Ⅱ$_{3-2}$	0.003	13.00	18.00	15 802.26	90	99.839
	岔路河（Ⅱ$_4$）	Ⅱ$_{4-2}$	0.001	16.00	5.00	36 170.85	90	13.621
		Ⅱ$_{4-3}$	0.002	10.00	5.00	32 820.71	90	28.903
	小计							1 028.79
伊通河流域（Ⅲ）	伊通河干流（Ⅲ$_1$）	Ⅲ$_{1-1}$	0.001	88.53	2.61	74 466.87	90	154.850
		Ⅲ$_{1-3}$	0.002	12.00	9.06	5 930.17	90	11.355
	新开河（Ⅲ$_2$）	Ⅲ$_{2-2}$	0.001	23.00	4.18	40 533.49	90	27.930
		Ⅲ$_{2-3}$	0.001	12.00	9.06	17 854.76	90	12.479
	小计							206.61
合计								7 997.08

4）侧向流入补给量

侧向流入补给量利用达西定律进行计算，计算结果见表 2-3-6，饮马河流域分区侧向流入补给量为 $79.76 \times 10^4 m^3/a$，伊通河流域分区侧向流入补给量为 $758.9 \times 10^4 m^3/a$。研究区侧向流入总补给量为 $838.67 \times 10^4 m^3/a$。

表 2-3-6 侧向流入补给量成果表

计算区	计算亚区	分区编号	面积(km²)	含水层渗透系数(m/d)	水力坡度	含水层厚度(m)	断面宽度(m)	补给时间(d)	侧向流入补给量($\times 10^4 m^3/a$)
饮马河流域（Ⅱ）	饮马河干流（Ⅱ$_1$）	Ⅱ$_{1-3}$	107.82	16	0.002	5	11 351.26	365	66.29
	岔路河（Ⅱ$_4$）	Ⅱ$_{4-3}$	79.29	23	0.002	5	1 604.66	365	13.47
	小计		187.11						79.76
伊通河流域（Ⅲ）	伊通河干流（Ⅲ$_1$）	Ⅲ$_{1-1}$	402.28	77	0.001	3	7 256.67	365	61.18
		Ⅲ$_{1-2}$	154.53	45	0.002	8	11 846.74	365	311.33
		Ⅲ$_{1-3}$	266.52	25	0.003	9	12 342.14	365	304.08
	新开河（Ⅲ$_2$）	Ⅲ$_{2-1}$	573.69	25	0.001	4	6 104.12	365	22.28
		Ⅲ$_{2-2}$	1 097.18	13	0.001	9	14 056.23	365	60.03
	小计		2 494.20						758.9
合计			2 681.31						838.67

平原区地下水总补给量为以上各项补给量之和，经计算第二松花江流域分区平原区地下水补给量为 $3.60\times10^8\,\text{m}^3/\text{a}$，饮马河流域分区平原区地下水补给量为 $3.07\times10^8\,\text{m}^3/\text{a}$，伊通河流域平原区地下水补给量为 $2.46\times10^8\,\text{m}^3/\text{a}$，研究区地下水平原区地下水补给量为 $9.13\times10^8\,\text{m}^3/\text{a}$（表 2-3-7）。

表 2-3-7 平原区地下水补给量计算成果表

计算区	计算亚区	分区编号	面积 (km^2)	降水入渗补给量 ($\times10^4\,\text{m}^3/\text{a}$)	灌溉入渗补给量 ($\times10^4\,\text{m}^3/\text{a}$)	河道入渗补给量 ($\times10^4\,\text{m}^3/\text{a}$)	侧向流入补给量 ($\times10^4\,\text{m}^3/\text{a}$)	总补给量 ($\times10^4\,\text{m}^3/\text{a}$)	总补给量模数 ($\times10^4\,\text{m}^3/\text{km}^2$)
第二松花江流域（I）	第二松花江干流（I_1）	I_{1-1}	529.05	6 526.03	68.25	5 658.33	0	12 252.61	23.16
		I_{1-2}	183.28	2 014.94	19.41	0	0	2 034.35	11.10
		I_{1-3}	142.13	468.76	0	0	0	468.76	3.30
	沐石河（I_2）	I_{2-1}	365.13	3 466.87	57.71	6.99	0	3 531.56	9.67
	鳌龙河（I_3）	I_{3-1}	822.01	10 473.39	103.01	54.24	0	10 630.63	12.93
		I_{3-2}	77.22	289.36	0	0	0	289.36	3.75
	温德河（I_4）	I_{4-1}	26.56	370.45	3.78	56.09	0	430.32	16.20
		I_{4-2}	51.43	537.15	7.14	118.32	0	662.61	12.88
		I_{4-3}	230.38	2 152.92	20.95	408.48	0	2 582.35	11.21
	团山子河（I_5）	I_{5-1}	79.74	978.52	10.46	93.98	0	1 082.97	13.58
		I_{5-2}	46.54	485.48	3.67	100.43	0	589.58	12.67
		I_{5-3}	95.58	293.24	0	0	0	293.24	3.07
	牤牛河（I_6）	I_{6-1}	12.06	173.34	1.86	106.15	0	281.35	23.33
		I_{6-2}	32.14	399.00	4.46	72.28	0	475.74	14.80
		I_{6-3}	28.70	318.80	2.46	86.39	0	407.65	14.20
	小计		2 721.94	28 948.25	303.16	6 761.67	0	36 013.08	13.23
饮马河流域（II）	饮马河干流（II_1）	II_{1-1}	475.31	6 174.43	68.69	324.38	0	6 567.50	13.82
		II_{1-2}	531.51	6 164.62	81.41	44.25	0	6 290.27	11.83
		II_{1-3}	107.82	1 125.44	6.24	15.56	66.29	1 213.54	11.26
		II_{1-4}	6.80	23.68	0	0	0	23.68	3.48
	雾开河（II_2）	II_{2-2}	471.79	4 928.81	112.35	284.09	0	5 325.25	11.29
	双阳河（II_3）	II_{3-1}	560.64	5 918.92	42.91	218.15	0	6 179.97	11.02
		II_{3-2}	166.89	1 483.68	11.69	99.84	0	1 595.20	9.56
	岔路河（II_4）	II_{4-1}	61.75	669.92	7.48	0	0	677.40	10.97
		II_{4-2}	213.45	2 084.25	22.43	13.62	0	2 120.30	9.93
		II_{4-3}	79.29	688.20	6.73	28.90	13.47	737.31	9.30
	小计		2 675.25	29 261.95	359.93	1 028.79	79.76	30 730.43	11.49

续表 2-3-7

计算区	计算亚区	分区编号	面积 (km²)	降水入渗补给量 (×10⁴m³/a)	灌溉入渗补给量 (×10⁴m³/a)	河道入渗补给量 (×10⁴m³/a)	侧向流入补给量 (×10⁴m³/a)	总补给量 (×10⁴m³/a)	总补给量模数 (×10⁴m³/km²)
伊通河流域 (Ⅲ)	伊通河干流 (Ⅲ₁)	Ⅲ₁₋₁	402.28	4 730.76	65.80	154.85	61.18	5 012.60	12.46
		Ⅲ₁₋₂	154.53	1 644.18	15.20	0	311.33	1 970.72	12.75
		Ⅲ₁₋₃	266.52	2 537.31	22.95	11.36	304.08	2 875.70	10.79
	新开河 (Ⅲ₂)	Ⅲ₂₋₁	573.69	5 315.07	73.36	27.93	22.28	5 438.63	9.48
		Ⅲ₂₋₂	1 097.18	9 035.60	146.85	12.48	60.03	9 254.95	8.44
	小计		2 494.20	23 262.92	324.16	206.61	758.90	24 552.60	9.84
合计			7 891.38	81 473.12	987.24	7 997.08	838.67	91 296.11	11.57

2. 各项排泄量的计算

1) 潜水蒸发量

$$E = 10^{-1} \cdot E_0 \cdot C \cdot F \tag{2-15}$$

式中，E 为潜水蒸发量，$\times 10^4 \mathrm{m}^3$；E_0 为水面蒸发量，mm；C 为潜水蒸发系数，无量纲；F 为计算面积，km²。

潜水蒸发量计算成果见表 2-3-8。第二松花江流域分区潜水蒸发量为 $0.79 \times 10^8 \mathrm{m}^3/\mathrm{a}$，饮马河流域分区潜水蒸发量为 $1.31 \times 10^8 \mathrm{m}^3/\mathrm{a}$，伊通河流域分区潜水蒸发量为 $1.32 \times 10^8 \mathrm{m}^3/\mathrm{a}$，研究区潜水蒸发总量为 $3.42 \times 10^8 \mathrm{m}^3/\mathrm{a}$。

表 2-3-8 潜水蒸发量计算成果表

计算区	计算亚区	分区编号	面积 (km²)	水面蒸发量 (mm)	潜水蒸发系数	潜水蒸发量 (×10⁴m³/a)
第二松花江流域 (Ⅰ)	第二松花江干流 (Ⅰ₁)	Ⅰ₁₋₁	529.05	816.5	0.044	1 900.68
		Ⅰ₁₋₂	183.28	816.5	0.043	643.47
	沐石河 (Ⅰ₂)	Ⅰ₂₋₁	365.13	813.5	0.043	1 277.23
	鳌龙河 (Ⅰ₃)	Ⅰ₃₋₁	822.01	744.0	0.04	2 446.29
	温德河 (Ⅰ₄)	Ⅰ₄₋₁	26.56	795.0	0.044	92.90
		Ⅰ₄₋₂	51.43	795.0	0.043	175.81
		Ⅰ₄₋₃	230.38	795.0	0.042	769.25
	团山子河 (Ⅰ₅)	Ⅰ₅₋₁	79.74	758.5	0.044	266.11
		Ⅰ₅₋₂	46.54	758.5	0.042	148.27
	牤牛河 (Ⅰ₆)	Ⅰ₆₋₁	12.06	714.0	0.044	37.88
		Ⅰ₆₋₂	32.14	714.0	0.043	98.67
		Ⅰ₆₋₃	28.70	714.0	0.042	86.07
	小计		2 407.02			7 942.65

续表 2-3-8

计算区	计算亚区	分区编号	面积 (km²)	水面蒸发量 (mm)	潜水蒸发系数	潜水蒸发量 (×10⁴ m³/a)
饮马河流域（Ⅱ）	饮马河干流（Ⅱ₁）	Ⅱ₁₋₁	475.31	768.3	0.09	3 286.66
		Ⅱ₁₋₂	531.51	768.3	0.08	3 266.85
		Ⅱ₁₋₃	107.82	768.3	0.07	579.84
	雾开河（Ⅱ₂）	Ⅱ₂₋₁	471.79	712.6	0.07	2 353.38
	双阳河（Ⅱ₃）	Ⅱ₃₋₁	560.64	795.0	0.048	2 139.42
		Ⅱ₃₋₂	166.89	795.0	0.045	597.03
	岔路河（Ⅱ₄）	Ⅱ₄₋₁	61.75	744.0	0.033	151.60
		Ⅱ₄₋₂	213.45	744.0	0.032	508.19
		Ⅱ₄₋₃	79.29	744.0	0.03	176.98
	小计		2 668.45			13 059.95
伊通河流域（Ⅲ）	伊通河干流（Ⅲ₁）	Ⅲ₁₋₁	402.28	598.6	0.15	3 612.03
		Ⅲ₁₋₂	154.53	598.6	0.10	925.01
		Ⅲ₁₋₃	266.52	598.6	0.08	1 276.33
	新开河（Ⅲ₂）	Ⅲ₂₋₁	573.69	947.0	0.06	3 259.70
		Ⅲ₂₋₂	1 097.18	947.0	0.04	4 156.12
	小计		2 494.20			13 229.19
合计			7 569.67			34 231.79

2) 河道排泄量

河道排泄量的计算方法同河道渗漏补给量，计算结果见表 2-3-9。第二松花江流域分区的河道排泄量为 $6 297.8 \times 10^4 \, m^3/a$，饮马河流域分区的河道排泄量为 $1 227.48 \times 10^4 \, m^3/a$，伊通河流域分区的河道排泄量为 $429.62 \times 10^4 \, m^3/a$，研究区的河道排泄总量为 $7 954.89 \times 10^4 \, m^3/a$。

3) 侧向径流排泄量

侧向径流排泄量的计算方法同侧向流入补给量，经过计算第二松花江流域分区的侧向径流排泄量为 $446.06 \times 10^4 \, m^3/a$，饮马河流域分区的侧向径流排泄量为 $399.99 \times 10^4 \, m^3/a$，伊通河流域分区的侧向径流排泄量为 $594.22 \times 10^4 \, m^3/a$，研究区的侧向径流排泄总量为 $1 440.27 \times 10^4 \, m^3/a$（表 2-3-10）。

4) 浅层地下水实际开采量

研究区的地下水实际开采量见表 2-3-11，经过计算第二松花江流域分区的实际开采量为 $2.58 \times 10^8 \, m^3/a$，饮马河流域分区的实际开采量为 $1.69 \times 10^8 \, m^3/a$，伊通河流域分区的实际开采量为 $6 620.11 \times 10^4 \, m^3/a$，研究区的实际开采量为 $4.94 \times 10^8 \, m^3/a$。

平原区地下水排泄量为以上各项排泄量之和，经计算第二松花江流域分区平原区地下水排泄量为 $4.05 \times 10^8 \, m^3/a$，饮马河流域分区平原区地下水排泄量为 $3.16 \times 10^8 \, m^3/a$，伊通河流域分区平原区地下水排泄量为 $2.09 \times 10^8 \, m^3/a$，整个研究区平原区地下水排泄量为 $9.30 \times 10^8 \, m^3/a$（表 2-3-12）。

表 2-3-9 河道排泄量成果表

计算区	计算亚区	分区编号	水力梯度	渗透系数 (m/d)	含水层厚度(m)	河段长度(m)	排泄时间(d)	河道排泄量 (×10⁴m³/a)
第二松花江流域（Ⅰ）	第二松花江干流（Ⅰ₁）	Ⅰ₁₋₁	0.002	20.000	33.000	112 693.152	210	3 200.670
		Ⅰ₁₋₂	0.001	2.000	15.000	34 731.52	210	16.305
	沐石河（Ⅰ₂）	Ⅰ₂₋₁	0.001	6.130	3.280	61 535.02	210	25.982
	鳌龙河（Ⅰ₃）	Ⅰ₃₋₁	0.003	28.000	15.000	4 272.12	210	113.040
	温德河（Ⅰ₄）	Ⅰ₄₋₁	0.004	28.000	15.000	7 825.46	210	276.082
		Ⅰ₄₋₂	0.005	28.000	15.000	36 720.22	210	1 619.362
		Ⅰ₄₋₃	0.002	18.000	30.000	10 154.13	210	230.296
	团山子河（Ⅰ₅）	Ⅰ₅₋₁	0.004	20.000	8.000	26 823.40	210	360.506
		Ⅰ₅₋₂	0.002	18.000	30.000	4 899.60	210	111.123
	牤牛河（Ⅰ₆）	Ⅰ₆₋₁	0.003	20.000	8.000	11 950.96	210	120.466
		Ⅰ₆₋₂	0.004	20.000	8.000	16 664.03	210	223.965
	小计							6 297.80
饮马河流域（Ⅱ）	饮马河干流（Ⅱ₁）	Ⅱ₁₋₁	0.001	53.000	11.000	59 761.60	90	324.382
		Ⅱ₁₋₂	0.001	8.000	5.000	44 692.97	90	16.089
		Ⅱ₁₋₃	0.001	8.000	5.000	34 153.070	90	7.782
	雾开河（Ⅱ₂）	Ⅱ₂₋₁	0.002	1.530	17.060	57 820.935	210	63.388
	双阳河（Ⅱ₃）	Ⅱ₃₋₁	0.002	15.000	18.000	42 081.04	210	477.199
		Ⅱ₃₋₂	0.003	15.000	18.000	15 802.26	210	268.796
	岔路河（Ⅱ₄）	Ⅱ₄₋₁	0.001	8.000	5.000	36 170.85	210	15.891
		Ⅱ₄₋₂	0.002	8.000	5.000	32 820.71	210	53.952
	小计							1 227.48
伊通河流域（Ⅲ）	伊通河干流（Ⅲ₁）	Ⅲ₁₋₁	0.001	88.525	2.610	74 466.87	210	361.317
		Ⅲ₁₋₂	0.002	0.675	9.060	5 930.17	210	1.490
		Ⅲ₁₋₃	0.001	23.000	4.180	40 533.49	210	65.171
	新开河（Ⅲ₂）	Ⅲ₂₋₁	0.001	0.675	9.060	17 854.76	210	1.638
	小计							429.62
合计								7 954.89

（二）山丘区地下水资源计算方法

采用直线斜割法进行单站基流分割计算基流量（肖长来等，2010；中国地质调查局，2012）。

基流模数计算：

$$M_{0\text{基}i}^{j} = \frac{R_{g\text{站}i}^{j}}{f_{\text{站}i}} \tag{2-16}$$

式中，$M_{0\text{基}i}^{j}$ 为选用水文站 i 在 j 年的河川基流模数，×10⁴m³/km²；$R_{g\text{站}i}^{j}$ 为选用水文站 i 在 j 年的河川基流量，×10⁴m³；$f_{\text{站}i}$ 为选用水文站 i 的控制区域面积，km²。

表 2-3-10 侧向径流排泄量成果表

计算区	计算亚区	分区编号	含水层渗透系数(m/d)	水力坡度(‰)	含水层厚度(m)	断面宽度(m)	排泄时间(d)	侧向径流排泄量($\times 10^4 m^3/a$)
第二松花江流域（Ⅰ）	第二松花江干流（Ⅰ$_1$）	Ⅰ$_{1-4}$	25	5	5	11 933.36	365	272.23
	沐石河（Ⅰ$_2$）	Ⅰ$_{2-1}$	15	2	8	19 843.25	365	173.83
	小计							446.06
饮马河流域（Ⅱ）	饮马河干流（Ⅱ$_1$）	Ⅱ$_{1-1}$	52	1	10	6 223.52	365	118.12
		Ⅱ$_{1-2}$	25	2	8	7 005.38	365	102.28
	雾开河（Ⅱ$_2$）	Ⅱ$_{2-1}$	16	2	8	19 219.88	365	179.59
	小计							399.99
伊通河流域（Ⅲ）	伊通河干流（Ⅲ$_1$）	Ⅲ$_{1-1}$	77	1	3	4 290.91	365	36.18
		Ⅲ$_{1-2}$	45	2	8	7 329.74	365	192.63
		Ⅲ$_{1-3}$	25	3	9	9 835.01	365	242.31
	新开河（Ⅲ$_2$）	Ⅲ$_{2-1}$	25	1	4	24 858.37	365	90.73
		Ⅲ$_{2-2}$	13	1	9	7 580.01	365	32.37
	小计							594.22
合计								1 440.27

表 2-3-11 地下水实际开采量成果表

计算区	计算亚区	分区编号	分区类型	面积(km²)	实际开采量($\times 10^4 m^3/a$)
第二松花江流域（Ⅰ）	第二松花江干流（Ⅰ$_1$）	Ⅰ$_{1-1}$	松散岩类孔隙潜水	529.05	6 457.12
		Ⅰ$_{1-2}$	松散岩类孔隙潜水	183.28	1 629.17
	沐石河（Ⅰ$_2$）	Ⅰ$_{2-1}$	松散岩类孔隙潜水	365.13	3 245.65
	鳌龙河（Ⅰ$_3$）	Ⅰ$_{3-1}$	松散岩类孔隙潜水	822.01	10 669.53
	温德河（Ⅰ$_4$）	Ⅰ$_{4-1}$	松散岩类孔隙潜水	26.56	293.80
		Ⅰ$_{4-2}$	松散岩类孔隙潜水	51.43	721.06
		Ⅰ$_{4-3}$	松散岩类孔隙潜水	230.38	1 287.64
	团山子河（Ⅰ$_5$）	Ⅰ$_{5-1}$	松散岩类孔隙潜水	79.74	607.99
		Ⅰ$_{5-2}$	松散岩类孔隙潜水	46.54	354.88
	牤牛河（Ⅰ$_6$）	Ⅰ$_{6-1}$	松散岩类孔隙潜水	12.06	91.94
		Ⅰ$_{6-2}$	松散岩类孔隙潜水	32.14	245.05
		Ⅰ$_{6-3}$	松散岩类孔隙潜水	28.70	218.83
	小计			2 407.02	25 822.67

续表 2-3-11

计算区	计算亚区	分区编号	分区类型	面积(km²)	实际开采量(×10⁴m³/a)
饮马河流域（Ⅱ）	饮马河干流（Ⅱ₁）	Ⅱ₁₋₁	松散岩类孔隙潜水	475.31	3 626.52
		Ⅱ₁₋₂	松散岩类孔隙潜水	531.51	3 215.89
		Ⅱ₁₋₃	松散岩类孔隙潜水	107.82	736.62
	雾开河（Ⅱ₂）	Ⅱ₂₋₁	松散岩类孔隙潜水	471.79	2 068.03
	双阳河（Ⅱ₃）	Ⅱ₃₋₁	松散岩类孔隙潜水	560.64	3 966.50
		Ⅱ₃₋₂	松散岩类孔隙潜水	166.89	1 239.22
	岔路河（Ⅱ₄）	Ⅱ₄₋₁	松散岩类孔隙潜水	61.75	417.87
		Ⅱ₄₋₂	松散岩类孔隙潜水	213.45	1 230.43
		Ⅱ₄₋₃	松散岩类孔隙潜水	79.29	436.51
	小计			2 668.45	16 937.60
伊通河流域（Ⅲ）	伊通河干流（Ⅲ₁）	Ⅲ₁₋₁	松散岩类孔隙潜水	402.28	951.39
		Ⅲ₁₋₂	松散岩类孔隙潜水	154.53	467.78
		Ⅲ₁₋₃	松散岩类孔隙潜水	266.52	432.23
	新开河（Ⅲ₂）	Ⅲ₂₋₁	松散岩类孔隙潜水	573.69	1 518.98
		Ⅲ₂₋₂	松散岩类孔隙潜水	1 097.18	3 249.73
	小计			2 494.20	6 620.11
合计				7 569.67	49 380.37

表 2-3-12 平原区地下水排泄量计算成果表

计算区	计算亚区	分区编号	面积(km²)	潜水蒸发量(×10⁴m³/a)	侧向径流排泄量(×10⁴m³/a)	河道排泄量(×10⁴m³/a)	实际开采量(×10⁴m³/a)	总排泄量(×10⁴m³/a)	排泄量模数(×10⁴m³/km²)
第二松花江流域（Ⅰ）	第二松花江干流（Ⅰ₁）	Ⅰ₁₋₁	529.05	1 900.68	0	3 200.67	6 457.12	11 558.47	21.85
		Ⅰ₁₋₂	183.28	643.47	0	0	1 629.17	2 272.64	12.40
		Ⅰ₁₋₃	142.13	0	272.23	0	0	272.23	1.92
	沐石河（Ⅰ₂）	Ⅰ₂₋₁	365.13	1 277.23	173.83	16.30	3 245.65	4 713.01	12.91
	鳌龙河（Ⅰ₃）	Ⅰ₃₋₁	822.01	2 446.29	0	25.98	10 669.53	13 141.81	15.99
		Ⅰ₃₋₂	77.22	0	0	0	0	0	0
	温德河（Ⅰ₄）	Ⅰ₄₋₁	26.56	92.90	0	113.04	293.80	499.74	18.82
		Ⅰ₄₋₂	51.43	175.81	0	276.08	721.06	1 172.95	22.81
		Ⅰ₄₋₃	230.38	769.25	0	1 619.36	1 287.64	3 676.26	15.96
	团山子河（Ⅰ₅）	Ⅰ₅₋₁	79.74	266.11	0	230.30	607.99	1 104.40	13.85
		Ⅰ₅₋₂	46.54	148.27	0	360.51	354.88	863.65	18.56
		Ⅰ₅₋₃	95.58	0	0	0	0	0	0

续表 2-3-12

计算区	计算亚区	分区编号	面积 (km²)	潜水蒸发量 (×10⁴m³/a)	侧向径流排泄量 (×10⁴m³/a)	河道排泄量 (×10⁴m³/a)	实际开采量 (×10⁴m³/a)	总排泄量 (×10⁴m³/a)	排泄量模数 (×10⁴m³/km²)
第二松花江流域（Ⅰ）	牤牛河（Ⅰ₆）	Ⅰ₆₋₁	12.06	37.88	0	111.12	91.94	240.95	19.98
		Ⅰ₆₋₂	32.14	98.67	0	120.47	245.05	464.19	14.44
		Ⅰ₆₋₃	28.70	86.07	0	223.96	218.83	528.86	18.43
	小计		2 721.94	7 942.65	446.06	6 297.80	25 822.67	40 509.17	14.88
饮马河流域（Ⅱ）	饮马河干流（Ⅱ₁）	Ⅱ₁₋₁	475.31	3 286.66	118.12	324.38	3 626.52	7 355.68	15.48
		Ⅱ₁₋₂	531.51	3 266.85	102.28	16.09	3 215.89	6 601.10	12.42
		Ⅱ₁₋₃	107.82	579.84	0	7.78	736.62	1 324.24	12.28
		Ⅱ₁₋₄	6.80	0	0	0	0	0	0
	雾开河（Ⅱ₂）	Ⅱ₂₋₁	471.79	2 353.38	179.59	63.39	2 068.03	4 664.40	9.89
	双阳河（Ⅱ₃）	Ⅱ₃₋₁	560.64	2 139.42	0	477.20	3 966.50	6 583.12	11.74
		Ⅱ₃₋₂	166.89	597.03	0	268.80	1 239.22	2 105.05	12.61
	岔路河（Ⅱ₄）	Ⅱ₄₋₁	61.75	151.60	0	0	417.87	569.48	9.22
		Ⅱ₄₋₂	213.45	508.19	0	15.89	1 230.43	1 754.51	8.22
		Ⅱ₄₋₃	79.29	176.98	0	53.95	436.51	667.44	8.42
	小计		2 675.25	13 059.95	399.99	1 227.48	16 937.60	31 625.01	11.82
伊通河流域（Ⅲ）	伊通河干流（Ⅲ₁）	Ⅲ₁₋₁	402.28	3 612.03	36.18	361.32	951.39	4 960.92	12.33
		Ⅲ₁₋₂	154.53	925.01	192.63	0	467.78	1 585.41	10.26
		Ⅲ₁₋₃	266.52	1 276.33	242.31	1.49	432.23	1 952.37	7.33
	新开河（Ⅲ₂）	Ⅲ₂₋₁	573.69	3 259.70	90.73	65.13	1 518.98	4 934.59	8.60
		Ⅲ₂₋₂	1 097.18	4 156.12	32.37	1.64	3 249.73	7 439.85	6.78
	小计		2 494.20	13 229.19	594.22	429.62	6 620.11	20 873.14	8.37
	合计		7 891.38	34 231.79	1 440.27	7 954.89	49 380.37	93 007.32	11.79

按照面积加权平均法的原则,利用下式计算各分区河川基流量系列:

$$R_{gi} = \sum M_{0\text{基}i}^{j} \cdot F_i \tag{2-17}$$

式中,R_{gi} 为计算分区 j 年的河川基流量,$\times 10^4 \text{m}^3$;$M_{0\text{基}i}^{j}$ 为计算分区选用水文站 i 控制区域 j 年的河川基流模数或未被选用水文站所控制的 i 区域 j 年的河川基流模数,$\times 10^4 \text{m}^3/\text{km}^2$;$F_i$ 为计算分区内选用水文站 i 控制区域的面积或未被水文控制站所控制的 i 区域的面积,km^2。

计算结果见表 2-3-13,第二松花江流域分区的河川基流量为 4 779.19×10⁴m³/a,饮马河流域分区的河川基流量为 2 066.30×10⁴m³/a,伊通河流域分区的河川基流量为 899.43×10⁴m³/a,研究区总的河川基流量为 7 744.92×10⁴m³/a。

表 2-3-13　河川基流量成果表

计算区	计算亚区	分区编号	分区类型	面积（km²）	河川基流量（×10⁴ m³/a）
第二松花江流域（Ⅰ）	第二松花江干流（Ⅰ₁）	Ⅰ₁-4	碎屑岩夹碳酸盐岩溶洞裂隙水	208.63	688.10
		Ⅰ₁-5	碎屑岩夹碳酸盐岩溶洞裂隙水	271.51	746.25
		Ⅰ₁-6	基岩裂隙水	881.56	290.75
		Ⅰ₁-7	基岩裂隙水	29.83	8.20
		Ⅰ₁-8	基岩裂隙水	12.13	2.67
	沐石河（Ⅰ₂）	Ⅰ₂-2	碎屑岩夹碳酸盐岩溶洞裂隙水	63.94	168.64
		Ⅰ₂-3	基岩裂隙水	185.85	58.82
		Ⅰ₂-4	基岩裂隙水	28.80	7.60
		Ⅰ₂-5	基岩裂隙水	70.22	14.82
	鳌龙河（Ⅰ₃）	Ⅰ₃-3	碎屑岩夹碳酸盐岩溶洞裂隙水	275.30	859.73
		Ⅰ₃-4	碎屑岩夹碳酸盐岩溶洞裂隙水	177.58	443.64
		Ⅰ₃-5	基岩裂隙水	315.17	118.11
		Ⅰ₃-6	基岩裂隙水	23.14	5.78
	温德河（Ⅰ₄）	Ⅰ₄-4	碎屑岩夹碳酸盐岩溶洞裂隙水	125.65	345.34
		Ⅰ₄-5	基岩裂隙水	803.53	265.02
		Ⅰ₄-6	基岩裂隙水	1.93	0.53
	团山子河（Ⅰ₅）	Ⅰ₅-4	碎屑岩夹碳酸盐岩溶洞裂隙水	140.05	515.60
		Ⅰ₅-5	基岩裂隙水	140.73	51.81
		Ⅰ₅-6	基岩裂隙水	23.38	7.17
	牤牛河（Ⅰ₆）	Ⅰ₆-4	碎屑岩夹碳酸盐岩溶洞裂隙水	20.55	67.13
		Ⅰ₆-5	基岩裂隙水	289.43	113.47
	小计			4 088.91	4 779.19
饮马河流域（Ⅱ）	饮马河干流（Ⅱ₁）	Ⅱ₁-5	碳酸盐岩夹碎屑岩裂隙溶洞水	128.43	382.12
		Ⅱ₁-6	碳酸盐岩夹碎屑岩裂隙溶洞水	13.74	43.83
		Ⅱ₁-7	碎屑岩夹碳酸盐岩溶洞裂隙水	12.59	36.51
		Ⅱ₁-8	碎屑岩夹碳酸盐岩溶洞裂隙水	30.73	71.29
		Ⅱ₁-9	基岩裂隙水	166.37	57.89
		Ⅱ₁-10	基岩裂隙水	26.22	7.60
		Ⅱ₁-11	基岩裂隙水	627.62	145.59
	雾开河（Ⅱ₂）	Ⅱ₂-2	基岩裂隙水	43.06	14.99
		Ⅱ₂-3	基岩裂隙水	68.06	15.80

续表 2-3-13

计算区	计算亚区	分区编号	分区类型	面积(km²)	河川基流量(×10⁴m³/a)
饮马河流域（Ⅱ）	双阳河（Ⅱ₃）	Ⅱ₃₋₃	碳酸盐岩夹碎屑岩裂隙溶洞水	75.01	250.09
		Ⅱ₃₋₄	碳酸盐岩夹碎屑岩裂隙溶洞水	51.36	163.77
		Ⅱ₃₋₅	基岩裂隙水	93.85	31.29
		Ⅱ₃₋₆	基岩裂隙水	123.97	34.44
		Ⅱ₃₋₇	基岩裂隙水	239.73	53.28
	岔路河（Ⅱ₄）	Ⅱ₄₋₄	碳酸盐岩夹碎屑岩裂隙溶洞水	48.07	134.38
		Ⅱ₄₋₅	碎屑岩夹碳酸盐岩溶洞裂隙水	144.64	470.77
		Ⅱ₄₋₆	碎屑岩夹碳酸盐岩溶洞裂隙水	2.07	5.62
		Ⅱ₄₋₇	基岩裂隙水	402.52	131.01
		Ⅱ₄₋₈	基岩裂隙水	13.90	3.77
		Ⅱ₄₋₉	基岩裂隙水	56.44	12.25
	小计			2 368.38	2 066.30
伊通河流域（Ⅲ）	伊通河干流（Ⅲ₁）	Ⅲ₁₋₄	碳酸盐岩夹碎屑岩裂隙溶洞水	89.29	300.01
		Ⅲ₁₋₅	碳酸盐岩夹碎屑岩裂隙溶洞水	0.62	1.73
		Ⅲ₁₋₆	碎屑岩夹碳酸盐岩溶洞裂隙水	47.64	133.38
		Ⅲ₁₋₇	基岩裂隙水	211.51	71.07
		Ⅲ₁₋₈	基岩裂隙水	39.09	10.94
		Ⅲ₁₋₉	基岩裂隙水	46.14	10.34
	新开河（Ⅲ₂）	Ⅲ₂₋₃	碳酸盐岩夹碎屑岩裂隙溶洞水	106.18	338.07
		Ⅲ₂₋₄	碎屑岩夹碳酸盐岩溶洞裂隙水	11.13	28.65
		Ⅲ₂₋₅	基岩裂隙水	25.53	5.26
	小计			577.13	899.43
合计				7 034.42	7 744.92

(三)地下水资源均衡计算

1. 第四系地下水蓄变量计算

地下水蓄变量是指均衡计算区计算时段初第四系地下水储存量与计算时段末浅层地下水储存量的差值。采用下式计算：

$$\Delta W = 100 \cdot (h_1 - h_2) \cdot \mu \cdot F / t \tag{2-18}$$

式中，ΔW 为年浅层地下水蓄变量，$\times 10^4 \mathrm{m}^3$；h_1 为计算时段初地下水水位，m；h_2 为计算时段末地下水水位，m；μ 为地下水水位变幅带给水度，无量纲；F 为计算面积，km^2；t 为计算时段长度，a。

计算结果见表 2-3-14。

2. 地下水均衡分析

地下水均衡是指均衡计算区或计算分区内多年平均地下水总补给量（$Q_{总补}$）与总排泄量（$Q_{总排}$）的收

支状况。采用均衡期间多年平均地下水总补给量、总排泄量和地下水蓄变量进行平衡分析,利用绝对误差和相对误差对计算结果误差进行分析讨论,即:

$$Q_{总补}-Q_{总排}\pm\Delta W=X \tag{2-19}$$

$$\frac{X}{Q_{总补}}\cdot 100\%=\delta \tag{2-20}$$

表 2-3-14 地下水资源量及均衡计算误差一览表

计算区	计算亚区	分区编号	面积(km²)	总补给量(×10⁴m³/a)	总排泄量(×10⁴m³/a)	计算蓄水变量(×10⁴m³/a)	实际蓄水变量(×10⁴m³/a)	绝对均衡差(×10⁴m³/a)	相对均衡差(%)
第二松花江流域（Ⅰ）	第二松花江干流（Ⅰ₁）	Ⅰ₁₋₁	529.05	12 252.61	11 558.47	694.14	1 142.76	448.62	3.66
		Ⅰ₁₋₂	183.28	2 034.35	2 272.64	−238.29	−306.80	−68.51	−3.37
		Ⅰ₁₋₃	142.13	468.76	272.23	196.53	211.06	14.53	3.10
	沐石河（Ⅰ₂）	Ⅰ₂₋₁	365.13	3 531.56	4 713.01	−1 181.45	−1 004.83	176.62	5.00
	鳌龙河（Ⅰ₃）	Ⅰ₃₋₁	822.01	10 630.63	13 141.81	−2 511.17	−2 992.11	−480.93	−4.52
		Ⅰ₃₋₂	77.22	289.36	0	289.36	296.51	7.15	2.47
	温德河（Ⅰ₄）	Ⅰ₄₋₁	26.56	430.32	499.74	−69.43	−82.33	−12.91	−3.00
		Ⅰ₄₋₂	51.43	662.61	1 172.95	−510.34	−482.41	27.93	4.22
		Ⅰ₄₋₃	230.38	2 582.35	3 676.26	−1 093.91	−1 013.69	80.22	3.11
	团山子河（Ⅰ₅）	Ⅰ₅₋₁	79.74	1 082.97	1 104.40	−21.43	−51.83	−30.40	−2.81
		Ⅰ₅₋₂	46.54	589.58	863.65	−274.07	−281.67	−7.60	−1.29
		Ⅰ₅₋₃	95.58	293.24	0	293.24	304.90	11.66	3.98
	牤牛河（Ⅰ₆）	Ⅰ₆₋₁	12.06	281.35	240.95	40.40	39.79	−0.61	−0.22
		Ⅰ₆₋₂	32.14	475.74	464.19	11.55	23.14	11.59	2.44
		Ⅰ₆₋₃	28.70	407.65	528.86	−121.22	−120.54	0.68	0.17
	小计		2 721.95	36 013.08	40 509.16	−4 496.09	−4 318.05	178.04	0.44
饮马河流域（Ⅱ）	饮马河干流（Ⅱ₁）	Ⅱ₁₋₁	475.31	6 567.50	7 355.68	−788.18	−684.45	103.72	1.58
		Ⅱ₁₋₂	531.51	6 290.27	6 601.10	−310.83	−372.05	−61.22	−0.97
		Ⅱ₁₋₃	107.82	1 213.54	1 324.24	−110.70	−81.94	28.76	2.37
		Ⅱ₁₋₄	6.80	23.68	0	23.68	22.51	−1.17	−4.94
	雾开河（Ⅱ₂）	Ⅱ₂₋₂	471.79	5 325.25	4 664.40	660.86	581.72	−79.14	−1.49
	双阳河（Ⅱ₃）	Ⅱ₃₋₁	560.64	6 179.97	6 583.12	−403.15	−280.32	122.83	1.99
		Ⅱ₃₋₂	166.89	1 595.20	2 105.05	−509.85	−500.66	9.19	0.58
	岔路河（Ⅱ₄）	Ⅱ₄₋₁	61.75	677.40	569.48	107.93	102.25	−5.67	−0.84
		Ⅱ₄₋₂	213.45	2 120.30	1 754.51	365.80	281.76	−84.04	−3.96
		Ⅱ₄₋₃	79.29	737.31	667.44	69.87	69.78	−0.10	−0.01
	小计		2 675.25	30 730.42	31 625.02	−894.58	−861.42	33.17	0.10

续表 2-3-14

计算区	计算亚区	分区编号	面积 (km²)	总补给量 (×10⁴m³/a)	总排泄量 (×10⁴m³/a)	计算蓄水变量 (×10⁴m³/a)	实际蓄水变量 (×10⁴m³/a)	绝对均衡差 (×10⁴m³/a)	相对均衡差 (%)
伊通河流域（Ⅲ）	伊通河干流（Ⅲ₁）	Ⅲ₁₋₁	402.28	5 012.60	4 960.92	51.68	289.64	237.96	4.75
		Ⅲ₁₋₂	154.53	1 970.72	1 585.41	385.31	324.51	−60.80	−3.08
		Ⅲ₁₋₃	266.52	2 875.70	1 952.37	923.33	799.57	−123.76	−4.30
	新开河（Ⅲ₂）	Ⅲ₂₋₁	573.69	5 438.63	4 934.59	504.04	458.95	−45.09	−0.83
		Ⅲ₂₋₂	1 097.18	9 254.95	7 439.85	1 815.10	2 084.64	269.54	2.91
	小计		2 494.20	24 552.60	20 873.14	3 679.46	3 957.31	277.85	1.09
合计			7 891.40	91 296.10	93 007.32	−1 711.21	−1 222.15	489.06	0.49

式中，X 为绝对均衡差，$\times 10^4 \mathrm{m}^3$；δ 为相对均衡差，无量纲，用％表示。

本次地下水资源量计算成果及均衡误差计算见表 2-3-14。

经过计算，研究区地下水实际蓄水变量为 $-1\,222.15\times 10^4 \mathrm{m}^3/\mathrm{a}$，地下水补排量绝对均衡差为 $489.06\times 10^4 \mathrm{m}^3/\mathrm{a}$，相对均衡差为 0.49％，为水均衡计算可接受范围，证明计算过程中所选取参数合理，计算所得地下水资源量真实可信。通过均衡分析，可以判断研究区地下水多年呈现负均衡状态，地下水资源量逐渐减少，但幅度很小。

（四）地下水资源量计算

研究区内地下水资源量由平原区第四系地下水资源量和山丘区地下水资源量组成。按照"补给法"核算，地下水资源量应为各项补给量之和减去地下水重复量。研究区地下水资源的重复量为地下水灌溉入渗补给量。研究区总补给量为 $9.904\times 10^8 \mathrm{m}^3/\mathrm{a}$，总排泄量为 $10.075\times 10^8 \mathrm{m}^3/\mathrm{a}$，地下水资源重复量为 $388.300\times 10^4 \mathrm{m}^3/\mathrm{a}$，地下水资源量为 $9.865\times 10^8 \mathrm{m}^3/\mathrm{a}$。地下水资源计算成果见表 2-3-15，将地下水资源量分配到各行政区，计算成果见表 2-3-16，地下水资源分布见图 2-3-2。

表 2-3-15 研究区地下水资源量计算成果表

计算区	计算亚区	分区编号	面积 (km²)	总补给量 (×10⁴m³/a)	总排泄量 (×10⁴m³/a)	地下水资源重复量 (×10⁴m³/a)	地下水资源量 (×10⁴m³/a)	地下水资源量模数 (×10⁴m³/km²)
第二松花江流域（Ⅰ）	第二松花江干流（Ⅰ₁）	Ⅰ₁₋₁	529.05	12 252.61	11 558.47	30.60	12 222.02	23.10
		Ⅰ₁₋₂	183.28	2 034.35	2 272.64	7.62	2 026.73	11.06
		Ⅰ₁₋₃	142.13	468.76	272.23	0	468.76	3.30
		Ⅰ₁₋₄	208.63	688.10	688.10	0	688.10	3.30
		Ⅰ₁₋₅	271.51	746.25	746.25	0	746.25	2.75
		Ⅰ₁₋₆	881.56	290.75	290.75	0	290.75	0.33
		Ⅰ₁₋₇	29.83	8.20	8.20	0	8.20	0.27
		Ⅰ₁₋₈	12.13	2.67	2.67	0	2.67	0.22

续表 2-3-15

计算区	计算亚区	分区编号	面积 (km²)	总补给量 (×10⁴m³/a)	总排泄量 (×10⁴m³/a)	地下水资源重复量 (×10⁴m³/a)	地下水资源量 (×10⁴m³/a)	地下水资源量模数 (×10⁴m³/km²)
第二松花江流域（I）	沐石河（I₂）	I₂₋₁	365.13	3 531.56	4 713.01	32.82	3 498.74	9.58
		I₂₋₂	63.94	168.64	168.64	0	168.64	2.64
		I₂₋₃	185.85	58.82	58.82	0	58.82	0.32
		I₂₋₄	28.80	7.60	7.60	0	7.60	0.26
		I₂₋₅	70.22	14.82	14.82	0	14.82	0.21
	鳌龙河（I₃）	I₃₋₁	822.01	10 630.63	13 141.81	36.18	10 594.45	12.89
		I₃₋₂	77.22	289.36	0	0	289.36	3.75
		I₃₋₃	275.30	859.73	859.73	0	859.73	3.12
		I₃₋₄	177.58	443.64	443.64	0	443.64	2.50
		I₃₋₅	315.17	118.11	118.11	0	118.11	0.37
		I₃₋₆	23.14	5.78	5.78	0	5.78	0.25
	温德河（I₄）	I₄₋₁	26.56	430.32	499.74	1.33	428.99	16.15
		I₄₋₂	51.43	662.61	1 172.95	2.45	660.16	12.84
		I₄₋₃	230.38	2 582.35	3 676.26	5.33	2 577.01	11.19
		I₄₋₄	125.65	345.34	345.34	0	345.34	2.75
		I₄₋₅	803.53	265.02	265.02	0	265.02	0.33
		I₄₋₆	1.93	0.53	0.53	0	0.53	0.27
	团山子河（I₅）	I₅₋₁	79.74	1 082.97	1 104.40	3.79	1 079.18	13.53
		I₅₋₂	46.54	589.58	863.65	1.09	588.49	12.64
		I₅₋₃	95.58	293.24	0	0	293.24	3.07
		I₅₋₄	140.05	515.60	515.60	0	515.60	3.68
		I₅₋₅	140.73	51.81	51.81	0	51.81	0.37
		I₅₋₆	23.38	7.17	7.17	0	7.17	0.31
	牤牛河（I₆）	I₆₋₁	12.06	281.35	240.95	0.67	280.68	23.28
		I₆₋₂	32.14	475.74	464.19	1.62	474.13	14.75
		I₆₋₃	28.70	407.65	528.86	0.77	406.88	14.18
		I₆₋₄	20.55	67.13	67.13	0	67.13	3.27
		I₆₋₅	289.43	113.47	113.47	0	113.47	0.39
	小计		6 810.85	40 792.27	45 288.36	124.27	40 668.00	5.97

续表 2-3-15

计算区	计算亚区	分区编号	面积 (km²)	总补给量 (×10⁴m³/a)	总排泄量 (×10⁴m³/a)	地下水资源重复量 (×10⁴m³/a)	地下水资源量 (×10⁴m³/a)	地下水资源量模数 (×10⁴m³/km²)
饮马河流域（Ⅱ）	饮马河干流（Ⅱ₁）	Ⅱ₁₋₁	475.31	6 567.50	7 355.68	39.14	6 528.37	13.73
		Ⅱ₁₋₂	531.51	6 290.27	6 601.10	44.61	6 245.66	11.75
		Ⅱ₁₋₃	107.82	1 213.54	1 324.24	2.15	1 211.39	11.24
		Ⅱ₁₋₄	6.80	23.68	0	0	23.68	3.48
		Ⅱ₁₋₅	128.43	382.12	382.12	0	382.12	2.98
		Ⅱ₁₋₆	13.74	43.83	43.83	0	43.83	3.19
		Ⅱ₁₋₇	12.59	36.51	36.51	0	36.51	2.90
		Ⅱ₁₋₈	30.73	71.29	71.29	0	71.29	2.32
		Ⅱ₁₋₉	166.37	57.89	57.89	0	57.89	0.35
		Ⅱ₁₋₁₀	26.22	7.60	7.60	0	7.60	0.29
		Ⅱ₁₋₁₁	627.62	145.59	145.59	0	145.59	0.23
	雾开河（Ⅱ₂）	Ⅱ₂₋₁	471.79	5 325.25	4 664.40	46.74	5 278.52	11.19
		Ⅱ₂₋₂	43.06	14.99	14.99	0	14.99	0.35
		Ⅱ₂₋₃	68.06	15.80	15.80	0	15.80	0.23
	双阳河（Ⅱ₃）	Ⅱ₃₋₁	560.64	6 179.97	6 583.12	24.41	6 155.56	10.98
		Ⅱ₃₋₂	166.89	1 595.20	2 105.05	6.65	1 588.56	9.52
		Ⅱ₃₋₃	75.01	250.09	250.09	0	250.09	3.33
		Ⅱ₃₋₄	51.36	163.77	163.77	0	163.77	3.19
		Ⅱ₃₋₅	93.85	31.29	31.29	0	31.29	0.33
		Ⅱ₃₋₆	123.97	34.44	34.44	0	34.44	0.28
		Ⅱ₃₋₇	239.73	53.28	53.28	0	53.28	0.22
	岔路河（Ⅱ₄）	Ⅱ₄₋₁	61.75	677.40	569.48	2.93	674.47	10.92
		Ⅱ₄₋₂	213.45	2 120.30	1 754.51	6.41	2 113.89	9.90
		Ⅱ₄₋₃	79.29	737.31	667.44	1.44	735.87	9.28
		Ⅱ₄₋₄	48.07	134.38	134.38	0	134.38	2.80
		Ⅱ₄₋₅	144.64	470.77	470.77	0	470.77	3.25
		Ⅱ₄₋₆	2.07	5.62	5.62	0	5.62	2.71
		Ⅱ₄₋₇	402.52	131.01	131.01	0	131.01	0.33
		Ⅱ₄₋₈	13.90	3.77	3.77	0	3.77	0.27
		Ⅱ₄₋₉	56.44	12.25	12.25	0	12.25	0.22
	小计		5 043.64	32 796.73	33 691.31	174.47	32 622.26	6.47

续表 2-3-15

计算区	计算亚区	分区编号	面积 (km²)	总补给量 (×10⁴m³/a)	总排泄量 (×10⁴m³/a)	地下水资源重复量 (×10⁴m³/a)	地下水资源量 (×10⁴m³/a)	地下水资源量模数 (×10⁴m³/km²)
伊通河流域（Ⅲ）	伊通河干流（Ⅲ₁）	Ⅲ₁₋₁	402.28	5 012.60	4 960.92	26.86	4 985.74	12.39
		Ⅲ₁₋₂	154.53	1 970.72	1 585.41	6.10	1 964.61	12.71
		Ⅲ₁₋₃	266.52	2 875.70	1 952.37	10.06	2 865.64	10.75
		Ⅲ₁₋₄	89.29	300.01	300.01	0	300.01	3.36
		Ⅲ₁₋₅	0.62	1.73	1.73	0	1.73	2.80
		Ⅲ₁₋₆	47.64	133.38	133.38	0	133.38	2.80
		Ⅲ₁₋₇	211.51	71.07	71.07	0	71.07	0.34
		Ⅲ₁₋₈	39.09	10.94	10.94	0	10.94	0.28
		Ⅲ₁₋₉	46.14	10.34	10.34	0	10.34	0.22
	新开河（Ⅲ₂）	Ⅲ₂₋₁	573.69	5 438.63	4 934.59	14.19	5 424.45	9.46
		Ⅲ₂₋₂	1 097.18	9 254.95	7 439.85	32.36	9 222.60	8.41
		Ⅲ₂₋₃	106.18	338.07	338.07	0	338.07	3.18
		Ⅲ₂₋₄	11.13	28.65	28.65	0	28.65	2.57
		Ⅲ₂₋₅	25.53	5.26	5.26	0	5.26	0.21
	小计		3 071.32	25 452.03	21 772.57	89.57	25 362.47	8.26
合计			14 925.80	99 041.03	100 752.24	388.30	98 652.73	6.61

表 2-3-16 各行政区地下水资源量计算成果表

行政区		面积(km²)	总补给量 (×10⁴m³/a)	总排泄量 (×10⁴m³/a)	地下水资源重复量 (×10⁴m³/a)	地下水资源量 (×10⁴m³/a)
长春市	宽城区	302.21	3 455.85	2 848.42	16.31	3 439.55
	二道区	1 032.78	7 706.99	7 500.95	53.44	7 653.55
	绿园区	284.07	2 628.98	2 077.70	8.67	2 620.31
	南关区	521.31	3 513.18	3 198.47	15.92	3 497.27
	朝阳区	296.59	2 604.37	2 201.56	9.98	2 594.40
	农安县	90.15	854.66	775.45	2.23	852.43
	九台市	2 856.97	21 576.90	23 273.78	115.61	21 461.30
	双阳区	1 676.67	10 820.15	11 789.77	42.36	10 777.79
吉林市	昌邑区	858.02	7 209.25	7 914.71	20.14	7 189.11
	龙潭区	1 175.63	7 058.01	6 867.30	14.99	7 043.02
	船营区	685.21	5 605.86	6 470.60	15.50	5 590.36
	丰满区	1 065.98	2 847.15	3 303.60	5.62	2 841.53
	永吉县	2 626.74	11 964.06	12 976.37	34.33	11 929.73

续表 2-3-16

行政区		面积(km²)	总补给量 (×10⁴m³/a)	总排泄量 (×10⁴m³/a)	地下水资源重复量 (×10⁴m³/a)	地下水资源量 (×10⁴m³/a)
四平市	伊通县	287.94	1 021.37	989.65	0.95	1 020.43
	公主岭市	1 165.54	10 174.23	8 563.92	32.26	10 141.97
合计		14 925.80	99 041.03	100 752.25	388.30	98 652.73

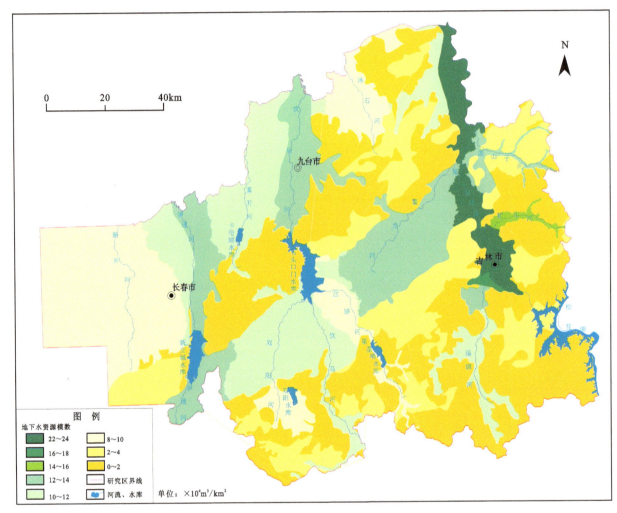

图 2-3-2　长吉经济圈地下水资源分布图

四、地下水可开采资源量计算

地下水可开采资源量是指在技术上可能的与经济上合理的条件下，在不引起地下水区域水位持续下降、不造成水质恶化、不发生地面沉降、不破坏生态平衡等前提下，单位时间内所能开采的地下水资源量（梁秀娟等，2016）。本次地下水资源可开采资源量主要计算多年平均第四系地下水可开采资源量，以开采系数法为主，并采用实际开采量调查法进行校核。山丘区多年平均地下水可开采资源量根据地下水实际开采量资料计算。

开采系数法：由于平原区浅层地下水具有一定的开发利用条件，通过对实际开采量、地下水水位特征及现状条件地下水补给量三者之间的关系，确定出合理的开采系数，则多年平均地下水可开采量

(Q_{ap})等于开采系数与多年平均现状条件下地下水补给量的乘积(水利部水利水电规划设计总院，2017)。计算公式为：

$$Q_{ap} = Q_r \cdot \rho \tag{2-21}$$

式中，Q_r 为计算区多年平均地下水资源量，$\times 10^4 \text{m}^3/\text{a}$；$\rho$ 为开采系数。

开采系数根据不同计算区单井涌水量和地下水水位降深确定。当单井涌水量大于 $20\text{m}^3/(\text{h}\cdot\text{m})$，地下水水位降深小时，$\rho$ 取 0.85~0.95；当单井涌水量为 10~$20\text{m}^3/(\text{h}\cdot\text{m})$，地下水水位降深较小时，$\rho$ 取 0.75~0.85；当单井涌水量为 5~$10\text{m}^3/(\text{h}\cdot\text{m})$，地下水水位降深较大时，$\rho$ 取 0.65~0.75。

研究区根据开采系数法得平原区可开采量为 $6.62\times10^8\text{m}^3/\text{a}$，由地下水实际开采量资料计算可知，本次不计算山区的可开采资源量，因此研究区地下水可开采资源量为 $6.62\times10^8\text{m}^3/\text{a}$。计算结果见表 2-3-17。

表 2-3-17 地下水可开采资源量计算成果表

计算区	计算亚区	分区编号	面积 (km²)	总补给量 ($\times10^4$m³/a)	地下水允许开采系数	地下水允许开采量 ($\times10^4$m³/a)	地下水允许开采模数 ($\times10^4$m³/km²)
第二松花江流域（Ⅰ）	第二松花江干流（Ⅰ₁）	Ⅰ1-1	529.05	12 252.61	0.75	9 189.46	17.37
		Ⅰ1-2	183.28	2 034.35	0.75	1 525.76	8.32
		Ⅰ1-3	142.13	468.76	0.75	351.57	2.47
	沐石河（Ⅰ₂）	Ⅰ2-1	365.13	3 531.56	0.72	2 542.73	6.96
	鳌龙河（Ⅰ₃）	Ⅰ3-1	822.01	10 630.63	0.70	7 441.44	9.05
		Ⅰ3-2	77.22	289.36	0.70	202.55	2.62
	温德河（Ⅰ₄）	Ⅰ4-1	26.56	430.32	0.71	305.53	11.50
		Ⅰ4-2	51.43	662.61	0.71	470.45	9.15
		Ⅰ4-3	230.38	2 582.35	0.71	1 833.47	7.96
	团山子河（Ⅰ₅）	Ⅰ5-1	79.74	1 082.97	0.70	758.08	9.51
		Ⅰ5-2	46.54	589.58	0.70	412.70	8.87
		Ⅰ5-3	95.58	293.24	0.70	205.27	2.15
	牤牛河（Ⅰ₆）	Ⅰ6-1	12.06	281.35	0.72	202.57	16.80
		Ⅰ6-2	32.14	475.74	0.72	342.53	10.66
		Ⅰ6-3	28.70	407.65	0.72	293.51	10.23
	小计		2 721.95	36 013.08		26 077.62	9.58
饮马河流域（Ⅱ）	饮马河干流（Ⅱ₁）	Ⅱ1-1	475.31	6 567.50	0.74	4 859.95	10.22
		Ⅱ1-2	531.51	6 290.27	0.74	4 654.80	8.76
		Ⅱ1-3	107.82	1 213.54	0.74	898.02	8.33
		Ⅱ1-4	6.80	23.68	0.74	17.52	2.58
	雾开河（Ⅱ₂）	Ⅱ2-1	471.79	5 325.25	0.71	3 780.93	8.01

续表 2-3-17

计算区	计算亚区	分区编号	面积 (km²)	总补给量 (×10⁴m³/a)	地下水允许开采系数	地下水允许开采量 (×10⁴m³/a)	地下水允许开采模数 (×10⁴m³/km²)
饮马河流域（Ⅱ）	双阳河（Ⅱ₃）	Ⅱ₃₋₁	560.64	6 179.97	0.71	4 387.78	7.83
		Ⅱ₃₋₂	166.89	1 595.20	0.71	1 132.60	6.79
	岔路河（Ⅱ₄）	Ⅱ₄₋₁	61.75	677.40	0.72	487.73	7.90
		Ⅱ₄₋₂	213.45	2 120.30	0.72	1 526.62	7.15
		Ⅱ₄₋₃	79.29	737.31	0.72	530.86	6.70
	小计		2 675.25	30 730.43		22 276.80	8.33
伊通河流域（Ⅲ）	伊通河干流（Ⅲ₁）	Ⅲ₁₋₁	402.28	5 012.60	0.74	3 709.32	9.22
		Ⅲ₁₋₂	154.53	1 970.72	0.74	1 458.33	9.44
		Ⅲ₁₋₃	266.52	2 875.70	0.74	2 128.02	7.98
	新开河（Ⅲ₂）	Ⅲ₂₋₁	573.69	5 438.63	0.72	3 915.82	6.83
		Ⅲ₂₋₂	1 097.18	9 254.95	0.72	6 663.57	6.07
	小计		2 494.20	24 552.60		17 875.05	7.17
合计			7 891.40	91 296.11		66 229.48	8.39

五、地下水资源量评价

在平原区多年平均地下水资源量的计算中,地下水总补给量为 $9.13\times10^8 m^3/a$（表 2-3-7）,总排泄量为 $9.30\times10^8 m^3/a$（表 2-3-12）。山丘区资源量主要包括地下水基流量,山丘区地下水基流量为 $7\ 744.92\times10^4 m^3/a$（表 2-3-13）。

研究区地下水资源量由平原区第四系地下水资源量、山丘区地下水资源量组成,按照"补给法"核算地下水资源量,研究区总补给量为 $9.904\times10^8 m^3/a$,总排泄量为 $10.075\times10^8 m^3/a$,地下水资源重复量为 $388.30\times10^4 m^3/a$,地下水资源量为 $9.865\times10^8 m^3/a$（表 2-3-16）。

研究区地下水实际蓄变量为 $-1\ 222.15\times10^4 m^3/a$,地下水补排量绝对均衡差为 $489.06\times10^4 m^3/a$,相对均衡差为 0.49%,满足评价精度（<20%）要求,地下水资源量整体上呈现负均衡的状态（表 2-3-14）。根据开采系数法研究区地下水允许开采量为 $6.62\times10^8 m^3/a$（表 2-3-17）。

第四节　水资源总量的计算

水资源总量（迟宝明等,2006;水利部水利水电规划设计总院,2017;左其亭等,2008）采用下式计算：

$$W=R_s+P_r=R+P_r-R_g \tag{2-21}$$

式中,W 为水资源总量,$\times10^4 m^3$;R_s 为地表径流量（即河川径流量与河川基流量之差值）,$\times10^4 m^3$;P_r 为降水入渗补给量（山丘区用地下水总排泄量代替）,$\times10^4 m^3$;R 为河川径流量（即地表水资源量）,$\times10^4 m^3$;R_g 为河川基流量（平原区为降水入渗补给量形成的河道排泄量）,$\times10^4 m^3$。

在一般情况下因研究区内的地貌类型不同造成水资源总量中的 R_g 计算项有差异,对于单一的山丘区,R_g 为山丘区河川基流量;对于单一平原区,R_g 为降水入渗补给地下水后形成的向河道的排泄量;对于研究区内存在两种以上的地貌类型区(例如上游为山丘区,下游为平原区),这时 R_g 为山丘区河川基流量与平原区降水入渗补给量形成的河道排泄量之和,水资源总量 $W=R+P_r-R_g-R'_g$(R_g 为山丘区河川基流量,R'_g 为平原区河道排泄量),研究区水资源总量计算结果见表 2-4-1。

表 2-4-1　水资源总量成果表　　　　　　　　　　　　　　　　　单位:$\times 10^4 \mathrm{m}^3/\mathrm{a}$

行政区		山丘区河川基流量	平原区河道排泄量	降水入渗补给量	河川径流量(地表水资源量)	水资源总量
长春市	宽城区	0	81.30	3 125.84	2 299.72	5 344.26
	二道区	97.29	204.64	7 247.54	10 671.45	17 617.06
	绿园区	0	7.65	2 494.83	1 997.28	4 484.46
	南关区	76.99	160.21	3 237.15	3 735.09	6 735.04
	朝阳区	36.37	51.49	2 447.32	2 067.74	4 427.20
	农安县	0	10.24	835.24	741.73	1 566.73
	九台市	1 303.95	1 602.88	18 676.66	41 288.14	57 057.97
	双阳区	820.54	724.24	10 292.31	17 749.62	26 497.15
吉林市	昌邑区	438.82	748.28	5 830.40	14 863.29	19 506.59
	龙潭区	850.34	1 776.18	5 269.85	19 665.44	22 308.77
	船营区	728.82	245.05	5 233.88	11 998.09	16 258.10
	丰满区	935.62	605.31	2 191.83	18 045.77	18 696.67
	永吉县	1 682.13	1 686.47	11 338.26	37 080.97	45 050.63
四平市	伊通县	772.35	5.25	1 003.29	1 624.50	1 850.19
	公主岭市	1.69	45.71	9 936.74	6 679.78	16 569.12
合计		7 744.93	7 954.89	89 161.12	190 508.60	263 969.64

将研究区河川径流量、河川基流量和降水入渗补给量相应地分到研究区内,得到研究区内各行政区的水资源量。由此可以看出,整个研究区的水资源总量为 $26.40\times 10^8 \mathrm{m}^3/\mathrm{a}$,水资源量较为丰富。水资源分区图见图 2-4-1。

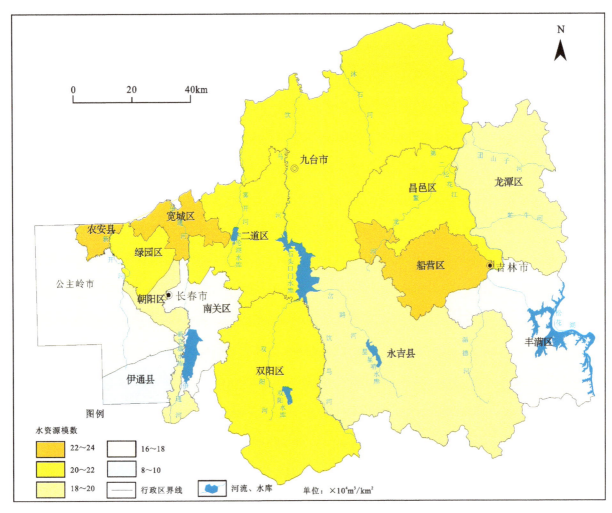

图 2-4-1 长吉经济圈水资源分区图

第三章　长吉经济圈水资源质量分析与评价

本章在对区内地表水和地下水调查、取样与测试的基础上，利用测试数据，选用改进的内梅罗综合污染指数法，对研究区内地表水、地下水水质进行了质量评价。了解地表水、地下水水质状况是地下水规划、开发、利用的前提和基础。

第一节　地表水水质评价

由于地表水直接暴露在视野之下，很容易受到社会发展中人类活动的直接影响，工业废水及城镇生活污水常常直接就近排放到地表水中，同样也有许多溶解性及固体污染物通过降水淋滤直接进入地下水或通过径流汇入地表水，这导致地表水受到不同程度的污染。

一、水质评价方法

水质评价的主要目的是了解水质情况，是水质等级评定和水功能区划的前提，同时也是水质预测的基础。本次水资源质量评价方法主要包括两种：单因子水质评价和区域水质综合评价。

单因子评价法（肖长来等，2008）是将每个评价因子与评价标准［地表水采用《地表水环境质量标准》（GB 3838—2002）］比较，确定各个评价因子的水质类别，其中的最高类别即为断面水质类别。通过单因子污染指数评价可确定水体中的主要污染因子。

综合指数法（肖长来等，2008）是考虑多种水质因子，采用加权平均等方法来计算的水质评价法。内梅罗综合污染指数法在综合污染指数评价方法中最为常用，内梅罗水质指数考虑了污染最严重的因子，计算公式如下：

$$F = \sqrt{(\overline{F}^2 + F_{max}^2)/2} \tag{3-1}$$

$$\overline{F} = \frac{1}{n}\sum F_i \tag{3-2}$$

式中，$\overline{F}$ 为各单项组分评分值 F_i 的平均值；F_{max} 为单项组分评分值 F_i 的最大值；n 为指标项数。

二、水质评价结果

1. 现状水平年 2015 年

依据长春市、吉林市水资源公报相关资料可知，现状水平年 2015 年长春市Ⅲ类水河长比例有所减少，而Ⅳ类、Ⅴ类及劣Ⅴ类水质河长比例有所增加；而吉林市松花江吉林段二水厂断面以上江段符合Ⅲ类水标准，鳌龙河劣于Ⅲ类水标准，表明研究区内地表水污染程度不容乐观，治污减排势在必行。

2. 2016 年丰水期水质评价

2016 年 6—10 月期间多次野外调查共获得 17 组地表水水样（图 3-1-1），测试水质指标氨氮、总氮、总磷、pH 值、化学需氧量(COD)、重金属离子等共 26 项,对其中 17 项做单指标分析,根据《地表水环境质量标准》(GB 3838—2002)中Ⅲ类水的分类标准,经过计算得到单指标与综合水质评价结果(表 3-1-1、表 3-1-2)。

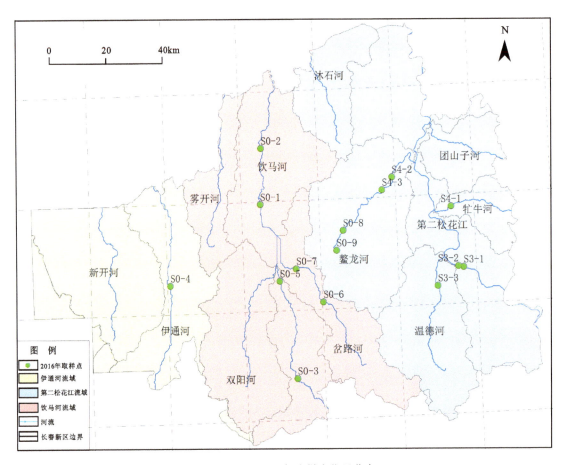

图 3-1-1　2016 年取样点位置分布

表 3-1-1 为伊通河和饮马河流域地表水评价结果,伊通河上游水质良好,以工业用水为主,废水排放至伊通河造成汞超标较为严重,下游水质较上游变差,氨氮、总氮、总磷不同程度超标。饮马河上游至下游水质转好。饮马河上游流经永吉县,与岔路河形成的河间地块,水土肥沃,是永吉县主要的农业生产区,由于农药化肥的过度使用,形成面源污染,在降水淋滤的影响下,污染物进入河流,导致饮马河上游与岔路河总氮、总磷超标严重,单指标评价均高达Ⅴ类;饮马河中下游则受工业影响 Hg 含量超标,单指标评价为Ⅳ类,在降水、其他河流汇入的稀释及河床底泥的吸附作用下,河水中总氮、总磷的含量逐渐恢复正常,单指标评价为Ⅱ、Ⅲ类。

表 3-1-2 为松花江流域地表水评价结果,松花江自上游至下游污染物逐渐积累,水质逐渐变差,松花江中上游流经吉林市区,主要用水以城镇生活以及工业用水为主,以总氮为主要污染源。松花江支流鳌龙河、温德河及牤牛河总氮单指标评价均为Ⅴ类,受农业污染较为严重。

根据 2016 年总体水质评价结果,研究区单项指标总氮、总磷、Hg 均有不同程度的超标,综合评价水质极差的占总数的 33.3%,总等级分类在Ⅱ~Ⅴ类不等。从空间分布上分析,上游水质普遍好于下游,这主要是由于研究区大部分河谷地区均为耕地,近些年来过度地使用农药、化肥,导致地表水体中总磷、总氮不断富集,并且在实际调查中发现生活垃圾、动物粪便等沿河边随意堆放现象较多,为此要加强上游地区水资源保护的监管力度,尽量做到污水达标排放。

表 3-1-1　2016 年丰水期伊通河及饮马河流域地表水水质评价结果

取样编号	S₁₋₄	S₁₋₃	S₁₋₅	S₁₋₁	S₁₋₂	S₁₋₆	S₁₋₇
取样地点	伊通河上游	伊通河下游	饮马河中上游	饮马河中游	饮马河中下游	岔路河上游	岔路河下游
F⁻	Ⅰ	Ⅰ	Ⅰ	Ⅰ	Ⅰ	Ⅰ	Ⅰ
氨氮	Ⅰ	Ⅴ	Ⅰ	Ⅱ	Ⅱ	Ⅰ	Ⅰ
总磷	Ⅰ	Ⅴ	Ⅴ	Ⅰ	Ⅱ	Ⅴ	Ⅴ
总氮	Ⅱ	Ⅳ	Ⅴ	Ⅲ	Ⅲ	Ⅳ	Ⅴ
pH 值	Ⅰ	Ⅰ	Ⅰ	Ⅰ	Ⅰ	Ⅰ	Ⅰ
COD	Ⅱ	Ⅲ	Ⅱ	Ⅱ	Ⅱ	Ⅱ	Ⅱ
阴离子表面活性剂	Ⅰ	Ⅰ	Ⅰ	Ⅰ	Ⅰ	Ⅰ	Ⅰ
Se	Ⅰ	Ⅰ	Ⅰ	Ⅰ	Ⅰ	Ⅰ	Ⅰ
As	Ⅰ	Ⅰ	Ⅰ	Ⅰ	Ⅰ	Ⅰ	Ⅰ
Hg	Ⅳ	Ⅳ	Ⅰ	Ⅳ	Ⅳ	Ⅳ	Ⅲ
Cu	Ⅰ	Ⅰ	Ⅰ	Ⅰ	Ⅰ	Ⅰ	Ⅰ
Pb	Ⅰ	Ⅰ	Ⅰ	Ⅰ	Ⅰ	Ⅰ	Ⅰ
Cd	Ⅰ	Ⅰ	Ⅰ	Ⅰ	Ⅰ	Ⅰ	Ⅰ
Cr⁶⁺	Ⅰ	Ⅰ	Ⅰ	Ⅰ	Ⅰ	Ⅰ	Ⅰ
Zn	Ⅰ	Ⅰ	Ⅰ	Ⅰ	Ⅰ	Ⅰ	Ⅰ
氰化物	Ⅰ	Ⅰ	Ⅰ	Ⅰ	Ⅰ	Ⅰ	Ⅰ
挥发酚	Ⅰ	Ⅰ	Ⅰ	Ⅰ	Ⅰ	Ⅰ	Ⅰ
评价等级	良好	极差	较差	较好	较好	较差	极差

表 3-1-2　2016 年丰水期第二松花江流域地表水水质评价结果

取样编号	S₃₋₁	S₃₋₂	S₁₋₁₅	S₁₋₉	S₁₋₈	S₁₋₁ₐ	S₄₋₂	S₁₋₁₄	S₄₋₁
取样地点	第二松花江上游	第二松花江中游	第二松花江下游	鳌龙河上游	鳌龙河中上游	鳌龙河中下游	鳌龙河下游	温德河中游	牤牛河下游
F⁻	Ⅰ	Ⅰ	Ⅰ	Ⅰ	Ⅰ	Ⅰ	Ⅰ	Ⅰ	Ⅰ
氨氮	Ⅰ	Ⅰ	Ⅰ	Ⅰ	Ⅰ	Ⅲ	Ⅰ	Ⅰ	Ⅰ
总磷	Ⅱ	Ⅲ	Ⅴ	Ⅴ	Ⅴ	Ⅲ	Ⅲ	Ⅴ	Ⅱ
总氮	Ⅴ	Ⅴ	Ⅴ	Ⅴ	Ⅲ	Ⅴ	Ⅴ	Ⅴ	Ⅴ
pH 值	Ⅰ	Ⅰ	Ⅰ	Ⅰ	Ⅰ	Ⅰ	Ⅰ	Ⅰ	Ⅰ
COD	Ⅲ	Ⅲ	Ⅱ	Ⅱ	Ⅱ	Ⅲ	Ⅲ	Ⅲ	Ⅲ
阴离子表面活性剂	Ⅰ	Ⅰ	Ⅰ	Ⅰ	Ⅰ	Ⅰ	Ⅰ	Ⅰ	Ⅰ
Se	Ⅰ	Ⅰ	Ⅰ	Ⅰ	Ⅰ	Ⅰ	Ⅰ	Ⅰ	Ⅰ
As	Ⅰ	Ⅰ	Ⅰ	Ⅰ	Ⅰ	Ⅰ	Ⅰ	Ⅰ	Ⅰ
Hg	Ⅰ	Ⅰ	Ⅰ	Ⅳ	Ⅲ	Ⅰ	Ⅰ	Ⅰ	Ⅰ
Cu	Ⅰ	Ⅰ	Ⅰ	Ⅱ	Ⅰ	Ⅰ	Ⅰ	Ⅰ	Ⅰ

续表 3-1-2

取样编号	S₃₋₁	S₃₋₂	S₁₋₁₅	S₁₋₉	S₁₋₈	S₁₋₁ₐ	S₄₋₂	S₁₋₁₄	S₄₋₁
取样地点	第二松花江上游	第二松花江中游	第二松花江下游	鳌龙河上游	鳌龙河中上游	鳌龙河中下游	鳌龙河下游	温德河中游	牤牛河下游
Pb	Ⅰ	Ⅰ	Ⅰ	Ⅱ	Ⅰ	Ⅰ	Ⅰ	Ⅰ	Ⅰ
Cd	Ⅰ	Ⅰ	Ⅰ	Ⅰ	Ⅰ	Ⅰ	Ⅰ	Ⅰ	Ⅰ
Cr^{6+}	Ⅰ	Ⅰ	Ⅰ	Ⅰ	Ⅰ	Ⅰ	Ⅰ	Ⅰ	Ⅰ
Zn	Ⅰ	Ⅰ	Ⅰ	Ⅰ	Ⅰ	Ⅰ	Ⅰ	Ⅰ	Ⅰ
氰化物	Ⅰ	Ⅰ	Ⅰ	Ⅰ	Ⅰ	Ⅰ	Ⅰ	Ⅰ	Ⅰ
挥发酚	Ⅰ	Ⅰ	Ⅰ	Ⅰ	Ⅰ	Ⅰ	Ⅰ	Ⅰ	Ⅰ
评价等级	良好	较好	较差	极差	较好	较好	较好	较差	较好

3. 2017年丰水期水质评价

2017年7—8月对长吉经济圈内12条干流及主要支流进行调查取样,共取地表水水样38组(图3-1-2),进行氨氮、pH值、重金属离子等共17项单指标分析,并依据《地表水环境质量标准》分析评价地表水水质结果(表3-1-3~表3-1-5)。

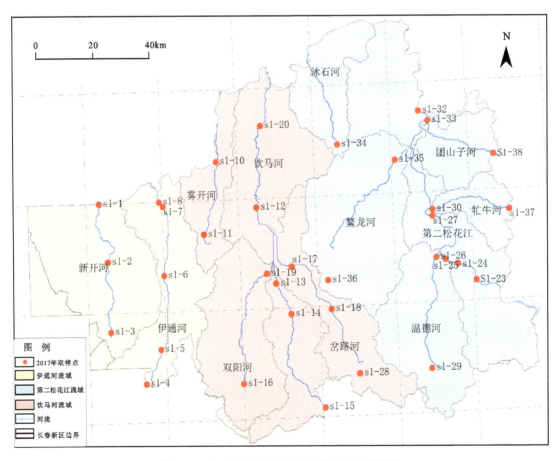

图 3-1-2 2017年长吉经济圈取样点位置分布

表 3-1-3　2017 年伊通河流域地表水水质评价结果

编号	S$_{1-1}$	S$_{1-2}$	S$_{1-3}$	S$_{1-4}$	S$_{1-5}$	S$_{1-6}$	S$_{1-7}$	S$_{1-8}$
取样点	新开河			伊通河				
F$^-$	Ⅰ	Ⅰ	Ⅰ	Ⅰ	Ⅰ	Ⅰ	Ⅰ	Ⅰ
矿物油	Ⅰ	Ⅰ	Ⅰ	Ⅰ	Ⅰ	Ⅰ	Ⅰ	Ⅰ
总磷	Ⅴ	Ⅳ	Ⅳ	Ⅰ	Ⅱ	Ⅰ	Ⅴ	Ⅴ
总氮	Ⅴ	Ⅳ	Ⅳ	Ⅲ	Ⅳ	Ⅱ	Ⅳ	Ⅳ
COD	Ⅰ	Ⅰ	Ⅰ	Ⅰ	Ⅰ	Ⅰ	Ⅰ	Ⅰ
Cu	Ⅰ	Ⅰ	Ⅰ	Ⅰ	Ⅰ	Ⅰ	Ⅰ	Ⅰ
Zn	Ⅱ	Ⅱ	Ⅰ	Ⅱ	Ⅰ	Ⅰ	Ⅱ	Ⅰ
Hg	Ⅲ	Ⅲ	Ⅲ	Ⅲ	Ⅲ	Ⅲ	Ⅲ	Ⅲ
As	Ⅰ	Ⅰ	Ⅰ	Ⅰ	Ⅰ	Ⅰ	Ⅰ	Ⅰ
Se	Ⅰ	Ⅰ	Ⅰ	Ⅰ	Ⅰ	Ⅰ	Ⅰ	Ⅰ
Cd	Ⅰ	Ⅰ	Ⅰ	Ⅰ	Ⅰ	Ⅰ	Ⅰ	Ⅰ
Pb	Ⅰ	Ⅰ	Ⅰ	Ⅲ	Ⅰ	Ⅰ	Ⅰ	Ⅰ
Cr^{6+}	Ⅰ	Ⅰ	Ⅰ	Ⅰ	Ⅰ	Ⅰ	Ⅰ	Ⅰ
挥发酚	Ⅰ	Ⅰ	Ⅰ	Ⅰ	Ⅰ	Ⅰ	Ⅰ	Ⅰ
阴离子合成洗涤剂	Ⅰ	Ⅰ	Ⅰ	Ⅰ	Ⅰ	Ⅰ	Ⅰ	Ⅰ
氰化物	Ⅱ	Ⅱ	Ⅱ	Ⅱ	Ⅱ	Ⅱ	Ⅱ	Ⅰ
氨氮	Ⅰ	Ⅰ	Ⅰ	Ⅰ	Ⅰ	Ⅰ	Ⅰ	Ⅰ
评价等级	较差	较差	较差	良好	较差	较好	差	差

注：表中 $\rho(Hg) < 0.00007\,mg/L$。

表 3-1-4　2017 年饮马河（不含伊通河）流域地表水水质评价结果

编号	S$_{1-12}$	S$_{1-13}$	S$_{1-14}$	S$_{1-15}$	S$_{1-20}$	S$_{1-21}$	S$_{1-17}$	S$_{1-18}$	S$_{1-28}$	S$_{1-16}$	S$_{1-19}$	S$_{1-9}$	S$_{1-10}$	S$_{1-11}$
取样点	饮马河						岔路河			双阳河		雾开河		
F$^-$	Ⅰ	Ⅰ	Ⅰ	Ⅰ	Ⅰ	Ⅰ	Ⅰ	Ⅰ	Ⅰ	Ⅰ	Ⅰ	Ⅴ	Ⅴ	Ⅳ
矿物油	Ⅰ	Ⅰ	Ⅰ	Ⅰ	Ⅰ	Ⅰ	Ⅰ	Ⅰ	Ⅰ	Ⅰ	Ⅰ	Ⅰ	Ⅰ	Ⅰ
总磷	Ⅰ	Ⅳ	Ⅳ	Ⅴ	Ⅱ	Ⅱ	Ⅴ	Ⅴ	Ⅳ	Ⅲ	Ⅳ	Ⅴ	Ⅴ	Ⅴ
总氮	Ⅲ	Ⅳ	Ⅲ	Ⅳ	Ⅲ	Ⅲ	Ⅴ	Ⅳ	Ⅲ	Ⅲ	Ⅳ	Ⅳ	Ⅳ	Ⅲ
COD	Ⅰ	Ⅰ	Ⅰ	Ⅰ	Ⅰ	Ⅰ	Ⅰ	Ⅰ	Ⅰ	Ⅰ	Ⅰ	Ⅰ	Ⅰ	Ⅰ
Cu	Ⅰ	Ⅰ	Ⅰ	Ⅰ	Ⅰ	Ⅰ	Ⅰ	Ⅰ	Ⅰ	Ⅰ	Ⅰ	Ⅰ	Ⅰ	Ⅰ
Zn	Ⅱ	Ⅰ	Ⅱ	Ⅰ	Ⅱ	Ⅰ	Ⅱ	Ⅰ	Ⅱ	Ⅰ	Ⅱ	Ⅰ	Ⅱ	Ⅰ
Hg	Ⅲ	Ⅲ	Ⅲ	Ⅲ	Ⅲ	Ⅲ	Ⅲ	Ⅲ	Ⅲ	Ⅲ	Ⅲ	Ⅲ	Ⅲ	Ⅲ
As	Ⅰ	Ⅰ	Ⅰ	Ⅰ	Ⅰ	Ⅰ	Ⅰ	Ⅰ	Ⅰ	Ⅰ	Ⅰ	Ⅰ	Ⅰ	Ⅰ
Se	Ⅰ	Ⅰ	Ⅰ	Ⅰ	Ⅰ	Ⅰ	Ⅰ	Ⅰ	Ⅰ	Ⅰ	Ⅰ	Ⅰ	Ⅰ	Ⅰ
Cd	Ⅰ	Ⅰ	Ⅰ	Ⅰ	Ⅰ	Ⅰ	Ⅰ	Ⅰ	Ⅰ	Ⅰ	Ⅰ	Ⅰ	Ⅰ	Ⅰ

续表 3-1-4

编号	S_{1-12}	S_{1-13}	S_{1-14}	S_{1-15}	S_{1-20}	S_{1-21}	S_{1-17}	S_{1-18}	S_{1-28}	S_{1-16}	S_{1-19}	S_{1-9}	S_{1-10}	S_{1-11}
取样点	饮马河						岔路河			双阳河		雾开河		
Pb	Ⅰ	Ⅰ	Ⅰ	Ⅰ	Ⅰ	Ⅲ	Ⅲ	Ⅰ	Ⅰ	Ⅰ	Ⅰ	Ⅰ	Ⅰ	Ⅰ
Cr^{6+}	Ⅰ	Ⅰ	Ⅰ	Ⅰ	Ⅰ	Ⅰ	Ⅰ	Ⅰ	Ⅰ	Ⅰ	Ⅰ	Ⅰ	Ⅰ	Ⅰ
挥发酚	Ⅰ	Ⅰ	Ⅰ	Ⅰ	Ⅰ	Ⅰ	Ⅰ	Ⅰ	Ⅰ	Ⅰ	Ⅰ	Ⅰ	Ⅰ	Ⅰ
阴离子合成洗涤剂	Ⅰ	Ⅰ	Ⅰ	Ⅰ	Ⅰ	Ⅰ	Ⅰ	Ⅰ	Ⅰ	Ⅰ	Ⅰ	Ⅰ	Ⅰ	Ⅰ
氰化物	Ⅰ	Ⅰ	Ⅰ	Ⅰ	Ⅱ	Ⅱ	Ⅱ	Ⅱ	Ⅱ	Ⅱ	Ⅱ	Ⅱ	Ⅱ	Ⅱ
氨氮	Ⅰ	Ⅰ	Ⅰ	Ⅰ	Ⅰ	Ⅰ	Ⅰ	Ⅰ	Ⅰ	Ⅰ	Ⅰ	Ⅰ	Ⅰ	Ⅰ
评价等级	较好	良好	良好	较差	较好	较好	差	较差	较差	良好	较差	较差	较差	较差

表 3-1-5 2017 年第二松花江流域地表水水质评价结果

送样编号	S_{1-23}	S_{1-24}	S_{1-25}	S_{1-27}	S_{1-31}	S_{1-32}	S_{1-33}	S_{1-38}	S_{1-26}	S_{1-29}	S_{1-30}	S_{1-37}	S_{1-22}	S_{1-34}	S_{1-35}	S_{1-36}
取样点	第二松花江干流						团山子河		温德河		牤牛河		沐石河		鳌龙河	
F^-	Ⅰ	Ⅰ	Ⅰ	Ⅰ	Ⅰ	Ⅰ	Ⅰ	Ⅰ	Ⅰ	Ⅰ	Ⅰ	Ⅰ	Ⅰ	Ⅰ	Ⅰ	Ⅰ
矿物油	Ⅰ	Ⅰ	Ⅰ	Ⅰ	Ⅰ	Ⅰ	Ⅰ	Ⅰ	Ⅰ	Ⅰ	Ⅰ	Ⅰ	Ⅰ	Ⅰ	Ⅰ	Ⅰ
总磷	Ⅰ	Ⅱ	Ⅲ	Ⅴ	Ⅴ	Ⅴ	Ⅴ	Ⅴ	Ⅴ	Ⅳ	Ⅱ	Ⅴ	Ⅲ	Ⅲ	Ⅲ	Ⅴ
总氮	Ⅲ	Ⅴ	Ⅴ	Ⅴ	Ⅴ	Ⅴ	Ⅴ	Ⅳ	Ⅴ	Ⅴ	Ⅴ	Ⅴ	Ⅳ	Ⅲ	Ⅴ	Ⅴ
COD	Ⅰ	Ⅰ	Ⅰ	Ⅰ	Ⅰ	Ⅰ	Ⅰ	Ⅰ	Ⅰ	Ⅰ	Ⅰ	Ⅰ	Ⅰ	Ⅰ	Ⅰ	Ⅰ
Cu	Ⅰ	Ⅰ	Ⅰ	Ⅰ	Ⅰ	Ⅰ	Ⅰ	Ⅰ	Ⅰ	Ⅰ	Ⅰ	Ⅰ	Ⅰ	Ⅰ	Ⅰ	Ⅰ
Zn	Ⅱ	Ⅱ	Ⅱ	Ⅱ	Ⅱ	Ⅰ	Ⅰ	Ⅱ	Ⅰ	Ⅰ	Ⅰ	Ⅰ	Ⅰ	Ⅰ	Ⅰ	Ⅱ
Hg	Ⅲ	Ⅲ	Ⅲ	Ⅲ	Ⅲ	Ⅲ	Ⅲ	Ⅲ	Ⅲ	Ⅲ	Ⅲ	Ⅲ	Ⅲ	Ⅲ	Ⅲ	Ⅲ
As	Ⅰ	Ⅰ	Ⅰ	Ⅰ	Ⅰ	Ⅰ	Ⅰ	Ⅰ	Ⅰ	Ⅰ	Ⅰ	Ⅰ	Ⅰ	Ⅰ	Ⅰ	Ⅰ
Se	Ⅰ	Ⅰ	Ⅰ	Ⅰ	Ⅰ	Ⅰ	Ⅰ	Ⅰ	Ⅰ	Ⅰ	Ⅰ	Ⅰ	Ⅰ	Ⅰ	Ⅰ	Ⅰ
Cd	Ⅰ	Ⅰ	Ⅰ	Ⅰ	Ⅰ	Ⅰ	Ⅰ	Ⅰ	Ⅰ	Ⅰ	Ⅰ	Ⅰ	Ⅰ	Ⅰ	Ⅰ	Ⅰ
Pb	Ⅰ	Ⅰ	Ⅰ	Ⅲ	Ⅰ	Ⅰ	Ⅰ	Ⅰ	Ⅰ	Ⅰ	Ⅰ	Ⅰ	Ⅰ	Ⅰ	Ⅰ	Ⅰ
Cr^{6+}	Ⅰ	Ⅰ	Ⅰ	Ⅰ	Ⅰ	Ⅰ	Ⅰ	Ⅰ	Ⅰ	Ⅰ	Ⅰ	Ⅰ	Ⅰ	Ⅰ	Ⅰ	Ⅰ
挥发酚	Ⅰ	Ⅰ	Ⅰ	Ⅰ	Ⅰ	Ⅰ	Ⅰ	Ⅰ	Ⅰ	Ⅰ	Ⅰ	Ⅰ	Ⅰ	Ⅰ	Ⅰ	Ⅰ
阴离子合成洗涤剂	Ⅰ	Ⅰ	Ⅰ	Ⅰ	Ⅰ	Ⅰ	Ⅰ	Ⅰ	Ⅰ	Ⅰ	Ⅰ	Ⅰ	Ⅰ	Ⅰ	Ⅰ	Ⅰ
氰化物	Ⅰ	Ⅰ	Ⅰ	Ⅱ	Ⅱ	Ⅱ	Ⅱ	Ⅱ	Ⅱ	Ⅱ	Ⅱ	Ⅱ	Ⅰ	Ⅰ	Ⅱ	Ⅱ
氨氮	Ⅰ	Ⅰ	Ⅰ	Ⅰ	Ⅰ	Ⅰ	Ⅰ	Ⅰ	Ⅰ	Ⅰ	Ⅰ	Ⅰ	Ⅰ	Ⅰ	Ⅰ	Ⅰ
评价等级	较好	较好	较好	良好	良好	良好	良好	较好	较差	良好	良好	较好	良好	良好	较差	极差

伊通河流域内新开河水质较差,受农业污染及生活污水影响较大,多呈现为Ⅳ类水;伊通河上游水质良好,至后辛屯断面水质变差,为Ⅳ类水,新立城水库及其下游丰收断面水质较好,随后受大坝的控制影响,下泄径流量减小,且受长春市区工业废水及生活污水的影响,从自由大桥断面开始,水质受到一定程度的污染。

饮马河(不含伊通河)流域内饮马河上游流经工、农业区,水质较差,至石头口门水库及其下游水质变好,为Ⅱ~Ⅲ类水。岔路河位于农业主产区永吉县,水质较差,总磷、总氮超标。双阳河上游双阳水库断面水质良好,为Ⅲ类水,至新安断面水质变差,为Ⅳ类水。雾开河受化工、工业污水的影响,总磷、总氮、氟不同程度超标,水质较差。

区内第二松花江流域整体水质较好,以Ⅲ类水为主。温德河上游流经农业主产区,水质受农业污染较为严重,水质较差。鳌龙河地区水质污染较为严重,为Ⅳ~Ⅴ类水。

总的来说,2017年区内地表水水质情况不佳,河流水质为Ⅱ~Ⅴ类水不等。伊通河流域上游至下游水质逐渐变差;饮马河(不含伊通河)流域上游流经主要农产区水质较差,至石头口门水库及其下游水质变好;第二松花江丰满以下流域除鳌龙河水质较差外,整体水质较好,以Ⅲ类水为主。

4. 2018年丰水期水质评价

2018年7—8月对研究区内主要河流进行调查取样,共取地表水水样26组(图3-1-3),进行COD、pH值、重金属离子等共15项单指标分析,依据《地表水环境质量标准》分析评价地表水水质结果(表3-1-6~表3-1-8)。

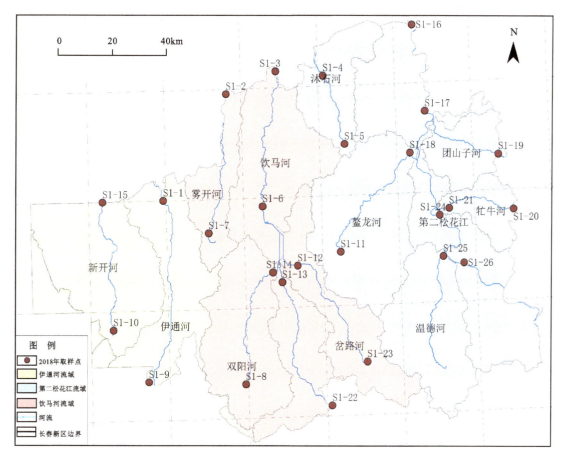

图3-1-3 2018年长吉经济圈取样点位置分布

新开河因受生活及农业用水影响较大,水质多以Ⅴ类为主,水质由2017年的Ⅳ类转为Ⅴ类,水质有变差的倾向;伊通河上游水质较好,多以Ⅲ类为主,但下游水质变为Ⅴ类,原因主要是新立城水库经过长春市后,由于朝阳区及绿园区的工业较多,对水质有一定的污染,二道区及南关区的农业对水体也会造成一定的污染,长春市区的生活污水对水体也会造成污染,故伊通河下游水质明显变差。

表 3-1-6 2018年伊通河流域地表水水质评价结果

编号	S$_{1-10}$	S$_{1-15}$	S$_{1-9}$	S$_{1-1}$
取样点	新开河上游	新开河下游	伊通河上游	伊通河下游
F$^-$	Ⅰ	Ⅴ	Ⅰ	Ⅰ
总磷	Ⅴ	Ⅴ	Ⅴ	Ⅴ
总氮	Ⅴ	Ⅴ	Ⅴ	Ⅴ
pH值	Ⅳ	Ⅳ	Ⅳ	Ⅳ
高锰酸盐指数	Ⅱ	Ⅱ	Ⅱ	Ⅲ
阴离子合成洗涤剂	Ⅰ	Ⅰ	Ⅰ	Ⅰ
Se	Ⅰ	Ⅰ	Ⅰ	Ⅰ
As	Ⅰ	Ⅰ	Ⅰ	Ⅰ
Hg	Ⅰ	Ⅰ	Ⅰ	Ⅰ
Cu	Ⅰ	Ⅰ	Ⅰ	Ⅰ
Pb	Ⅲ	Ⅲ	Ⅲ	Ⅲ
Cd	Ⅰ	Ⅰ	Ⅰ	Ⅰ
Cr^{6+}	Ⅰ	Ⅰ	Ⅰ	Ⅰ
Zn	Ⅰ	Ⅰ	Ⅰ	Ⅰ
COD	Ⅰ	Ⅱ	Ⅰ	Ⅱ
评价等级	极差	极差	较好	极差

表 3-1-7 2018年饮马河(不含伊通河)流域地表水水质评价结果

编号	S$_{1-22}$	S$_{1-13}$	S$_{1-6}$	S$_{1-3}$	S$_{1-23}$	S$_{1-12}$	S$_{1-8}$	S$_{1-14}$	S$_{1-7}$	S$_{1-2}$
取样点	饮马河上游	饮马河中上游	饮马河中下游	饮马河下游	岔路河上游	岔路河下游	双阳河上游	双阳河下游	雾开河上游	雾开河下游
F$^-$	Ⅰ	Ⅰ	Ⅰ	Ⅰ	Ⅰ	Ⅰ	Ⅰ	Ⅰ	Ⅰ	Ⅳ
总磷	Ⅳ	Ⅴ	Ⅲ	Ⅴ	Ⅲ	Ⅲ	Ⅳ	Ⅴ	Ⅴ	Ⅴ
总氮	Ⅴ	Ⅴ	Ⅲ	Ⅴ	Ⅴ	Ⅴ	Ⅳ	Ⅴ	Ⅴ	Ⅴ
pH值	Ⅳ	Ⅳ	Ⅳ	Ⅳ	Ⅳ	Ⅳ	Ⅳ	Ⅳ	Ⅳ	Ⅳ
高锰酸盐指数	Ⅱ	Ⅱ	Ⅱ	Ⅱ	Ⅱ	Ⅱ	Ⅱ	Ⅱ	Ⅱ	Ⅲ
阴离子合成洗涤剂	Ⅰ	Ⅰ	Ⅰ	Ⅰ	Ⅰ	Ⅰ	Ⅰ	Ⅰ	Ⅰ	Ⅰ
Se	Ⅰ	Ⅰ	Ⅰ	Ⅰ	Ⅰ	Ⅰ	Ⅰ	Ⅰ	Ⅰ	Ⅰ
As	Ⅰ	Ⅰ	Ⅰ	Ⅰ	Ⅰ	Ⅰ	Ⅰ	Ⅰ	Ⅰ	Ⅰ
Hg	Ⅰ	Ⅰ	Ⅰ	Ⅰ	Ⅰ	Ⅰ	Ⅰ	Ⅰ	Ⅰ	Ⅰ
Cu	Ⅰ	Ⅰ	Ⅰ	Ⅰ	Ⅰ	Ⅰ	Ⅰ	Ⅰ	Ⅰ	Ⅰ
Pb	Ⅲ	Ⅲ	Ⅲ	Ⅲ	Ⅲ	Ⅲ	Ⅲ	Ⅲ	Ⅲ	Ⅲ
Cd	Ⅰ	Ⅰ	Ⅰ	Ⅰ	Ⅰ	Ⅰ	Ⅰ	Ⅰ	Ⅰ	Ⅰ
Cr^{6+}	Ⅰ	Ⅰ	Ⅰ	Ⅰ	Ⅰ	Ⅰ	Ⅰ	Ⅰ	Ⅰ	Ⅰ

续表 3-1-7

编号	S_{1-22}	S_{1-13}	S_{1-6}	S_{1-3}	S_{1-23}	S_{1-12}	S_{1-8}	S_{1-14}	S_{1-7}	S_{1-2}
取样点	饮马河上游	饮马河中上游	饮马河中下游	饮马河下游	岔路河上游	岔路河下游	双阳河上游	双阳河下游	雾开河上游	雾开河下游
Zn	Ⅰ	Ⅰ	Ⅰ	Ⅰ	Ⅰ	Ⅰ	Ⅰ	Ⅰ	Ⅰ	Ⅱ
COD	Ⅰ	Ⅰ	Ⅰ	Ⅰ	Ⅰ	Ⅰ	Ⅰ	Ⅰ	Ⅰ	Ⅱ
评价等级	良好	较好	极好	良好	良好	良好	良好	较好	较好	较差

表 3-1-8 2018 年第二松花江流域地表水水质评价结果

编号	S_{1-26}	S_{1-24}	S_{1-17}	S_{1-16}	S_{1-19}	S_{1-25}	S_{1-20}	S_{1-21}	S_{1-5}	S_{1-4}	S_{1-11}	S_{1-18}
取样点	第二松花江干流					团山子河	温德河	牤牛河		沐石河		鳌龙河
F^-	Ⅰ	Ⅰ	Ⅰ	Ⅰ	Ⅰ	Ⅰ	Ⅰ	Ⅰ	Ⅰ	Ⅰ	Ⅰ	Ⅰ
总磷	Ⅱ	Ⅲ	Ⅱ	Ⅳ	Ⅱ	Ⅲ	Ⅱ	Ⅱ	Ⅳ	Ⅴ	Ⅴ	Ⅴ
总氮	Ⅴ	Ⅴ	Ⅴ	Ⅴ	Ⅴ	Ⅴ	Ⅴ	Ⅴ	Ⅴ	Ⅴ	Ⅴ	Ⅴ
pH 值	Ⅳ	Ⅳ	Ⅳ	Ⅳ	Ⅳ	Ⅳ	Ⅳ	Ⅳ	Ⅳ	Ⅳ	Ⅳ	Ⅳ
高锰酸盐指数	Ⅱ	Ⅱ	Ⅱ	Ⅱ	Ⅱ	Ⅱ	Ⅱ	Ⅱ	Ⅱ	Ⅱ	Ⅱ	Ⅱ
阴离子合成洗涤剂	Ⅰ	Ⅰ	Ⅰ	Ⅰ	Ⅰ	Ⅰ	Ⅰ	Ⅰ	Ⅰ	Ⅰ	Ⅰ	Ⅰ
Se	Ⅰ	Ⅰ	Ⅰ	Ⅰ	Ⅰ	Ⅰ	Ⅰ	Ⅰ	Ⅰ	Ⅰ	Ⅰ	Ⅰ
As	Ⅰ	Ⅰ	Ⅰ	Ⅰ	Ⅰ	Ⅰ	Ⅰ	Ⅰ	Ⅰ	Ⅰ	Ⅰ	Ⅰ
Hg												
Cu	Ⅰ	Ⅰ	Ⅰ	Ⅰ	Ⅰ	Ⅰ	Ⅰ	Ⅰ	Ⅰ	Ⅰ	Ⅰ	Ⅰ
Pb	Ⅲ	Ⅲ	Ⅲ	Ⅲ	Ⅲ	Ⅲ	Ⅲ	Ⅲ	Ⅲ	Ⅲ	Ⅲ	Ⅲ
Cd	Ⅰ	Ⅰ	Ⅰ	Ⅰ	Ⅰ	Ⅰ	Ⅰ	Ⅰ	Ⅰ	Ⅰ	Ⅰ	Ⅰ
Cr^{6+}	Ⅰ	Ⅰ	Ⅰ	Ⅰ	Ⅰ	Ⅰ	Ⅰ	Ⅰ	Ⅰ	Ⅰ	Ⅰ	Ⅰ
Zn	Ⅰ	Ⅱ	Ⅱ	Ⅰ	Ⅱ	Ⅰ	Ⅰ	Ⅰ	Ⅴ	Ⅰ	Ⅱ	Ⅱ
COD	Ⅰ	Ⅰ	Ⅰ	Ⅰ	Ⅰ	Ⅰ	Ⅰ	Ⅰ	Ⅰ	Ⅳ	Ⅰ	Ⅰ
评价等级	良好	良好	良好	良好	良好	良好	良好	良好	较好	极差	较好	较好

注：表中 $\rho(Hg)<0.00007$ mg/L。

饮马河（不含伊通河）流域从上游至中上游，总磷由Ⅳ类变Ⅴ类，总氮指标为Ⅴ类，分析表明双阳区的工农业用水对水体造成一定的影响，水体水质由良好转为较好。与 2017 年相比，水质有变好的趋势；饮马河流域从中上游到中下游期间，经过石头口门水库的调节以及水体的自净作用，水质变好，多以Ⅰ~Ⅱ类水为主；由中下游到下游，由于九台市工业及农业用水污染较大，水质有变差的趋势；饮马河下游，水体变化不大，多为Ⅱ类水。岔路河流经永吉县，由于农业面源污染的影响，水中总氮含量超标。双阳河上游水质良好，从上游到下游，河段流经双阳区，工业点源污染和农业面源污染导致总磷、总氮均超标，但超标的幅度偏小，水质由Ⅱ类变为Ⅲ类。雾开河总磷、总氮、氟均有不同程度地超标，水质较差。

松花江流域水质较好，以Ⅱ~Ⅲ类水为主。沐石河段从上游至下游，流经九台区，由于农业面源污染的影响，水中 COD、高锰酸盐指数、总氮、总磷均存在超标现象，水体受污染程度偏大，由Ⅲ类水转为Ⅴ类水。

总的来说，2018年区内地表水水质情况有变好的趋势，河流水质在Ⅱ～Ⅴ类水之间，以Ⅱ～Ⅲ类为主。伊通河流域上游至下游水质逐渐变差；饮马河（不含伊通河）流域，上游流经农业主产区，水质变差，但经过石头口门水库的调节作用以及自净作用，到中下游及下游水质变好；松花江流域除沐石河下游水质较差以外，其他的河段水质较好，以Ⅱ～Ⅲ类水为主。

对比2015—2018年水质数据分析结果，河流水质主要为Ⅱ～Ⅴ类水。研究区内水质空间差异性明显，基本上表现为伊通河流域水质较差，饮马河流域和松花江流域水质较好。每个流域上游相比下游水质好，从时间过程上看，水质有变好的趋势。可见近两年政府各部门对地表水的治理工作有了很强的防治意识，但仍需加强改善区域地表水现状，尤其是伊通河流域以及饮马河流域的治理工作。

第二节　地下水水质评价

一、地下水水化学类型划分

天然地下水水化学类型是长期水岩相互作用的结果，随着地下水的不断开发利用及污染，某些地区的水化学类型发生了明显的变化，判断不同年份的水化学类型并进行分区有助于分析地下水水质的变化趋势。本次研究选取了2014年135眼长观井的地下水水质数据以及2015年永吉县149组水质数据，地下水水质点分布见图3-2-1。

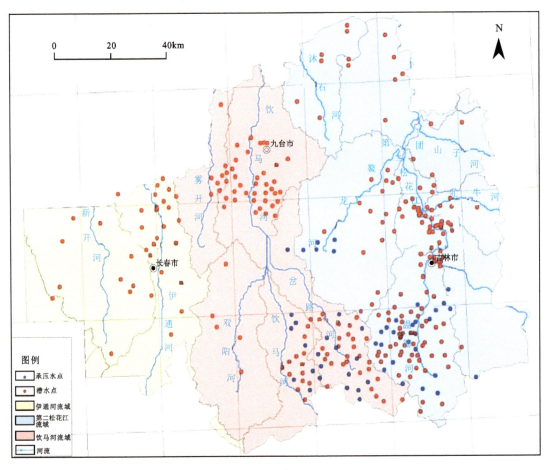

图3-2-1　地下水水质点分布

天然地下水水化学类型是长期水岩相互作用的结果,随着地下水的不断开发利用及污染,某些地区的水化学类型发生了明显的变化,判断不同年份的水化学类型并进行分区有助于分析地下水水质的变化趋势。本次研究选取了2014年135眼长观井的地下水水质数据以及2015年永吉县149组水质数据,并采用舒卡列夫法对水质监测数据中的8种离子进行计算,毫克当量百分比大于25%的阳离子与阴离子分别参与水化学类型命名。

通过绘制水化学类型图3-2-2可知,全区地下水化学类型多变,阴离子以 HCO_3^- 型、HCO_3^-·Cl^- 型为主;由于人类活动的影响,在工业聚集的长春、吉林城区出现了较多 HCO_3^-·Cl^- 型、HCO_3^-·SO_4^{2-} 型水;同时在一般基岩裂隙水的上游补给区存在少量 HCO_3^-·Cl^-·SO_4^{2-} 型水。水化学类型中阴离子分布及特征主要受原生地质条件的影响。全区地下水阳离子类型以 Ca^{2+}、Ca^{2+}·Mg^{2+} 型为主,在永吉县境内出现大量 Ca^{2+}·Na^+、Na^+ 型水。从空间上看,松散岩类孔隙水沿径流方向上水化学类型变化较为明显。这部分地下水普遍埋藏较浅,或与地表水存在水力联系,易于接受大气降水补给,多体现为 HCO_3 - Ca、HCO_3 - Ca·Mg、HCO_3·Cl - Ca 型。

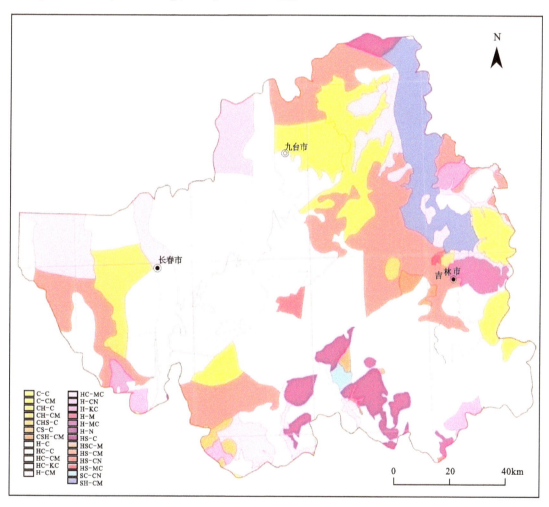

图3-2-2 地下水水化学类型分区图

C-C为Cl-Ca型;C-CM为Cl-Ca·Mg型;CH-C为Cl·HCO_3-Ca型;CH-CM为HCO_3·Cl-Ca·Mg型;CHS-C为Cl·HCO_3·SO_4-Ca型;CS-C为Cl·SO_4-Ca型;CSH-CM为Cl·SO_4·HCO_3-Ca·Mg型;H-C为HCO_3-Ca型;HC-C为HCO_3·Cl-Ca;HC-CM为HCO_3·Cl-Ca·Mg型;HC-KC为HCO_3·Cl-K·Ca型;H-CM为HCO_3-Ca·Mg型;HC-MC为HCO_3·Cl-Mg·Ca型;H-CN为HCO_3-Ca·Na型;H-KC为HCO_3-K·Ca型;H-M为HCO_3-Mg型;H-MC为HCO_3-Mg·Ca型;H-N为HCO_3-Na型;HS-C为HCO_3·SO_4-Ca型;HSC-M为HCO_3·SO_4·Cl-Mg型;HS-CM为HCO_3·SO_4-Ca·Mg型;HS-CN为HCO_3·SO_4-Ca·Na型;HS-MC为HCO_3·SO_4-Mg·Ca型;SC-CN为SO_4·Cl-Ca·Na型;SH-CM为SO_4·HCO_3-Ca·Mg型

二、地下水水质评价标准及依据

地下水质量评价采用综合指数法,根据地下水水质现状、人体健康标准值及地下水质量保护目标,结合生活饮用水、工业用水、农业用水水质要求,按《地下水环境质量标准》(GB 14848—2017)将地下水质量划分为5类(表3-2-1)。

表3-2-1 地下水质量分类指标

类别	Ⅰ类	Ⅱ类	Ⅲ类	Ⅳ类	Ⅴ类
pH		6.5~8.5		5.5~6.5,8.5~9	<5.5,>9
Be	≤0.0001	≤0.0001	≤0.002	≤0.06	>0.06
总硬度(以$CaCO_3$计)	≤150	≤300	≤450	≤650	>650
溶解性总固体(TDS)	≤300	≤500	≤1000	≤2000	>2000
氯化物	≤50	≤150	≤250	≤350	>350
硫酸盐	≤50	≤150	≤250	≤350	>350
氨氮(NH_3—N)(以N计)	≤0.02	≤0.1	≤0.5	≤1.5	>1.5
硝酸盐(以N计)	≤2.0	≤5.0	≤20	≤30	>30
亚硝酸盐(以N计)	≤0.01	≤0.1	≤1	≤4.8	>4.8
Cu	≤0.01	≤0.05	≤1.0	≤1.5	>1.5
Pb	≤0.005	≤0.005	≤0.01	≤0.1	>0.1
Zn	≤0.05	≤0.5	≤1.0	≤5.0	>5.0
Cd	≤0.0001	≤0.001	≤0.005	≤0.01	>0.01
Mn	≤0.05	≤0.05	≤0.1	≤1.5	>1.5
Ni	≤0.002	≤0.002	≤0.02	≤0.1	>0.1
Co	≤0.005	≤0.005	≤0.05	≤0.1	>0.1
Cr^{6+}	≤0.005	≤0.01	≤0.05	≤0.1	>0.1
Hg	≤0.0001	≤0.0001	≤0.001	≤0.002	>0.002
Fe	≤0.1	≤0.2	≤0.3	≤2	>2
Ba	≤0.01	≤0.1	≤0.7	≤4	>4
碘化物	≤0.04	≤0.04	≤0.08	≤0.5	>0.5
Se	≤0.01	≤0.01	≤0.01	≤0.1	>0.1
Mo	≤0.001	≤0.01	≤0.07	≤0.15	>0.15
As	≤0.001	≤0.001	≤0.01	≤0.05	>0.05
高锰酸盐指数	≤1.0	≤2.0	≤3.0	≤10	>10
氟化物	≤1	≤1	≤1	≤2	>2
Al	≤0.01	≤0.05	≤0.2	≤0.5	>0.5
Mg	≤10	≤20	≤50	≤200	>200
Ca	≤100	≤200	≤400	≤800	>800

续表 3-2-1

类别	Ⅰ类	Ⅱ类	Ⅲ类	Ⅳ类	Ⅴ类
pH	6.5~8.5			5.5~6.5,8.5~9	<5.5,>9
Na	≤100	≤150	≤200	≤400	>400
磷酸盐	≤1.5	≤3	≤6.7	≤15	>15
Ag	≤0.001	≤0.01	≤0.05	≤0.1	>0.1
挥发酚（以酚计）	≤0.01	≤0.001	≤0.002	≤0.01	>0.01

注：除pH值外，其他类别单位均为mg/L。

Ⅰ类主要反映地下水化学组分的天然低背景含量，适用于各种用途。Ⅱ类主要反映地下水化学组分的天然背景含量，适用于各种用途。Ⅲ类以人体健康基准值为依据，主要适用于集中式生活饮用水水源及工业、农业用水。Ⅳ类以农业和工业用水要求为依据，除适用于农业和部分工业用水之外，适当处理后可作为生活饮用水。Ⅴ类不宜饮用。其他用水可根据使用目的选用。

三、地下水水质评价方法

首先对参评的各单项组分按"地下水质量分类指标"（表3-2-1）划分其浓度所属的质量类别，再按单项组分评价分值（表3-2-2）确定单项评价分值F_i。然后计算样品的综合指数。

表 3-2-2 单项组分评价分值表

类别	1	2	3	5
F_i	0	1	3	10

根据综合指数F值，按表3-2-3对地下水质量进行分级。

表 3-2-3 地下水质量综合评价分级表

类别	优良Ⅰ	良好Ⅱ	较好Ⅲ	较差Ⅳ	极差Ⅴ
F	<0.8	0.8~2.5	2.5~4.25	4.25~7.2	>7.2

四、地下水水质评价结果

本次研究选取了2014年113眼长观井的地下水水质数据、永吉县2015年的149组水质数据和2016年收集到的49组水质指标检测数据。水质指标为氨氮、总氮、总磷、重金属离子等共26项，对其中10项进行单指标分析，根据《地下水环境质量标准》（GB/T 14848—2016）中Ⅲ类水的分类标准，经过计算得到单指标与综合水质评价结果，见表3-2-4～表3-2-6。

（一）潜水

潜水水质评价利用全区107个潜水水样，其中2014年60个水样和2016年49个水样综合评价结果如表3-2-6所示（表中数字0~4分别代表Ⅰ~Ⅴ类水）。

表 3-2-4 2014年长观井地下水水样水质评价结果

编号	氯化物	硫酸盐	氨氮	硝酸盐	亚硝酸盐	TDS	总硬度	挥发酚	Cr^{6+}	氟化物	评价结果
G008	2	1	4	4	2	3	3	1	0	0	Ⅲ
G011	2	2	3	3	1	3	3	1	0	0	Ⅱ
G020	2	2	3	3	1	4	3	1	0	0	Ⅲ
G038	2	2	3	3	1	2	4	1	0	0	Ⅲ
G055	1	2	4	4	1	4	3	1	0	0	Ⅲ
G057	2	2	4	4	4	3	3	1	0	0	Ⅲ
G064	1	2	3	3	1	3	2	1	0	0	Ⅱ
G1000	1	2	4	4	1	2	1	5	0	0	Ⅲ
G1003	1	2	3	3	1	3	2	1	0	0	Ⅱ
G133	2	2	3	3	1	3	3	1	0	0	Ⅱ
G166	2	2	3	3	2	2	4	1	0	0	Ⅲ
G502	2	2	4	4	5	3	3	1	0	0	Ⅲ
G504	1	2	5	5	5	1	2	1	0	0	Ⅲ
G517	1	2	4	4	2	2	2	1	0	0	Ⅲ
G528	2	3	3	3	1	3	3	1	0	0	Ⅲ
G532	2	2	3	3	1	3	3	1	0	0	Ⅱ
G535	2	2	5	5	1	3	3	1	0	0	Ⅲ
G543	1	2	3	3	1	3	3	3	0	0	Ⅲ
G552	1	2	3	3	1	3	2	1	0	0	Ⅱ
G561	2	2	4	4	1	3	2	1	0	0	Ⅲ
G601	1	2	4	4	1	2	2	1	0	0	Ⅲ
G625	2	2	4	4	1	3	3	1	0	0	Ⅲ
G632	1	2	3	3	1	3	2	1	0	0	Ⅱ
G641	2	2	3	3	4	3	2	1	0	0	Ⅲ
G651	1	2	4	4	1	1	2	1	0	0	Ⅲ
G678	2	2	3	3	3	3	3	1	0	0	Ⅲ
G905	2	2	4	4	5	3	4	1	0	0	Ⅲ
G920	1	2	5	5	4	2	2	1	0	0	Ⅲ
G932	2	2	4	4	3	2	2	1	0	0	Ⅲ
G933	2	2	4	4	1	3	3	1	0	0	Ⅲ
G945	1	2	3	3	1	3	2	1	0	0	Ⅱ
G954	2	2	4	4	1	3	3	1	0	0	Ⅲ
G956	1	2	3	3	1	2	1	1	0	0	Ⅱ
G958	1	3	3	3	2	3	3	1	0	0	Ⅲ
G961	2	1	5	5	5	4	5	4	0	0	Ⅲ

续表 3-2-4

编号	氯化物	硫酸盐	氨氮	硝酸盐	亚硝酸盐	TDS	总硬度	挥发酚	Cr^{6+}	氟化物	评价结果
G963	2	2	3	3	1	4	5	1	0	0	Ⅲ
G966	3	2	5	5	4	3	2	1	0	0	Ⅲ
G968	1	3	5	5	4	3	2	1	0	6	Ⅳ
G970	2	2	4	4	5	4	3	1	0	0	Ⅲ
G976	1	2	3	3	1	3	3	1	0	0	Ⅱ
G982	2	2	4	4	1	3	3	1	0	0	Ⅲ
G984	2	2	4	4	1	3	3	1	0	0	Ⅲ
G985	1	2	5	5	4	3	3	4	0	6	Ⅳ
G986	2	2	3	3	4	3	2	1	0	0	Ⅲ
G993	1	2	4	4	1	3	2	1	0	0	Ⅲ
G996	2	2	3	3	1	3	3	1	0	0	Ⅱ
26100101	2	2	1	1	1	2	2	1	0	0	Ⅱ
26100106	1	2	4	4	1	2	2	1	0	0	Ⅲ
26100111	1	2	3	3	1	2	2	1	0	0	Ⅱ
26100115	1	1	1	1	1	1	2	1	0	0	Ⅱ
26101020	1	1	5	5	1	2	2	1	0	0	Ⅲ
26100121	1	1	1	1	1	2	1	1	0	0	Ⅱ
26100035	1	1	1	1	1	2	2	1	0	0	Ⅱ
26100037	1	1	1	1	1	2	1	1	0	0	Ⅱ
26100138	1	2	3	3	3	1	3	1	0	0	Ⅱ
26100239	1	2	3	3	1	2	2	1	0	0	Ⅱ
26101343	1	2	1	1	1	3	2	1	0	0	Ⅱ
26101047	1	1	3	3	2	2	2	1	0	0	Ⅱ
26100150	1	2	3	3	1	3	2	1	0	0	Ⅱ
26101053	1	2	1	1	1	3	2	1	0	0	Ⅱ

表 3-2-5　2016年地下水水样水质评价结果

编号	总硬度	TDS	硫酸盐	氯化物	Fe	Mn	Cu	Zn	硝酸盐	氨氮	氟化物	Hg	As	Se	Cd	Cr^{6+}	Pb	碘化物	水质标准
1-1	1	1	1	0	0	0	0	0	3	3	0	0	0	0	1	0	0	0	Ⅱ
1-2	1	1	0	0	0	0	0	0	10	0	0	0	0	0	1	0	1	0	Ⅳ
1-3	0	0	0	0	0	0	0	0	0	0	0	0	0	0	1	0	1	0	Ⅱ
1-4	0	0	0	0	0	0	0	0	3	6	0	0	0	0	1	1	0	0	Ⅳ
1-5	1	1	0	1	0	0	0	0	10	0	0	0	0	0	1	0	0	0	Ⅳ
1-6	3	1	0	1	10	6	0	0	10	0	0	0	0	0	1	0	0	0	Ⅴ

续表 3-2-5

编号	总硬度	TDS	硫酸盐	氯化物	Fe	Mn	Cu	Zn	硝酸盐	氨氮	氟化物	Hg	As	Se	Cd	Cr⁶⁺	Pb	碘化物	水质标准
1-7	0	1	0	0	1	0	0	0	1	0	6	0	0	0	1	0	0	0	Ⅳ
1-8	1	1	0	1	6	1	0	0	0	3	0	0	0	0	1	0	0	0	Ⅳ
1-9	3	3	3	1	10	10	0	1	0	6	0	0	0	0	1	0	1	0	Ⅴ
1-10	1	1	0	0	0	0	0	0	1	0	0	0	0	0	1	0	0	0	Ⅰ
1-11	1	1	0	0	0	0	0	0	10	3	0	0	0	0	1	0	0	0	Ⅳ
1-12	1	3	1	0	6	0	0	0	10	3	0	0	0	0	1	0	0	0	Ⅳ
1-13	3	3	1	1	6	0	0	0	10	0	0	0	0	0	1	0	0	0	Ⅳ
1-15	1	3	1	1	0	0	0	0	10	0	0	1	0	0	1	0	0	0	Ⅳ
1-16	1	1	0	0	1	6	0	0	6	0	0	0	0	0	1	0	0	0	Ⅳ
1-17	3	3	0	1	0	0	0	0	10	0	0	0	0	0	1	0	0	0	Ⅳ
1-18	0	0	0	0	0	0	0	0	3	6	0	0	0	0	1	0	1	0	Ⅳ
1-19	10	6	1	3	0	0	0	0	10	0	0	0	0	0	1	1	0	0	Ⅳ
1-20	1	1	0	1	10	0	0	0	10	3	0	0	0	0	1	0	0	0	Ⅳ
1-21	1	1	0	0	6	0	0	0	10	0	0	0	0	0	1	0	0	0	Ⅳ
1-22	0	1	0	0	1	0	0	0	0	3	0	0	1	0	1	0	0	0	Ⅱ
1-23	10	3	0	3	3	0	0	0	10	3	0	0	0	0	1	0	0	0	Ⅳ
1-24	1	1	0	1	3	0	0	0	10	3	0	0	0	0	1	1	1	0	Ⅳ
1-25	1	1	0	1	3	6	0	0	10	0	0	0	0	0	1	0	0	0	Ⅳ
1-26	1	1	0	0	1	0	0	0	10	3	0	0	0	0	1	0	0	0	Ⅳ
1-27	1	1	0	0	0	0	0	0	10	0	0	0	0	0	1	0	0	0	Ⅳ
1-28	3	3	1	1	3	0	0	0	10	3	0	0	0	0	1	0	3	0	Ⅳ
1-29	0	1	0	0	0	0	0	0	6	3	0	0	0	0	1	3	0	0	Ⅳ
1-30	1	1	1	0	6	0	0	0	10	0	0	0	0	0	1	0	3	0	Ⅳ
1-31	1	1	1	0	6	0	0	0	10	3	0	0	0	0	1	0	3	0	Ⅳ
1-32	0	1	0	0	1	0	0	0	10	0	0	0	0	0	1	1	3	0	Ⅳ
1-33	0	1	0	0	1	0	0	0	6	3	0	0	0	0	1	0	1	0	Ⅳ
1-34	3	3	1	1	1	0	0	0	10	3	0	0	0	0	1	0	3	0	Ⅳ
1-35	3	3	1	0	1	0	0	0	10	3	0	0	0	0	1	0	0	0	Ⅳ
1-36	1	1	0	0	0	6	0	0	6	3	0	0	0	0	1	0	3	0	Ⅳ
1-37	3	3	1	1	1	0	0	0	10	3	0	0	0	0	1	0	3	0	Ⅳ
1-38	6	3	1	1	0	0	0	0	10	0	0	0	0	0	1	0	1	0	Ⅳ
1-39	1	1	0	0	0	0	0	0	3	3	0	0	1	0	1	0	3	0	Ⅱ
1-40	0	1	0	0	3	6	0	0	0	3	0	0	0	0	1	0	0	0	Ⅳ
1-41	0	1	0	0	10	10	0	0	0	3	0	0	0	0	1	0	3	0	Ⅳ

续表 3-2-5

编号	总硬度	TDS	硫酸盐	氯化物	Fe	Mn	Cu	Zn	硝酸盐	氨氮	氟化物	Hg	As	Se	Cd	Cr^{6+}	Pb	氰化物	水质标准
1-42	1	1	1	0	10	10	0	0	0	10	0	0	0	0	1	0	3	0	V
1-43	1	1	0	0	10	10	0	0	6	0	0	3	0	0	1	0	1	0	IV
1-44	1	1	0	0	1	6	0	0	0	0	0	0	1	0	1	0	1	0	IV
1-45	10	3	6	3	1	6	0	0	6	3	0	0	0	0	1	0	1	0	V
1-46	3	1	1	1	6	0	0	0	10	0	0	0	0	0	1	0	3	0	IV
1-47	3	3	1	1	3	0	0	0	0	0	0	0	0	0	1	0	1	0	IV
1-48	1	1	0	1	0	0	0	0	10	0	0	0	0	0	1	0	0	0	IV
1-49	1	1	1	1	6	6	0	1	3	10	0	1	0	0	1	0	3	0	V
1-50	0	1	1	0	10	10	0	0	3	10	0	0	0	0	1	0	1	1	V

表 3-2-6 潜水水质综合指数评价法分析结果

地下水类型	分析样品数(个)	水质级别	F 值范围	检出数(个)	检出率(%)
全区	49	I	0.724	1	2.04
		II	2.139~2.182	4	8.16
		IV	4.265~7.189	38	77.55
		V	7.204~7.244	6	12.24
	60	II	1.551~2.474	23	38.33
		III	2.511~3.953	35	58.33
		IV	4.740~4.840	2	3.33

1. 河谷平原第四系孔隙水

河谷平原第四系孔隙水主要分布于第二松花江中游及饮马河、温德河、岔路河和鳌龙河等支流河谷。该地区潜水原生水文地球化学环境不佳,工业、农业、生活污染因素较复杂,因此地下水水质受到不同程度的污染,水质主要超标组分为 NO_3^-、NO_2^-、总硬度、SO_4^{2-}。地下水水质以较差的IV类水为主,分布面积较大,局部小面积分布着水质优良的I类水、良好的II类水以及中等的III类水。

2. 高平原第四系孔隙水

高平原第四系孔隙水主要分布在低山丘陵前缘和局部河间地块,分布面积较大。农业及生活污染是本地区的主要污染源,主要超标组分是 NO_3^-、总硬度、高锰酸盐指数及 Al^{3+}。本区全部为水质较差的IV类水。

3. 低山丘陵基岩风化裂隙水

低山丘陵基岩风化裂隙水主要分布在工作区南部、西北部和东北部,分布面积大,由于近年来该区农业发展较快,导致水质中 NO_3^-、总硬度等含量超标。该地貌类型主要为IV类水,其次为II类水,检出少量水质优良的Ⅰ类水和极差的Ⅴ类水。

从全区分析,本区地下水水质NO_3^-含量超标最为严重,由于受农业活动影响较大,导致地下水水质以Ⅳ类水为主,其次为Ⅱ类水,全区检出少量的Ⅰ类水及Ⅴ类水。

综上所述,全区地下水水质大多数为良好的Ⅱ类水,主要分布在低山丘陵和局部高平原;其次为水质中等的Ⅲ类水和水质较差的Ⅳ类水,分布面积较大,分布在河谷平原及高平原;水质优良的Ⅰ类水及水质极差的Ⅴ类水在全区零星分布,分布面积较小。

(二)承压水

承压水水样50组,经过统计计算得出承压水综合指数评价法评价结果,见表3-2-7。

计算结果表明,承压水水质以较差的Ⅳ类水为主,其次为水质良好的Ⅱ类水,水质中等的Ⅲ类水和极差的Ⅴ类水各检出样品1个。

表3-2-7 研究区内承压水水质评价结果

分析样品(个)	水质级别	F值范围	检出数(个)	检出率(%)
50	Ⅱ	2.123~2.215	12	24.0
	Ⅲ	4.249	1	2.0
	Ⅳ	4.251~7.193	36	72.0
	Ⅴ	7.235	1	2.0

由图3-2-3可以看出,研究区内以Ⅳ类水和Ⅱ类水为主,长春市区、九台以及永吉县水质以Ⅳ类水为主,吉林市区、公主岭市以Ⅱ类水和Ⅲ类水为主,Ⅴ类水在研究区内分布范围极小。

五、地下水超标组分分布特征

参照《生活饮用水的卫生标准》(GB 5749—2006)划分,按照Ⅲ类以上作为超标进行判断,氯化物、硫酸盐全部达标,TDS、总硬度、挥发酚超标率不超过10%,氨氮超标最为严重,超标率高达45%。地下水中的主要超标物质为"三氮"(NH_4^+、NO_2^-、NO_3^-)及Fe、Mn,根据水质测试结果,绘制主要超标组分浓度的空间分布图及水质综合评价结果(图3-2-4~图3-2-8)。

根据数据分析,同时参考2003—2008年长春市56眼地下水监测井的水质资料、吉林市90眼监测井2009—2011年水质数据及吉林省2008—2015年水质监测数据进行污染趋势变化分析评价,长吉经济圈地区含氮化合物超标,其中"三氮"在研究区的分布呈现出一定的空间差异,其原因主要为不同类型的污染源、不同条件的地下水埋藏条件及三者产生不同的转化关系。由于地下水水质已经受到人为活动的影响,特别是农药、化肥和除草剂等面污染源已成为农业种植区地下水的主要污染源。农药、化肥和除草剂等残留物质长年积累于土壤中,主要以NH_4^+形式存在,随着灌溉水及雨水的淋溶,入渗至含水层,进入更为封闭的环境中,此外NH_4^+在硝化细菌的作用下转化为NO_3^-,污染地下水;积存在土壤中的化肥、农药的残留物质随汛期洪水的冲刷进入地表水,进而间接污染地下水。因此,以农业生产为主的地区NO_3^-浓度较高。NH_4^+极值浓度一般由点源污染造成,主要为人畜粪便堆放及工业废渣污染。

这部分含氮污染物在降水淋滤的作用下进入含水层,也有一部分先随降水径流进入河道,通过河水与地下水的交互关系进入含水层,它们经常以有机物形式存在,在微生物的生化分解作用下产生以NH_4^+为主的含氮化合物,反应方程如下:

$$(CHO)_nNS \rightarrow CO_2 + H_2O + 微生物细胞和储存物质 + NH_4^+ + H_2S + 能量$$

工业主产区长春市区、吉林市区、德惠以及有集中养殖业的地区会出现 NH_4^+ 的点状高浓度分布。控制地下水中"三氮"含量最好的方法就是减少化肥的使用。在2016年的野外调查发现吉林市农业主产区每亩旱田化肥施用量在110kg以上,是10年前的3～4倍,过度的化肥使用使大面积土地的天然肥性失效,只能通过施更多化肥来提高农非物产量,此状态恶性循环下去将造成地下水中"三氮"不可逆的污染。

Fe、Mn 主要分布在研究区东北部及西北部,区内最高浓度分别为 20.23mg/L、10.18mg/L,地下水中 Fe、Mn 的富集主要受原生地质条件下地下水中 Fe、Mn 的含量较高所致,与局部地势低洼、地下水径流滞缓、相对封闭的还原性地质环境及铁锰物质来源有关,当然也有一小部分来源于工业排废的污染(图3-2-7、图3-2-8)。

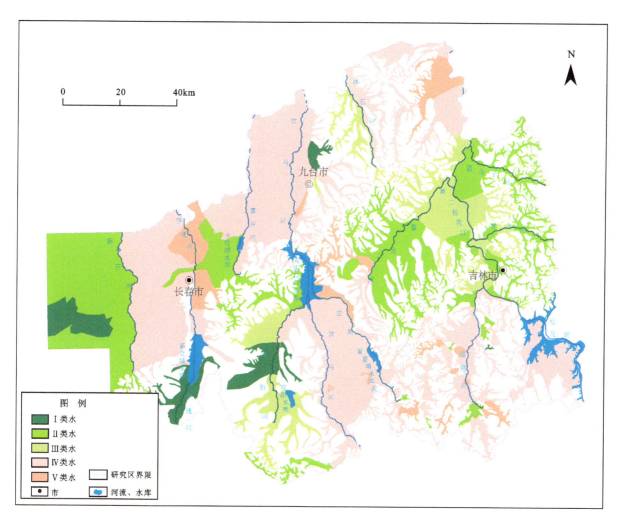

图 3-2-3 长吉经济圈地下水水质分区简图

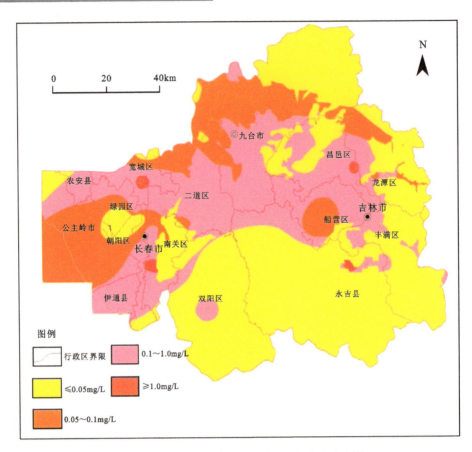

图 3-2-4　长吉经济圈地下水 NH_4^+ 浓度分布图

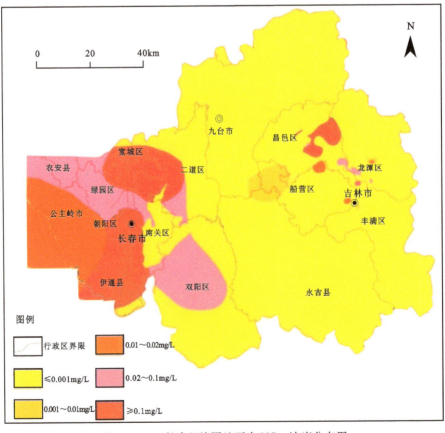

图 3-2-5　长吉经济圈地下水 NO_2^- 浓度分布图

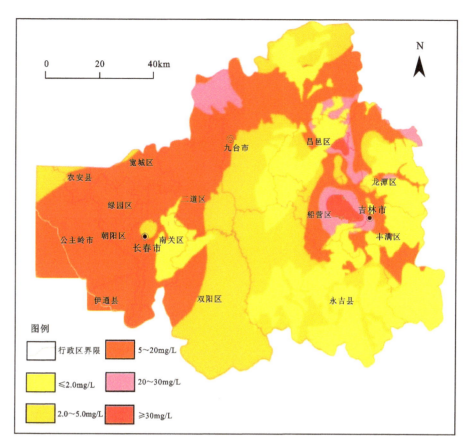

图 3-2-6　长吉经济圈地下水 NO_3^- 浓度分布图

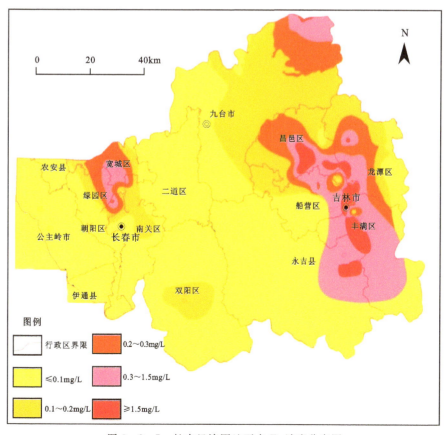

图 3-2-7　长吉经济圈地下水 Fe 浓度分布图

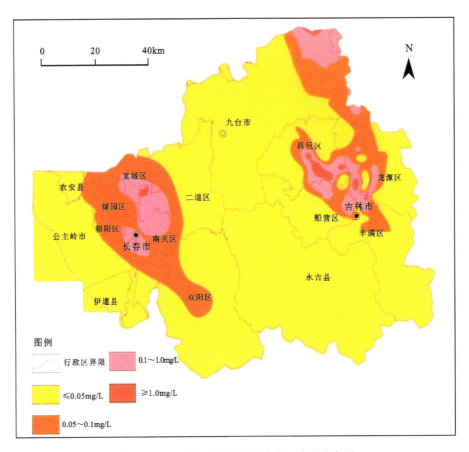

图 3-2-8　长吉经济圈地下水 Mn 浓度分布图

第四章　长吉经济圈水资源供需平衡分析

水资源供需平衡分析是相关管理部门在进行水资源合理分配与宏观调控时的基础依据,它体现了一个地区整体的用水水平。其中,水资源的可供水量体现了区域水资源及水利工程的开发技术水平,需水量体现了区域人民生活水平、工业发展程度、农业技术先进与否以及水资源利用效率等问题。近年来,生态环境问题日益凸显,生态需水量也将成为水资源供需平衡分析中需要着重考虑的问题。本章收集整理了研究区2010—2015年的供需水量数据,从重点考虑生态需水量出发,对规划年2020年、2030年的需水量进行预测,在此基础上分析研究区内供需水问题的矛盾所在。

第一节　需水量分析与预测

在需水量现状分析的基础上,对各规划水平年的生活、生产、生态需水量进行预测,其中生态需水量预测为此次计算的重点。需水量预测与社会人口、经济发展关系紧扣,需充分考虑各项社会指标的影响,本次预测以研究区15个行政分区为供需水计算单元,以求真实地反映长吉经济圈内未来的需水量,预判解决供需矛盾的方案及可能采取的工程措施。

一、用水量现状分析

根据2010—2015年长春、吉林两市水资源公报中所提供的数据,通过绘制三维柱状图对6年的用水量进行对比分析。以农田灌溉用水、林牧渔畜用水、工业用水、城市公共用水、居民生活用水、生态环境用水6项为主要用水行业,统计分析15个行政区用水量的变化情况。

图4-1-1为吉林市下辖5个行政区的逐年用水量统计。由图可知,城内四区(昌邑区、龙潭区、船营区、丰满区)与外围县级市(永吉县)的用水结构大为不同,吉林市大型工业均集中在城内四区,多年平均工业用水比重可达69.10%,其次为农业用水,多年平均农业用水比重为18.64%。而永吉县以农业用水为主,多年平均农业用水比重可达86.45%,其次为居民生活用水,多年平均用水比重为4.46%。吉林市多年平均农田灌溉用水量、林牧渔畜用水量、工业用水量、城市公共用水量、居民生活用水量、生态环境用水量各占比重分别为25.61%、1.86%、62.31%、2.61%、5.10%、2.51%。

图4-1-2为长春市下辖8个行政区的逐年用水量统计。由图可知各行政区的用水结构基本相同,农业灌溉用水为第一大用水行业,多年平均用水比重可达59.49%,第二大用水行业为工业用水,多年平均用水比重可为15.82%,其余依次为居民生活用水、林牧渔畜用水、城市公共用水及生态环境用水,用水比重分别为11.46%、8.60%、3.54%、1.09%。

图4-1-3为长春、吉林两市管辖以外的行政区(四平市部分)逐年用水量统计,两个行政区用水结构略有不同,其中伊通县农田灌溉用水量最多,占该区总用水比重的59.44%;林牧渔畜用水量次之,占该区总用水比重的21.74%;第三为工业用水量,占该区总用水比重的13.64%;其余3项用水量之和占该区用水总量的5.17%。公主岭市农田灌溉用水量最多,占该区总用水比重的63.23%;其次为工业用

水量和林牧渔畜用水量,均占该区总用水比重的 13.7%;第三为居民生活用水,占该区总用水比重的 7.32%;其余两项用水量之和占该区用水总量的 2.04%。

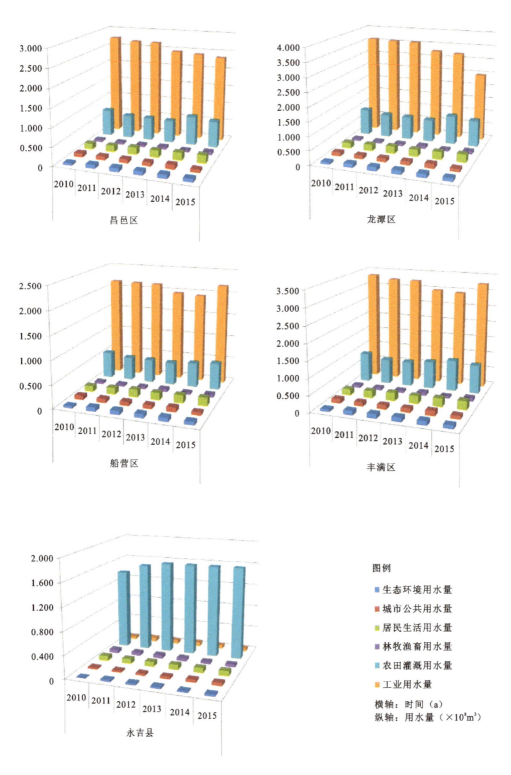

图 4-1-1　2010—2015 年吉林市各行政区用水量

第四章 长吉经济圈水资源供需平衡分析

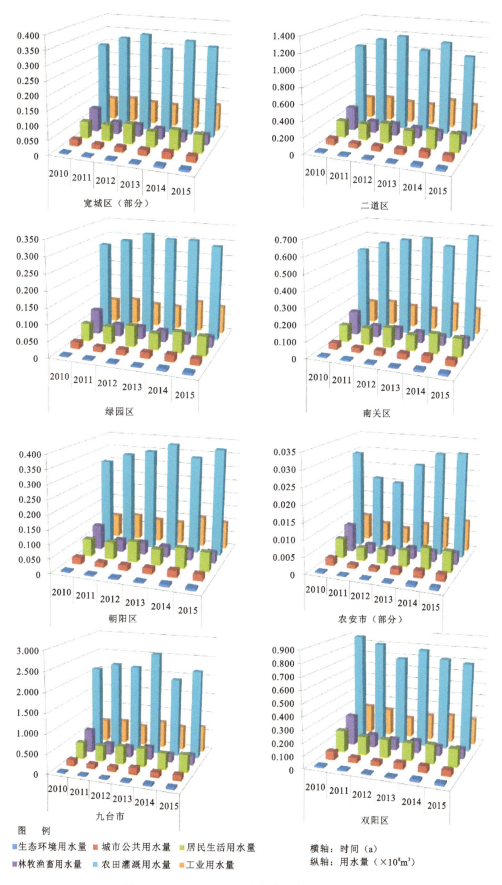

图 4-1-2 2010—2015 年长春市各行政区用水量

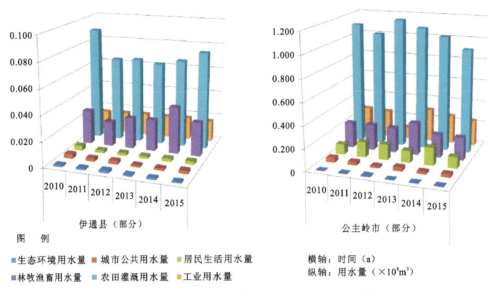

图 4-1-3　2010—2015 年其他各行政区(四平市)用水量

通过对研究区内两大主要城市及剩余其他行政区的总用水量进行核算,在 2010—2015 年内(图 4-1-4),吉林市居民生活用水量、农田灌溉用水量均呈现整体增加的趋势,工业用水量、生态环境用水量、城市公共用水量均呈现整体减小的趋势,林牧渔畜用水量存在微弱的波动,总用水量略微呈下降的趋势。

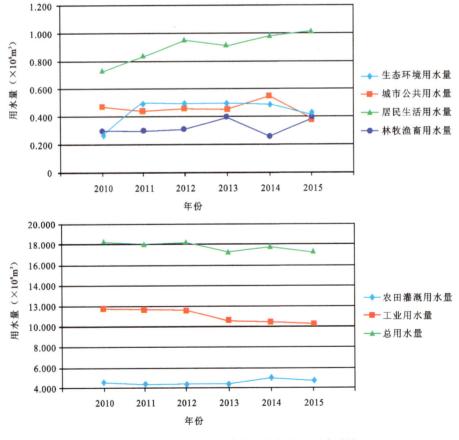

图 4-1-4　2010—2015 年吉林市各行业用水总量

在2010—2015年内(图4-1-5),长春市工业用水量呈现增加的趋势,林牧渔畜用水量呈现减少的趋势,居民生活用水量、农田灌溉用水量、城市公共用水量、总用水量均存在微弱的波动,生态环境用水量保持在较平稳的水平。

如图4-1-6所示,其他行政区(四平市)林牧渔畜用水量、居民生活用水量、农田灌溉用水量、工业用水量、总用水量均存在微弱的减少趋势波动,城市公共用水量、生态环境用水量保持在较平稳的水平。

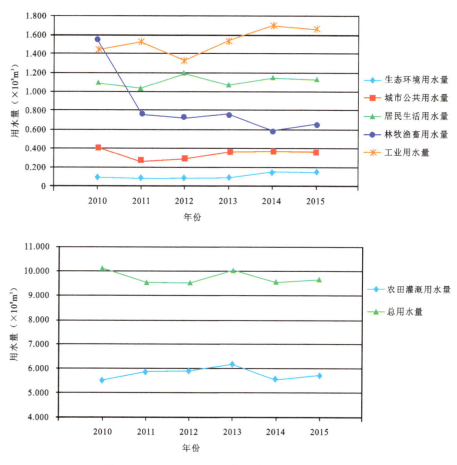

图4-1-5 2010—2015年长春市各行业用水总量

二、需水量预测方法

在需水量预测中,一般根据区域内历史用水量统计数据的变化趋势,并将社会经济发展、政府政策规定、气候环境变化等影响因素考虑在内,利用合适的技术和预测方法,对城市在未来规划水平年的需水量进行预测。

根据长吉经济圈内当地政府的经济发展规划,以2015年为基准年,对研究区中期(2020年)、远期(2030年)规划水平年的需水量进行预测。以充分考虑各行业国民经济发展,统筹兼顾生产、生活、生态等各方面对水资源的需求为基本原则,真实、可靠地反映长吉经济圈未来可能达到的需水量。

因研究区涉及15个不同的行政区,采用两种方法进行需水量预测(梁忠民等,2006)。第一种方法是按需水行业的不同逐一进行预测,即分别计算各行业的需水量,最终相加即为传统的需水量预测方法。因所需数据量较大且很难保持一致,计算过程中误差可能会有所增加,故又增加了第二种方案,即采用灰色关联分析(刘思峰等,2018)与多元线性回归模型(于秀林等,1999)相结合的方法。该方法先利

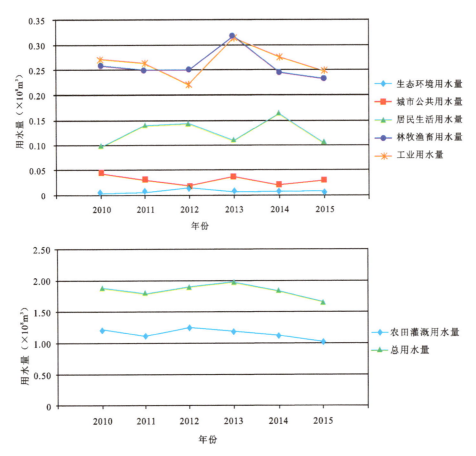

图 4-1-6 2010—2015 年其他行政区(四平市)各行业用水总量

用灰色关联分析的方法分别算出生态环境、城市公共、居民生活、林牧渔畜、农田灌溉、工业 6 个需水量与总需水量之间的关联系数,挑选出关联系数较高的指标,建立各指标对于总需水量的多元线性回归模型,从而获得不同规划水平年的需水量。

1. 灰色关联分析

灰色关联分析是通过寻找随机序列间各种因素之间的相关关系,最终来确定影响目标值的重要因素。该方法主要是确定影响因素与目标值之间的关联度,找到问题的主要特征,将复杂的影响关系直观地量化表示。主要的计算方法是:先对所有数据进行无量纲处理,将处理后的目标序列设定为 x_0,因素序列设定为 $x_i(i=1,2,\cdots,n)$;再对两序列进行差值计算,求两极最大差值和最小差值。其中,差序列表示为:

$$\Delta_{0i}(k)=|x_0(k)-x_i(k)| \tag{4-1}$$

求各个因素与目标值的关联系数 $\varepsilon_i(k)$:

$$\varepsilon_i(k)=\frac{\min\min|x_0(k)-x_i(k)|+\rho\max\max|x_0(k)-x_i(k)|}{|x_0(k)-x_i(k)|+\rho\max\max|x_0(k)-x_i(k)|} \tag{4-2}$$

式中,ρ 为分辨系数,经验值取 0.5;$\max\max|x_0(k)-x_i(k)|$ 为两级最大差值;$\min\min|x_0(k)-x_i(k)|$ 为两级最小差值;$\varepsilon_i(k)$ 的计算值越大,表示该因素与目标值的相关程度越大。

最终,根据关联系数确定影响因素与目标序列之间的关联程度 r_i:

$$r_i=\frac{1}{n}=[\varepsilon_i(1)+\varepsilon_i(2)+\cdots+\varepsilon_i(n)] \tag{4-3}$$

同样,在所有影响因素中,r_i 值越大的因素与目标序列的关联程度越高。

通过上述方法计算及2010—2015年的需(用)水量数据,可以得到总需水量与生态环境、城市公共、居民生活、林牧渔畜、农田灌溉、工业6个需(用)水量之间的关联程度分别为0.735、0.569、0.545、0.670、0.717、0.744。最终确定关联度大于0.7的3项指标(生态环境、农田灌溉、工业)为总需水量的主要影响因子。

2. 多元线性回归模型

多元线性回归模型是一种参与分析两个或两个以上自变量与因变量之间线性关系的预测手段。多元线性回归模型的建立方法如下:

假设因变量 y 与自变量 $x_i(i=1,2,\cdots,n)$ 之间存在线性关系:

$$y_i = \beta_0 + \beta_1 x_1 + \beta_2 x_2 + \cdots + \beta_n x_n + \varepsilon \tag{4-4}$$

式中,β_i 为回归系数,$i=1,2,\cdots,n$;ε 为误差随机因素,服从 $N(0,\sigma^2)$ 分布。

设 $\boldsymbol{Y} = \begin{pmatrix} y_1 \\ y_2 \\ \vdots \\ y_m \end{pmatrix}$,$\boldsymbol{X} = \begin{pmatrix} 1 & x_{11} & \cdots & x_{1n} \\ 1 & x_{21} & \cdots & x_{2n} \\ \vdots & \vdots & \cdots & \vdots \\ 1 & x_{m1} & \cdots & x_{mn} \end{pmatrix}$,$\boldsymbol{\beta} = \begin{pmatrix} \beta_1 \\ \beta_2 \\ \vdots \\ \beta_n \end{pmatrix}$,$\boldsymbol{\varepsilon} = \begin{pmatrix} \varepsilon_0 \\ \varepsilon_1 \\ \vdots \\ \varepsilon_n \end{pmatrix}$,可得到矩阵形式的多元线性回归模型:

$$\boldsymbol{Y} = \boldsymbol{X}\boldsymbol{\beta} + \boldsymbol{\varepsilon} \tag{4-5}$$

借助SPSS统计分析软件,构建以计算生态环境需水量(x_1)、农田灌溉需水量(x_2)、工业需水量(x_3)3个因子为自变量,以总需水量(y)为因变量的多元回归矩阵,求解回归模型如下:

$$y = -2.408 x_1 + 2.082 x_2 + 1.087 x_3 - 7.243 \tag{4-6}$$

计算成果与实际值拟合成果见表4-1-1。

通过分析结果来看,误差值均在2%以内,满足预测精度要求,因此所建立的多元线性回归模型适合本研究区总需水量的预测。因此,在求解本区规划水平年的需水量的过程中,要着重预测生态需水量、农田灌溉需水量及工业用水需水量3项。

表4-1-1 总需水量实际值与预测值拟合结果

年份	实际值($\times 10^8 \mathrm{m}^3$)	预测值($\times 10^8 \mathrm{m}^3$)	误差(%)
2010	30.261	30.241	0.06
2011	29.436	29.515	−0.27
2012	29.655	29.576	0.27
2013	29.348	29.438	−0.30
2014	29.146	29.071	0.26
2015	28.642	28.651	−0.03

三、需水量分类预测

1. 主要发展指标——国内生产总值和人口数量预测

国内生产总值(GDP,Gross Domestic Product)是指在一定时期以内,某地区的经济中所产生的全部最终产品和劳务的价值。生产总值不仅是衡量一个地区经济发展水平的重要指标,也是影响区域需水量的重要因子。依据《吉林省统计年鉴》可以得到图 4-1-7，为 2000—2015 年研究区内各市生产总值增长率，在此期间长春市、吉林市、四平市年平均生产总值增长率分别为 12.59%、14.40%、16.87%。根据《长春城市发展规划（2011—2020）》及《长春市"十三五"规划》，生产总值增长率在未来很长一段时间会保持在 7%~8%，其他地区同样按照 7.5% 的增长率进行预测。

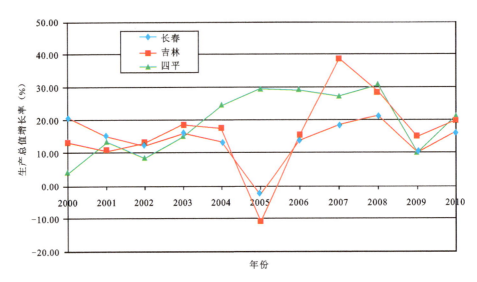

图 4-1-7　2000—2015 年各市生产总值增长率

以 2015 年为基准年，对未来各规划水平年的生产总值增长值进行预测，结果见表 4-1-2。

表 4-1-2　基准年（2015 年）生产总值与各规划水平年生产总值预测结果　　单位：亿元

时间 地名	2015 年	2020 年	2030 年
长春市部分	5 530.03	7 939.07	16 362.68
吉林市部分	2 455.20	3 524.76	7 264.64
四平市部分	1 266.25	1 817.87	3 746.68

人口数量是影响需水量的另一动态指标，本次计算中选用经典马尔萨斯人口预测方法（徐金，2010）对研究区内规划水平年的人口数量进行预测。其预测模型如下：

$$P(t) = P(t_0) e^{r(t-t_0)} \tag{4-7}$$

式中，$P(t)$ 为预测年 t 的人口数；$P(t_0)$ 为基准年 t_0 的人口数；r 为人口年增长率。预测结果见表 4-1-3，其中各行政区内的人口数量仅代表本研究区内的部分。

2. 工业需水量预测

工业需水量采用工业总产值与万元工业生产总值用水定额相乘的方法进行预测。由近 10 年数据统计，吉林省年均总产值为 13 803.31 亿元，其中年均工业产值为 6 492.93 亿元，占总产值的 47.04%。万元工业产值用水量以 2010 年的 20m³/万元为基础，随着工业节水技术的提高，万元生产总值用水量也逐年减少 1~2m³/万元。由各规划水平年生产总值预测结果及各个行政区工业用水所占比例，可以预测各规划水平年的工业需水量（表 4-1-4）。

表 4-1-3 基准年(2015年)人口数量与各规划水平年人口数量预测结果　　单位：万人

行政区		2015年	2020年	2030年
长春市	宽城区（部分）	21.86	22.13	23.27
	二道区	55.87	56.58	58.01
	绿园区	64.10	64.91	66.55
	南关区	66.45	67.29	68.99
	朝阳区	73.82	74.75	76.64
	农安县（部分）	2.00	2.03	2.080
	九台市	70.57	71.46	73.27
	双阳区	38.61	39.10	40.09
吉林市	昌邑区	62.75	63.54	65.15
	龙潭区	51.50	52.15	53.47
	船营区	49.58	50.20	51.48
	丰满区	18.71	18.95	19.42
	永吉县（部分）	41.92	42.45	43.52
四平市	伊通县（部分）	4.48	4.54	4.66
	公主岭市（部分）	25.97	26.30	26.96

表 4-1-4 基准年(2015年)工业需水量与各规划水平年工业需水量预测结果　　单位：$\times 10^8 m^3$

行政区		2015年	2020年	2030年
长春市	宽城区（部分）	0.096	0.109	0.139
	二道区	0.333	0.377	0.482
	绿园区	0.098	0.111	0.142
	南关区	0.088	0.100	0.127
	朝阳区	0.166	0.188	0.24
	农安县（部分）	0.009	0.01	0.013
	九台市	0.664	0.751	0.962
	双阳区	0.212	0.24	0.307
吉林市	昌邑区	2.354	2.663	3.409
	龙潭区（部分）	2.461	2.784	3.564
	船营区	2.181	2.468	3.159
	丰满区	3.244	3.67	4.698
	永吉县（部分）	0.052	0.059	0.075
四平市	伊通县（部分）	0.017	0.019	0.025
	公主岭市（部分）	0.233	0.264	0.337
总计		12.208	13.812	17.681

3. 农田灌溉需水量预测

农业灌溉需水是水资源消耗的重要部分,农田灌溉需水量主要考虑水田灌溉和菜田灌溉两部分,采用灌溉面积乘以灌溉定额的方法进行估算。根据《吉林省地方标准用水定额》(DB22/T 389—2014),拟定水田灌溉用水定额为 675m³/亩(1 亩≈666.67m²),菜田灌溉用水定额为 231m³/亩。《吉林省农业可持续发展规划(2016—2030 年)》中提到,截至 2030 年水田灌溉面积的年平均增长率约为 1.5%,菜田灌溉面积的年平均增长率约为 1%。但结合实际情况,吉林省中部城市水田发展规模已达上限,因此暂考虑维持现状,可以预测各规划水平年农田灌溉需水量(表 4-1-5)。

表 4-1-5 基准年(2015 年)农田灌溉需水量与各规划水平年农田灌溉需水量预测结果　　单位:×10⁸m³

行政区		2015 年	2020 年	2030 年
长春市	宽城区(部分)	0.237	0.242	0.252
	二道区	0.991	1.015	1.053
	绿园区	0.578	0.592	0.615
	南关区	1.647	1.685	1.750
	朝阳区	0.876	0.897	0.931
	农安县(部分)	0.010	0.011	0.011
	九台市	0.626	0.640	0.666
	双阳区	1.002	1.025	1.065
	小计	5.967	6.107	6.342
吉林市	昌邑区	0.568	0.581	0.604
	龙潭区	0.301	0.308	0.320
	船营区	0.334	0.342	0.355
	丰满区	1.783	1.825	1.895
	永吉县	2.895	2.963	3.076
	小计	5.881	6.019	6.249
四平市	伊通县(部分)	0.158	0.162	0.168
	公主岭市(部分)	0.465	0.475	0.494
	小计	0.623	0.637	0.662
合计		12.471	12.763	13.253

4. 生态需水量预测

由于近些年来城市化进程的加快,生态环境随之日趋恶化,为了实现社会的可持续发展,加强生态保护势在必行。为此,在水资源配置与管理的工作中,将生态用水作为重要组成部分进行全方位、多角度地预测。

生态需水量(杨志峰等,2004)主要包括河道内生态需水量与河道外生态需水量两部分,其中河道内生态需水量考虑河道蒸发需水量、河道渗漏需水量及河道生态基础流量 3 个部分,一般生态基础流量可以满足河道自净流量及输沙流量,因此二者在此次计算中不单独考虑。河道外生态需水量包括湖泊(包括水库)生态需水量、植被生态需水量和城市生态需水量 3 个部分。

1）河道内生态需水量

本次计算的河道内生态需水量由以下部分构成：

$$W_{RI} = W_B + W_E + W_S \tag{4-8}$$

式中，W_{RI} 为河道内生态需水量，$\times 10^4 \text{m}^3$；W_B 为河道内生态基础流量，$\times 10^4 \text{m}^3$；W_E 为河道蒸发需水量，$\times 10^4 \text{m}^3$；W_S 为河道渗漏需水量，$\times 10^4 \text{m}^3$。

其中河道内生态基础流量（W_B）采用经典水文学计算方法 Tennant 法（周振民等，2015）来计算各河段的生态需水量，它是由 Tennant 在 1976 年提出的，普遍适用于流量随季节变化明显的河流。该方法将基础流量分为汛期和非汛期两部分，并设定了 8 个评价等级，推荐河道内生态需水量采取以占河流流量的百分比作为标准（表4-1-6）。

表 4-1-6 Tennant 法确定河道内生态基础流量　　　　　　　　　　　　　　　　　　单位：%

月份 \ 河道内生态状况	最大值	最佳范围	极好	非常好	好	中	差	极差
4—9月	200	60~100	60	50	40	30	10	0~10
10月—次年3月	200	60~100	40	30	20	10	10	0~10

采用已知年份的降水量数据来推求径流数据，从而获得最小生态流量（表4-1-7）。

表 4-1-7 各流域现状水平年最小生态需水量　　　　　　　　　　　　　　　　　　单位：m³/s

现状水平年（2015年）	1月	2月	3月	4月	5月	6月	7月	8月	9月	10月	11月	12月
第二松花江流域	57.44	30.74	11.09	15.99	22.69	23.87	41.77	20.04	17.34	16.27	44.25	43.41
饮马河流域	0.17	0.16	0.10	0.33	0.10	1.23	2.74	1.46	1.07	0.69	1.65	0.58
伊通河流域	0.68	1.77	0.09	0.95	2.56	3.60	1.00	2.44	2.21	0.33	0.96	2.68

基于表 4-1-6，确定 4—9月取多年月平均流量的 30% 作为最小生态流量，10月—次年3月取多年月平均流量的 10% 作为最小生态流量，最后累加得到全年结果作为规划水平年的预测结果。预测 2020/2030 年河道内的最小生态流量，预测结果见表 4-1-8。

表 4-1-8 各流域规划水平年最小生态需水量　　　　　　　　　　　　　　　　　　单位：m³/s

规划水平年（2020/2030年）	1月	2月	3月	4月	5月	6月	7月	8月	9月	10月	11月	12月
第二松花江流域	48.55	50.25	20.42	24.95	29.25	32.73	37.84	44.91	25.52	18.47	55.88	52.25
饮马河流域	0.20	0.20	0.15	0.71	0.53	1.06	3.90	4.54	1.11	0.32	0.78	0.39
伊通河流域	0.75	0.73	0.29	0.34	0.24	0.35	0.91	1.08	0.54	0.36	1.05	0.94

河道蒸发需水量主要考虑枯水季节，当河槽内水面蒸发量远远大于降水量时，河道内接受其他途径的补给，来预留出部分水量维持河道内生态系统的正常运转（张茜，2017）；当蒸发量大于降水量时，河道蒸发需水量为二者的差值，否则为零。蒸发水量由各水文站检测到的蒸发量数据与河道对应面积相乘

得到,其中规划水平年的预测中水面蒸发量选用1980—2010年的多年平均值,第二松花江流域、饮马河流域、伊通河流域的年平均多水面蒸发强度分别为701.5mm、600.3mm、534.8mm,河道蒸发需水量计算结果见表4-1-9。

表4-1-9 各流域河道蒸发需水量

四级支流	五级支流	蒸发量 (mm)	降水量 (mm)	河长 (km)	河宽 (m)	河道蒸发需水量 ($\times 10^4 m^3$)
第二松花江流域	第二松花江干流	701.5	661.7	213.2	255.0	234.53
	温德河	701.5	672.6	52.0	54.0	8.11
	鳌龙河	701.5	632.5	61.6	9.5	4.04
	沐石河	701.5	538.7	98.7	8.7	13.99
	牤牛河	701.5	661.7	54.4	35.0	7.58
	团山子河	701.5	621.4	62.1	10.5	5.22
饮马河流域	饮马河干流	600.3	587.8	170.0	60.5	12.90
	雾开河	600.3	654.2	101.0	3.5	0
	双阳河	600.3	952.9	57.9	10.2	0
	岔路河	600.3	549.4	69.1	77.0	27.09
伊通河流域	伊通河干流	534.8	571.4	164.9	33.0	0
	新开河	534.8	545.1	127.1	15.6	0

河道渗漏需水量就是当河水位高于地下水位时,河水侧向渗漏补给地下水部分的水量,采用达西定律进行计算,研究区各流域河道渗漏需水量的计算结果见表4-1-10。

表4-1-10 各流域河道渗漏需水量　　　　　　　　　　　　　　　单位:$\times 10^4 m^3$

四级支流	五级支流	河道渗漏需水量	四级支流	五级支流	河道渗漏需水量
第二松花江流域	第二松花江干流	319.61	饮马河流域	饮马河干流	147.86
	温德河	159.28		雾开河	87.80
	鳌龙河	298.10		双阳河	50.40
	沐石河	91.54		岔路河	60.06
	牤牛河	63.36	伊通河流域	伊通河干流	164.37
	团山子河	106.15		新开河	126.79

在实际水资源的管理与使用中,当河道内非消耗性生产需水量大于生态基础需水量时,在最终供需平衡分析中可以不考虑这部分的重复量,最终得到河道内生态需水量预测结果(表4-1-11～表4-1-14)。

2)河道外生态需水量

河道外生态环境需水量主要考虑湖泊、植被两部分的生态环境需水量。

第一部分计算湖泊及水库生态环境需水量,研究区内湖泊主要包括松花湖、波罗泡,中(二)型以上的水库有太平池水库、新立城水库、石头口门水库、双阳水库、星星哨水库(表4-1-15)。最低生态水位法(徐志侠等,2006)确定湖泊生态环境需水量的计算公式如下：

$$W_{L\min} = kS(H_{\min} - H) \tag{4-9}$$

式中，$W_{L\min}$为湖泊最小生态需水量，$\times 10^4 \text{m}^3$；k为湖岸系数，是用来表明湖泊形状规则、反映湖岸植被种类及生长情况的系数；S为湖泊水面面积，km^2；$H_{\min}$为湖泊最低生态水位，m；H为湖底高程，m。

表 4-1-11　现状水平年 2015 年各流域河道生态需水量　　　　　　　　　　单位：$\times 10^4 \text{m}^3$

流域	河道内生态基础流量	河道蒸发需水量	河道渗漏需水量	河道内生态需水量
第二松花江流域	90 707.41	273.46	1 038.04	92 018.91
饮马河流域	2 707.57	39.98	346.12	3 093.67
伊通河流域	5 048.43	0	291.16	5 339.60
合计	98 463.41	313.44	1 675.33	100 452.18

表 4-1-12　规划水平年 2020/2030 年各流域河道生态需水量　　　　　　　　单位：$\times 10^4 \text{m}^3$

流域	河道内生态基础流量	河道蒸发需水量	河道渗漏需水量	河道内生态需水量
第二松花江流域	115 624.17	273.46	1 038.04	116 935.67
饮马河流域	3 682.78	39.98	346.12	4 068.88
伊通河流域	1 986.88	0	291.16	2 278.05
合计	121 293.83	313.44	1 675.33	123 282.60

表 4-1-13　现状水平年 2015 年各行政区河道内生态需水量　　　　　　　　单位：$\times 10^4 \text{m}^3$

行政区		河道内生态基础流量	河道蒸发需水量	河道渗漏需水量	河道内生态需水量
长春市	宽城区（部分）	492.78	0	39.64	532.42
	二道区	700.40	2.49	103.72	806.61
	绿园区	513.55	0	26.90	540.45
	南关区	912.39	0	66.97	979.36
	朝阳区	531.67	0	31.38	563.05
	农安县（部分）	190.72	0	8.72	199.43
	九台市	22 595.48	109.42	323.52	23 028.42
	双阳区	984.16	2.66	84.35	1 071.17
吉林市	昌邑区	11 573.05	20.00	147.24	11 740.29
	龙潭区	15 417.16	37.73	202.40	15 657.29
	船营区	9 250.12	13.94	114.87	9 378.93
	丰满区	13 966.52	94.51	148.51	14 209.54
	永吉县	19 202.90	32.70	271.75	19 507.35
四平市	伊通县（部分）	414.96	0	26.86	441.82
	公主岭市（部分）	1 717.55	0	78.50	1 796.05
合计		98 463.41	313.44	1 675.33	100 452.18

表 4-1-14 规划水平年 2020/2030 年各行政区河道内生态需水量　　　　　　　　　　　单位：×10⁴m³

行政区		河道内生态基础流量	河道蒸发需水量	河道渗漏需水量	河道内生态需水量
长春市	宽城区（部分）	216.77	0	39.64	256.41
	二道区	749.06	2.49	103.72	855.26
	绿园区	202.12	0	26.90	229.02
	南关区	370.20	0	66.97	437.18
	朝阳区	209.25	0	31.38	240.63
	农安县（部分）	75.06	0	8.72	83.77
	九台市	28 914.22	109.42	323.52	29 347.16
	双阳区	1 216.62	2.66	84.35	1 303.63
吉林市	昌邑区	14 752.13	20.00	147.24	14 919.37
	龙潭区	19 626.11	37.73	202.40	19 866.24
	船营区	11 791.07	13.94	114.87	11 919.88
	丰满区	17 797.47	94.51	148.51	18 040.49
	永吉县	24 534.27	32.70	271.75	24 838.72
四平市	伊通县（部分）	162.97	0	26.86	189.83
	公主岭市（部分）	675.97	0	78.50	754.46
合计		121 293.29	313.44	1 675.33	123 282.06

表 4-1-15 研究区湖泊生态环境需水量

名称	水面面积 $S(km^2)$	湖底高程 $H(m)$	湖岸系数 k	湖泊生态环境需水量（×10⁴m³）
松花湖	128.2	22.0	0.45	126.92
净月潭水库	3.9	12.0	0.5	2.34
太平池水库	34.3	8.4	0.5	14.44
新立城水库	54.1	4.5	0.5	12.17
石头口门水库	90.0	4.2	0.5	18.90
双阳水库	9.4	2.7	0.5	1.27
星星哨水库	10.3	3.5	0.5	1.80
总计	330.2			177.84

第二部分计算植被生态需水量（廖轶群，2012），首先确定植被类型及其覆盖面积。本次计算利用 ArcGIS 软件中的非监督分类及目视判读综合解译方法对遥感影像进行人工解译，根据实际调查情况划分土地使用类型，将其划分为草地、耕地、建设用地、林地、水体、无法判别 6 项（图 4-1-8），其中将草地与林地需水量划分为植被生态环境需水量。

根据水均衡原理，采用土壤-植物-大气连续系统的理论计算研究区内草地生态环境需水量，公式如下：

$$W_G = 1000(P-R)F + \Delta W \tag{4-10}$$

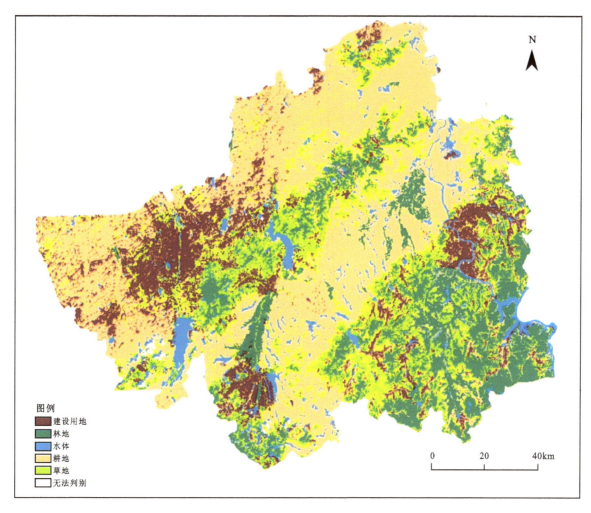

图 4-1-8 长吉经济圈土地使用类型划分

式中，W_G 是草地生态环境需水量，m^3；P 是降水量，mm；R 是径流深，mm；F 是草地面积(不包括市区草皮绿化面积)，km^2；ΔW 是土壤水变化量，m^3。

对多年平均草地生态环境需水量进行预测，各行政区草地需水量见表 4-1-16。

表 4-1-16 各行政区草地生态环境需水量

行政区		草地面积(km^2)	降水量(mm)	径流深(mm)	草地生态环境需水量($\times 10^4 m^3$)
长春市	宽城区(部分)	41.33	571.40	97.14	196.00
	二道区	280.94	587.30	117.46	1 319.98
	绿园区	38.49	571.40	97.14	182.53
	南关区	132.10	590.10	118.02	623.63
	朝阳区	45.44	590.10	118.02	214.51
	农安县	8.00	485.10	82.47	32.21
	九台市	432.78	587.80	129.32	1 984.22
	双阳区	300.26	642.60	154.22	1 466.42

续表 4-1-16

行政区		草地面积(km²)	降水量(mm)	径流深(mm)	草地生态环境需水量(×10⁴m³)
吉林市	昌邑区	121.64	632.50	158.13	577.05
	龙潭区	202.91	621.40	186.42	882.61
	船营区	135.72	567.00	153.09	561.75
	丰满区	143.20	661.70	198.51	663.31
	永吉县	618.06	719.90	215.97	3 114.57
四平市	公主岭市(部分)	49.66	545.10	119.92	211.16
	伊通县(部分)	62.11	598.17	149.54	278.64
总计		2 612.65			12 308.58

采用潜水蒸发法推算林地生态环境需水量,计算公式如下:

$$W_F = A \times \varepsilon \times K \tag{4-11}$$

式中,W_F 为林地生态环境需水量,m³;A 为林地面积,km²;ε 为潜水蒸发量,mm;K 为植被系数。经计算,各行政区林地需水量见表 4-1-17。

表 4-1-17 各行政区林地生态环境需水量

行政区		行政区面积(km²)	林地面积(km²)	潜水蒸发量(mm)	植被系数	林地生态需水量(×10⁴m³)
长春市	宽城区(部分)	303.60	0.75	556.00	0	0.01
	二道区	1 031.49	58.99	550.00	0.01	18.55
	绿园区	284.04	2.96	546.00	0	0.17
	南关区	519.76	94.17	550.00	0.02	93.84
	朝阳区	294.06	1.57	586.00	0	0.05
	农安县	90.15	0	496.00	0	0
	九台市	2 858.10	243.36	542.00	0.01	112.31
	双阳区	1 674.73	256.98	553.00	0.02	218.06
吉林市	昌邑区	858.02	154.36	628.00	0.02	174.39
	龙潭区	1 138.55	172.64	610.00	0.01	159.68
	船营区	685.21	129.11	620.00	0.02	150.83
	丰满区	1 037.93	566.89	585.00	0.05	1 811.31
	永吉县	2 609.96	766.09	498.00	0.03	1 119.84
四平市	伊通县(部分)	233.09	11.78	596.00	0.01	3.55
	公主岭市(部分)	949.96	2.88	496.00	0	0.04
合计		14 568.65	2 462.52			3 862.62

经过综合预测,研究区内河道外生态需水量见表 4-1-18,全区总河道外需水量为 1.63×10^8 m³。

表 4-1-18　各行政区河道外生态需水量汇总　　　　　　　　　　　　　　　　单位：×10⁴m³

行政区		湖泊	草地	林地	总河道外生态需水量
长春市	宽城区（部分）		196.00	0.01	196.01
	二道区		1 319.98	18.55	1 338.53
	绿园区		182.53	0.17	182.70
	南关区	14.51	623.63	93.84	731.98
	朝阳区		214.51	0.05	214.56
	农安县	14.44	32.21	0	46.65
	九台市	18.90	1 984.22	112.31	2 115.43
	双阳区	1.27	1 466.42	218.06	1 685.74
吉林市	昌邑区		577.05	174.39	751.43
	龙潭区		882.61	159.68	1 042.29
	船营区		561.75	150.83	712.58
	丰满区	126.92	663.31	1 811.31	2 601.53
	永吉县	1.80	3 114.57	1 119.84	4 236.21
四平市	伊通县（部分）		278.64	3.55	282.19
	公主岭市（部分）		211.16	0.04	211.20
合计		177.84	12 308.58	3 862.62	16 349.04

5. 生活需水量预测

生活需水量预测采用用水定额法（梁忠民等，2006）进行预估，即将城镇人口数、农村人口数分别与其用水定额相乘。居民用水定额则根据居民的用水现状、用水条件、供水方式、经济条件、用水习惯、发展潜力等情况进行调查分析，依据《吉林省地方标准用水定额》（DB22/T 389—2010）拟定农村生活用水定额为 50L/(人·d)，城镇人口用水定额为 120L/(人·d)，经计算，研究区内各行政区生活需水量预测结果见表 4-1-19。

表 4-1-19　各行政区生活需水量预测　　　　　　　　　　　　　　　　单位：×10⁸m³

行政区		2015 年	2020 年	2030 年
长春市	宽城区（部分）	0.078	0.078	0.082
	二道区	0.200	0.200	0.210
	绿园区	0.230	0.230	0.240
	南关区	0.240	0.240	0.250
	朝阳区	0.260	0.270	0.270
	农安县（部分）	0.007	0.007	0.007
	九台市	0.250	0.260	0.260
	双阳区	0.140	0.140	0.140
	小计	1.406	1.426	1.459

续表 4-1-19

行政区		2015 年	2020 年	2030 年
吉林市	昌邑区	0.230	0.230	0.230
	龙潭区	0.184	0.184	0.194
	船营区	0.180	0.180	0.190
	丰满区	0.070	0.070	0.070
	永吉县(部分)	0.149	0.149	0.159
	小计	0.813	0.813	0.843
四平市	伊通县(部分)	0.017	0.017	0.017
	公主岭市(部分)	0.092	0.092	0.100
	小计	0.109	0.109	0.117
合计		2.328	2.348	2.419

四、总需水量预测结果

首先对不同用水行业的需水量进行简单叠加,得到研究区总需水量预测结果(一),见表 4-1-20;以生态环境需水量(x_1)、农田灌溉需水量(x_2)、工业需水量(x_3)3 个因子为自变量,以总需水量(y)为因变量的需水量回归模型[式(4-6)],得到预测结果(二),见表 4-1-21。

表 4-1-20 研究区各行政区总需水量预测结果(一) 单位:$\times 10^8 m^3$

行政区		2015 年	2020 年	2030 年
长春市	宽城区(部分)	0.43	0.45	0.49
	二道区	1.66	1.73	1.88
	绿园区	0.92	0.95	1.01
	南关区	2.05	2.10	2.20
	朝阳区	1.32	1.38	1.46
	农安县(部分)	0.03	0.03	0.04
	九台市	1.75	1.86	2.10
	双阳区	1.52	1.57	1.68
	小计	9.69	10.07	10.86
吉林市	昌邑区	3.23	3.55	4.32
	龙潭区	3.05	3.38	4.18
	船营区	2.77	3.06	3.78
	丰满区	5.36	5.83	6.92
	永吉县(部分)	3.52	3.59	3.73
	小计	17.92	19.41	22.93

续表 4-1-20

行政区		2015 年	2020 年	2030 年
四平市	伊通县（部分）	0.53	0.54	0.56
	公主岭市（部分）	0.50	0.54	0.63
	小计	1.03	1.08	1.19
合计		28.64	30.56	34.99

表 4-1-21 研究区各行政区总需水量预测结果（二） 单位：$\times 10^8 m^3$

行政区		2015 年	2020 年	2030 年
长春市	宽城区（部分）	0.42	0.46	0.54
	二道区	1.62	1.76	2.06
	绿园区	0.91	0.98	1.15
	南关区	2.01	2.18	2.55
	朝阳区	1.30	1.41	1.65
	农安县（部分）	0.03	0.03	0.04
	九台市	1.72	1.86	2.18
	双阳区	1.49	1.62	1.89
	小计	9.50	10.29	12.06
吉林市	昌邑区	3.16	3.43	4.02
	龙潭区	2.99	3.24	3.80
	船营区	2.71	2.94	3.44
	丰满区	5.25	5.69	6.67
	永吉县（部分）	3.45	3.74	4.38
	小计	17.56	19.03	22.30
四平市	伊通县（部分）	0.51	0.56	0.65
	公主岭市（部分）	0.49	0.54	0.63
	小计	1.00	1.10	1.28
合计		28.07	30.42	35.64

经过对比分析，预测结果（二）中 2015 年的需水量预测结果与 2015 年的实际用水量更为接近，因此以表 4-1-21 的数据为最终结果。在规划水平年 2020 年、2030 年，研究区内需水量有较大幅度增长，若以目前用水规划及经济发展水平，预计在 2030 年总需水量将较 2015 年增加 26.97%。

第二节 水资源可供水量分析与预测

地表水可供水量与其兴建的供水工程息息相关，供水工程涉及蓄水工程、引水工程和提水工程。地下水可供水量则以地下水可开采量为依据，在地下水资源量评价的基础上，可核定地下水可开采量。

一、供水量现状分析

首先,根据 2010—2015 年长春市、吉林市水资源公报中所提供的数据,通过绘制三维柱状图对过去 6 年的供水量进行分析评价。供水来源主要分为地表水水源和地下水水源两种,其中地表水供水由配套建设的蓄水、引水、提水工程辅助完成,地下水供水主要来自潜水及承压水的开采,局部区域也存在跨流域调水及中水回用的供水途径。

图 4-2-1 为吉林市下辖 5 个行政区的逐年供水量统计,城内 4 个区(昌邑区、龙潭区、船营区、丰满区)与外围县级市(永吉县)的供水途径有所不同,吉林市城区沿松花江两岸而建,松花江城区段设有

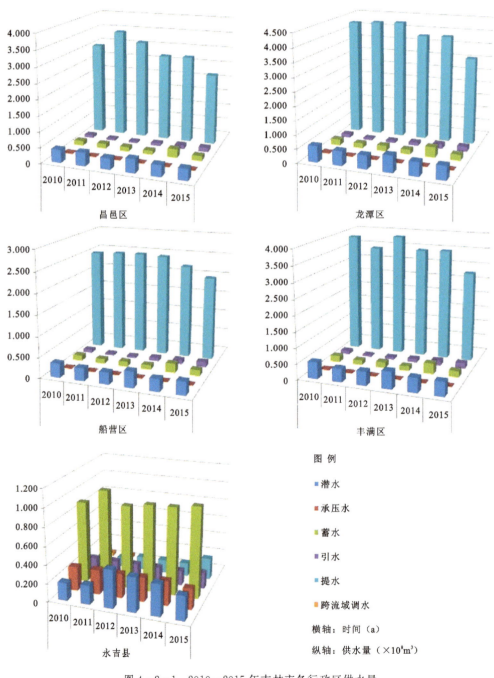

图 4-2-1 2010—2015 年吉林市各行政区供水量

40余个取水厍头,74.1%以上的供水由大型泵站及管道设施等提水工程来完成;其次为丰满水库蓄水,供水量占总量的9.48%。地下水供水以开采潜水为主,供水量占总量的11.64%。

图4-2-2为长春市内5个行政区的逐年供水量统计,其中蓄水工程供水量占最大比重,可达总供水量的58.65%,长春市区供水主要靠石头口门水库、新立城水库两大蓄水工程。2014年以后,长春市开始实施二次供水改造工程,使城区内的供水结构发生改变。2015年,"引松入长"工程跨流域调水向长春市区供水2亿多立方米,使蓄水、引水、跨流域调水逐渐成为长春市区的三大供水途径,比例分别可占总供水量的25.51%、30.67%、26.93%。

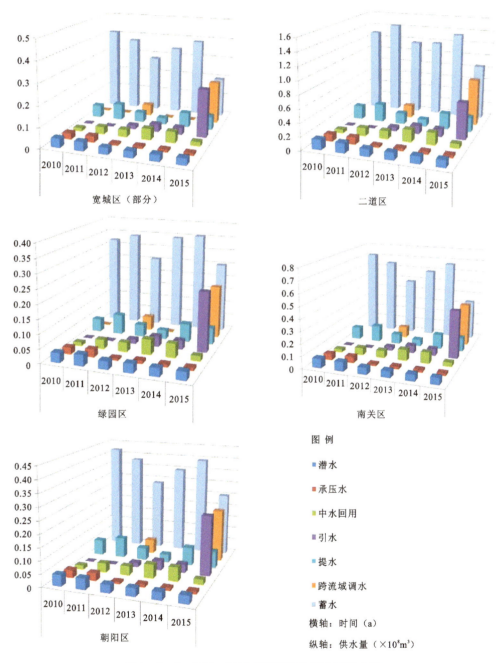

图4-2-2 2010—2015年长春市各行政区供水量

图4-2-3为长春市外3个县(市、区)的逐年供水量统计,其中潜水在这3个地区均为重要的供水水源,其次为地表水的蓄水及提水工程,三者供水比重分别为35.62%、40.99%、14.31%,各类供水工

程年际间供水量均有变化。

图4-2-4为其他行政区的逐年供水量统计,地下水为主要的供水水源,公主岭市和伊通县以地下水为主要供水水源。其中,公主岭市地下水源所占比重为61.05%,伊通县地下水源所占比重为79.01%。地表水供水途径则根据不同地区地表水资源的分布条件特征各有不同。

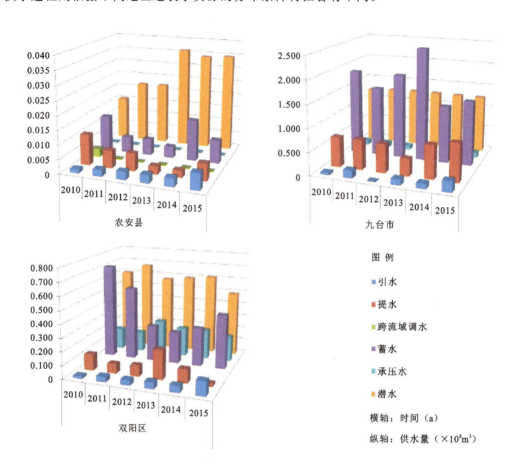

图4-2-3　2010—2015年长春市外各行政区供水量

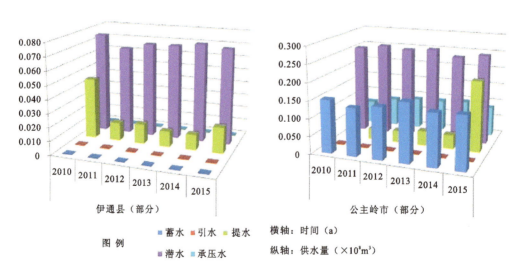

图4-2-4　2010—2015年其他各行政区供水量

二、可供水能力预测

可供水能力预测将地表水、地下水分开计算,地表水根据蓄水工程的设计供水能力以及引水、提水工程的净供水能力,另外考虑水利工程规划拟建设工程完成可供水量,地下水则按照可开采量进行核算,两部分综合预测。

1. 地表水供水能力预测

地表水可供水量的计算以各河系各类供水工程、各供水区组成的供水系统为调算主体,进行自上游到下游、先支流后干流的逐级调算。大型水库和控制面积大且供水量大的中型水库应采用长系列进行调节计算,得出不同水平年、不同保证率下的可供水量;其他中型水库和小型水库及塘坝工程可简化计算,如采用兴利库容乘复蓄系数估算;引水工程根据引水口的径流量、引提工程的能力以及需水要求计算可供水能力;规划工程要考虑与现有工程的联系,按照新的供水系统进行可供水量计算。

1)蓄水工程

蓄水工程对来水在时间和数量上进行重新分配,常用的计算方法有典型年调解法、长系列调算法、简化计算法。经过调查统计,长春市共建水库196座,吉林市共建水库594座,研究区内中(二)型以上水库共计17座,为区内主要蓄水工程(表4-2-1),综合考虑水库的兴利库容及复蓄系数,评价蓄水工程可供水量。其中,吉林市蓄水工程预测可供水量为$12.25\times10^8 m^3$,长春市为$3.93\times10^8 m^3$(表4-2-2)。

表4-2-1 研究区主要蓄水工程可供水量　　　　　　　　　　单位:$\times10^4 m^3$

行政区		名称	规模	总库容	兴利库容	可供水量
吉林市	丰满区	丰满水库	大型	1 098 800	616 400	111 480
		二道水库	中型	1035	900	612
	船营区	大绥河水库	中型	1538	1225	833
		胖头沟水库	中型	2214	1665	1132
	永吉县	星星哨水库	大型	26 500	9400	6392
		朝阳水库	中型	1480	970	660
		碾子沟水库	中型	1355	1245	847
		庙岭水库	中型	1010	837	569
长春市	长春市区	石头口门水库	大型	127 700	16 900	11 323
		新立城水库	大型	55 100	27 500	18 425
		净月潭水库	中型	2770	2487	1666
	双阳区	双阳水库	中型	7598	2150	1441
		黑顶子水库	中型	1532	545	365
	九台市	牛头山水库	中型	3240	1297	869
		柴福林水库	中型	1440	661	443
		五一水库	中型	5543	1464	981
	农安县	太平池水库	中型	16 526	5700	3819

2）引水工程

长春市是一座本地水资源短缺的城市,自 2000 年建成跨流域"引松入长"一、二期调水工程(二期为应急工程)(吉林省水文水资源局,2009),长春市区的供水能力大大提高,同时农安县由松城引水,榆树市、德惠市、双阳区主要开采地下水,九台区由石头口门水库引水,现状水平年长春市设计引水工程供水量为 $3.25\times10^8 m^3$;待吉林省中部城市引松供水工程全线贯通后,设计水平年 2020 年将完成引水量 $5.83\times10^8 m^3$,远景水平年 2030 年将完成引水量 $6.92\times10^8 m^3$。而对于吉林市而言,所在研究区内未规划新的引水工程,故 2020 年、2030 年的地表水可供水能力几乎与现状水平年地表水可供水能力一致,因此吉林市现状水平年及规划水平年的引水工程供水量为 $0.77\times10^8 m^3$。

3）提水工程

截至目前,长春市建有万亩以上灌区 28 处,其中 30 万亩以上的大型灌区 3 处,共建有机电站 935 座,所在的研究区内提水工程可完成供水量 $1.41\times10^8 m^3$。吉林市设计建成 100kW 以上的电灌站百余处,直接灌溉水田面积可达 66.9 万亩,设计供水量可达 $10.57\times10^8 m^3$。

根据长吉经济圈水利工程建设未来发展规划对研究区内供水量进行预测,对于未进行规划的供水工程暂时认为未来与现状地表水的可供水能力相同(表 4-2-2)。

表 4-2-2 规划水平年地表水可供水能力预测 单位:$\times10^8 m^3$

行政区	供水水源	2020 年	2030 年
长春市	蓄水	3.93	3.93
	引水	5.83	6.92
	提水	1.41	1.41
吉林市	蓄水	12.25	12.25
	引水	0.77	0.77
	提水	10.57	10.57
总供水量		34.76	35.85

2. 地下水供水能力预测

地下水可供水能力即为地下水允许开采量,通过计算可确定研究区各流域地下水资源现状水平年可开采量为 $6.62\times10^8 m^3$,地下水可供水量一般不随保证率变化,各水平年可供水量相对比较稳定,则地下水供水量预测成果见表 4-2-3。

表 4-2-3 地下水可供水能力预测

分区		地下水允许开采系数	地下水允许开采量($\times10^4 m^3$)
第二松花江流域	第二松花江干流区	0.75	11 066.79
	沐石河区	0.72	2 542.73
	鳌龙河区	0.70	7 644.00
	温德河区	0.71	2 609.45
	团山子河区	0.70	1 376.05
	牤牛河区	0.72	838.61

续表 4-2-3

分区		地下水允许开采系数	地下水允许开采量（×10⁴m³）
饮马河流域	饮马河干流区	0.74	10 430.29
	雾开河区	0.71	3 780.93
	双阳河区	0.71	5 520.37
	岔路河区	0.72	2 545.21
伊通河流域	伊通河干流区	0.74	7 295.67
	新开河区	0.72	10 579.38
合计			66 229.48

为了便于与需水量对比进行水资源供需平衡分析，将地表水、地下水可供水量分别按照行政区进行核算，计算得出 2015 年地表水供水量为 $32.18×10^8 m^3$，地下水可供水量为 $6.623×10^8 m^3$，可供水总量为 $38.803×10^8 m^3$。预测得到 2020 年和 2030 年可供水总量分别为 $41.383×10^8 m^3$ 和 $42.473×10^8 m^3$，计算结果见表 4-2-4。

表 4-2-4　各行政区规划水平年可供水量分析预测　　　　　　单位：$×10^8 m^3$

行政区		2015 年		2020 年		2030 年	
		地表水	地下水	地表水	地下水	地表水	地下水
长春市	宽城区	0.344	0.233	0.447	0.233	0.491	0.233
	二道区	1.323	0.532	1.72	0.532	1.888	0.532
	绿园区	0.737	0.162	0.959	0.162	1.052	0.162
	南关区	1.634	0.250	2.125	0.250	2.332	0.250
	朝阳区	1.056	0.172	1.373	0.172	1.507	0.172
	农安县	0.025	0.053	0.032	0.053	0.036	0.053
	九台市	1.397	1.491	1.817	1.491	1.994	1.491
	双阳区	1.215	0.702	1.58	0.702	1.734	0.702
吉林市	昌邑区	4.24	0.493	4.24	0.493	4.24	0.493
	龙潭区	4.007	0.486	4.007	0.486	4.007	0.486
	船营区	3.634	0.375	3.634	0.375	3.634	0.375
	丰满区	7.038	0.202	7.038	0.202	7.038	0.202
	永吉县	4.624	0.775	4.624	0.775	4.624	0.775
四平市	伊通县	0.598	0.072	0.768	0.072	0.84	0.072
	公主岭市	0.308	0.625	0.396	0.625	0.433	0.625
合计		32.18	6.623	34.76	6.623	35.85	6.623
总计		38.803		41.383		42.473	

第三节 水资源供需平衡分析

水资源往往以行政区为计算单元进行规划、开发、利用,因此做水资源供需平衡分析时首先要将预测的供、需水量按照行政区进行核算、划分。在此基础上,通过中期、远期规划水平年的供水量与需水量做差,可以得到各行政区水资源供需平衡关系(表4-3-1)。

表4-3-1 各行政区水资源供需平衡分析　　　　　　　　单位:$\times 10^8 \text{m}^3$

行政区		2015年	2020年	2030年
长春市	宽城区	0.155	0.222	0.187
	二道区	0.230	0.491	0.357
	绿园区	−0.006	0.140	0.065
	南关区	−0.123	0.199	0.033
	朝阳区	−0.070	0.139	0.031
	农安县	0.047	0.052	0.049
	九台市	1.172	1.448	1.306
	双阳区	0.425	0.665	0.541
吉林市	昌邑区	1.570	1.305	0.717
	龙潭区	1.504	1.254	0.697
	船营区	1.298	1.071	0.567
	丰满区	1.990	1.550	0.573
	永吉县	1.950	1.661	1.019
四平市	伊通县(部分)	0.155	0.282	0.258
	公主岭市(部分)	0.438	0.485	0.430
合计		10.733	10.963	6.833

由表4-3-1可以看出,现条件下由于长春市区自身水资源条件匮乏,因此长春市区存在不同程度的缺水;吉林市等地水资源较为丰富并没有出现缺水情况,随着"引松入长"等大型引水工程的出现,未来长春市区将不会出现缺水的状况。因此,应充分考虑生态环境可持续发展,保障社会经济稳步上升,做好水利工程规划,保证人民生活有序进行,从而对研究区内水资源进行合理的配置。

第五章　长吉经济圈水资源合理配置

本章对水资源合理配置做出了直观化、可视化、系统化的展示，借助 MIKE BASIN 软件模拟平台，根据研究区供水、用水特征及供需关系，概括了水资源系统引水、用水框架，以此为基础建立了水资源配置模拟模型进行量化计算，在反复调试、验证模型的基础上对模拟结果进行分析，并统筹考虑了研究区内基础生态需水量、水权分配优先原则、不同水功能区的水资源安全属性等因素，分别以供水效益最大化、生态效益最大化、经济效益最大化为目标，以"三条红线"和最严格的水资源管理制度等为约束，提出了有利于长吉经济圈长足发展的水资源合理配置方案。

第一节　MIKE BASIN 模型的构建过程

一、获取 DEM 地表高程模型

根据研究区边界勾绘模型边界，利用 Arcgis - Analysis - Exaction 工具对 DEM 进行剪切。研究区数字高程模型 DEM(图 5-1-1)的空间精度为 90m×90m，采用 WGS1984 投影坐标系。

二、子流域划分

从 ArcGIS 中打开 MIKE BASIN 模块，创建一个新的地理数据库。点击模型中所含的河流上游端点，模型会根据水流走向在每个河段上、下游会自动添加流域节点，创建子流域，将细小支流生成的流域以五级流域分区为基本单位进行合并(图 5-1-2)。

三、添加用水户、水库等要素

按照取水实际位置添加用水户，多个取水牢头密集的河段可概括成一个用水户。将同一行政区内居民生活用水、城市公共用水、生态环境用水概括为一类用水户，将农业灌溉用水、林牧渔畜用水概括为一类用水户，工业用水单独列出，结果见图 5-1-3。模型模拟期为 2001—2015 年，时间步长为 1 个月，预测期为 2016—2030 年。

第二节　数据处理及生成时间序列

一、降水量、径流数据的处理及输入

按要求模型处理降水量、径流量及地下水开采量的原始数据，生成符合模型要求的时间序列，之后依次导入模型中(图 5-2-1，以饮马河子流域为例)。

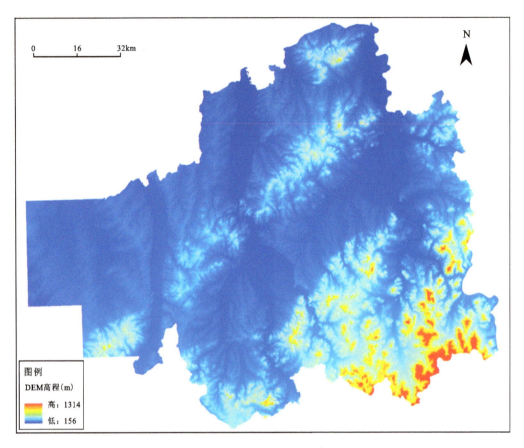

图 5-1-1 研究区 DEM 高程

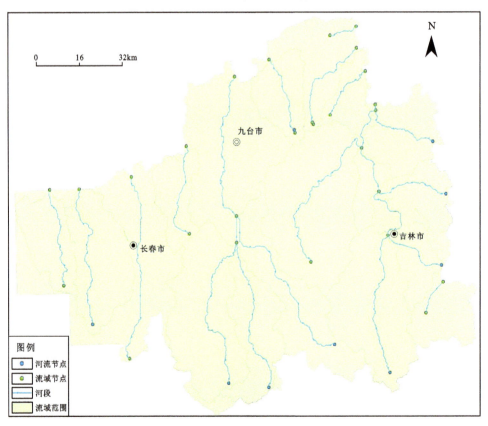

图 5-1-2 研究区创建模型子流域

第五章　长吉经济圈水资源合理配置

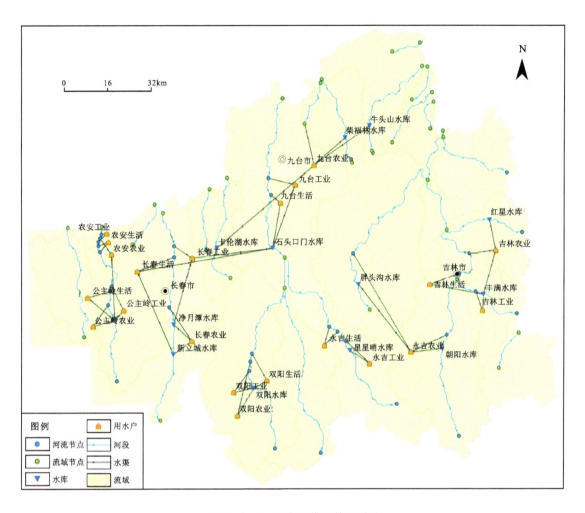

图 5-1-3　研究区模型外观展示

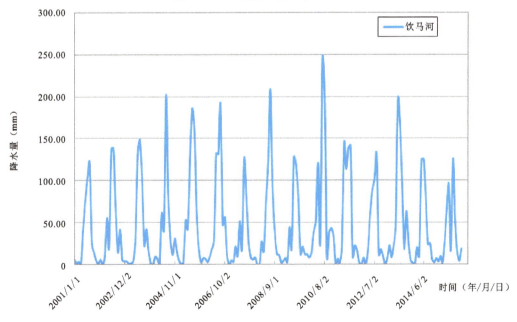

图 5-2-1　饮马河子流域降水量时间序列

二、用水户数据的处理及输入

用水户时间序列中包括4个参数，其中需水量（water demand）为满足用水户所需水量；累积缺水比例（deficit carry-over fraction）为从一个时间步长到下一个时间步长的缺水比例。对于地下水，所有用水户有相同的优先权，获得同样比例的需水量。一个特定的地下水用水户只能由一个子流域供水。回水规则以回水百分比，即以时间序列的形式给出。

三、水库数据处理及输入

研究区主要有大、中型水库14个，其中大型水库5个，中型水库9个。各水库参数见表5-2-1和表5-2-2）。

表5-2-1 研究区内大、中型水库特征水位　　　　　　　　　　　　　　　　　　　单位：m

水库名称	所在流域	死水位	防洪水位	正常水位	底部高程	坝顶高程
石头口门水库	饮马河	184	189	187.5	180	194
新立城水库	伊通河	210.8	220.48	218.83	208	224
太平池水库	新开河	181	186.5	183.73	176	188
双阳水库	双阳河	209	218	216.4	205	221
卡伦湖水库	雾开河	208	212.8	210.5	206	216.8
净月潭水库	小台河	230.22	234	232	229	236
牛头山水库	三岔河	189.5	194	192	188	197
柴福林水库	沐石河	208.1	215	213	205	216.5
丰满水库	第二松花江干流	242	266.79	261	186	267.7
星星哨水库	岔路河	236	248.2	245.5	233	255
胖头沟水库	搜登沟河	232.89	246.5	244	232	250
朝阳水库	温德河	368.5	381	379.8	366	382.4
大绥河水库	大绥河	222.2	231.37	230	220	233
红星水库	牤牛河	339	351.37	350	338.5	352.2

表5-2-2 研究区内大、中型水库特征库容　　　　　　　　　　　　　　　　　　　单位：×10⁴m³

水库名称	死库容	汛限库容	兴利库容	正常库容	总库容
石头口门水库	9800	23 000	34 100	42 500	126 400
新立城水库	7663	18 990	30 117	36 890	84 095
太平池水库	1200	4200	9500	14 700	17 500
双阳水库	500	900	2150	3500	7780
卡伦湖水库	600	1550	2700	3500	4180
净月潭水库	1000	2065	2775	2920	3620
牛头山水库	274	678	1076	1397	3004

续表 5-2-2

水库名称	死库容	汛限库容	兴利库容	正常库容	总库容
柴福林水库	120	296	470	610	1312
丰满水库	17 629	214 335	490 483	676 538	1 282 554
星星哨水库	2299	5697	9035	11 067	26 500
胖头沟水库	84	555	1353	1743	2542
朝阳水库	160	348	621	739	1480
大绥河水库	192	449	753	943	1426
红星水库	214	459	680	804	1133

四、确定用水户优先权

在模拟模型中,先按照研究区内实际用水情况进行用水户优先权分配(表 5-2-3),预测模型中则按照不同效益目标,调整用水户的用水优先权,在不同的水资源配置方法中优选出最益于民生、社会、经济发展的方案。

表 5-2-3 模拟模型中用水户优先权分配

次序 \ 水源	新立城水库	石头口门水库	丰满水库	第二松花江（阿什屯至马家屯区段）
1	长春生活用水	长春生活用水	吉林生活用水	长春生活用水
2	长春农业用水	九台生活用水	吉林农业用水	永吉生活用水
3	长春工业用水	长春农业用水	吉林工业用水	吉林农业用水
4		长春工业用水		吉林工业用水
5		九台工业用水		

第三节 模型的运行结果与分析

一、模型验证

本次选取农安站、德惠站、二松站 3 个省级重点水文站的 2005—2013 年实测径流数据,与研究区内伊通河、饮马河、第二松花江流域汇流前换算面积比后的河段径流数据进行拟合及误差分析,结果见图 5-3-1 至图 5-3-3,相对误差分别为 12.95%、19.76%、13.80%。从拟合结果来看出,模拟径流过程线与实测过程拟合结果精准,说明模型建立过程中定义的用水户特征、水库的调度过程、地下水模块的参数选取较为准确且具有代表性,能够准确地概括研究区水资源系统的基本结构和用水过程,可以以此为基础进行规划水平年水资源配置结果的预测以及不同配置方案的优选工作。

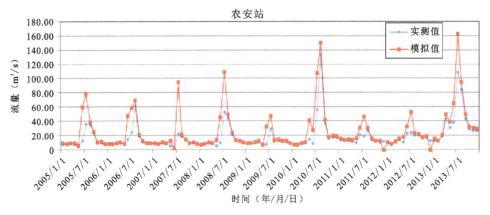

图 5-3-1 农安站 MIKE BASIN 模拟值与实测值拟合图

图 5-3-2 德惠站 MIKE BASIN 模拟值与实测值拟合图

图 5-3-3 二松站 MIKE BASIN 模拟值与实测值拟合图

二、验证结果分析

本次模型中共划分流域 40 个,构建用水户 20 个,添加水库 14 个,设置用水户优先权 15 个,回水规则 20 个,调取时间序列 205 条,输入数据量高达 36 900 个,通过模拟结果与实测结果的对比验证,证明该模型准确、可信。模型输出结果中包括87个河流节点的流量,20个用水户的用水量和缺水量、地下水用水量,14个水库的水位和库容,132个河段的水位及流量,共计253条时间序列,输出数据45 540个。由于输出结果数据量庞大,这里只挑选出用水户缺水及河道水位过低等情况进行分析。

1. 用水户缺水情况

东北地区农业用水集中在5—9月,期间可能存在缺水情况。通过模型计算,长春市、公主岭、农安、永吉、九台、双阳农业用水均存在阶段性短缺的情形,多年年平均缺水量分别为 $1\,180.38\times10^4\,m^3/a$、$242.36\times10^4\,m^3/a$、$5.86\times10^4\,m^3/a$、$271.57\times10^4\,m^3/a$、$481.66\times10^4\,m^3/a$、$284.04\times10^4\,m^3/a$。缺水情况与水稻种植的发展规模密切相关,自2010年开始许多地区进行水改旱的种植结构调整,使近年来农业缺水状况有所改观。

生活与工业用水存在阶段性短缺。多年年平均缺水量为公主岭工业用水缺 $180.08\times10^4\,m^3/a$,生活用水缺 $114.18\times10^4\,m^3/a$;农安工业用水缺 $5.129\times10^4\,m^3/a$,双阳生活用水缺 $222.99\times10^4\,m^3/a$,永吉生活用水缺 $40.87\times10^4\,m^3/a$。主要缺水时段为前一年11月至次年2月。研究区主要为地表水供水,由于研究区冬天地表水径流量减少,供水能力下降,只能依靠水库上一年的蓄水,因而会出现缺水情况,而且农业灌溉期也对工业用水产生影响。

2. 取水对环境的影响

取水后对生态环境造成影响,最小生态流量4—9月取流量的30%,10月到次年3月取流量的10%,图5-3-4、图5-3-5、图5-3-6分别表示伊通河、饮马河、第二松花江干流模拟结果中各月扣除最小生态流量后的多余水量和水量不足情况。

研究区各用水户现状条件下用水较为合理,但依然存在不同等级的风险。近年随着需水量越来越大,饮马河流域年初1—3月最小生态流量不足。饮马河石头口门水库下游流量骤减,德惠、九台以及长春的工业和生活取用饮马河水,且下游有许多排污口,河流水质因此恶化,降低了基本的生态功能。伊通河由于用水户用水量相对较少,基本未破坏河流的生态基流。第二松花江干流水量充沛,极少出现最小生态流量不足的状况。

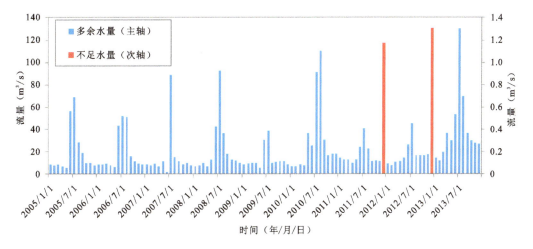

图5-3-4 伊通河模拟结果中各月最小生态基流量多余和不足

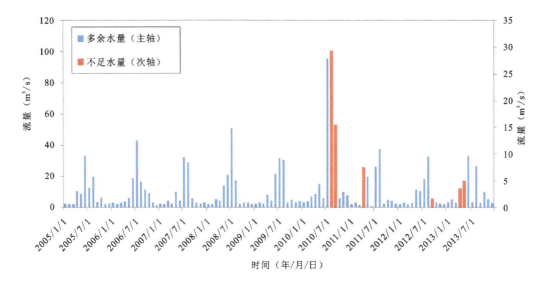

图 5-3-5 饮马河模拟结果中各月最小生态基流量多余和不足

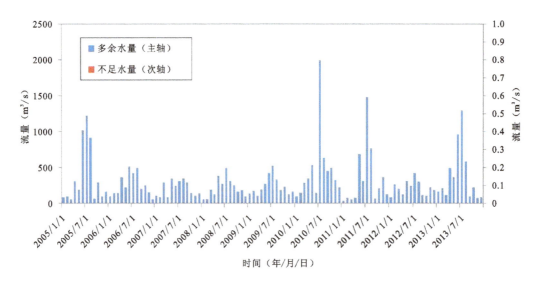

图 5-3-6 第二松花江干流模拟结果中各月最小生态基流量多余和不足

3. 地表水与地下水利用

地表水是研究区内的主要供水水源,占总供水量的86.34%,地下水占总供水量的9.60%,缺水比例占总用水需求的4.06%。吉林工业用水量最大,年均高达$12.37×10^8 m^3$,农安县(部分)用水量最低,年均用水量仅$0.049×10^8 m^3$。九台农业缺水量可达$0.48×10^8 m^3$。双阳生活用水中地下水用水量为$0.068×10^8 m^3$,九台生活用水量中地下水用水量为$0.055×10^8 m^3$,**两地地下水用水量所占总用水量的比例最大。**

第四节 合理配置方案

1. 方案一：供水效益最大化

为了缓解吉林省中部地区用水紧张的状况，2013年12月吉林省开始建设"吉林省中部城市引松供水工程"（图5-4-1）。根据"吉林省中部城市引松供水工程"的设计，规划水平年2020年多年平均引水量为$7.31\times10^8m^3$，远期水平年2030年多年平均引水量为$8.66\times10^8m^3$。依托引水工程的建设，结合未来城市需水状况，提出水资源配置方案，实现供水效益最大化。以丰满水库输水口设计引水流量为$38m^3/s$作为约束条件，给出水资源合理配置图（图5-4-2），并调整模型的相关变量进行模拟，模拟时间为2016—2030年，时间步长为1个月。按照城市需水量及调整后的供水结构对研究区未来15年进行供需水配置，至2030年研究区内不再缺水。以长春市生活、农业、工业用水户水资源配置，多水源取水用水户各取水节点取水情况见图5-4-3至图5-4-5。

方案一的优点在于最大限度地调用地表水资源，在地表水、地下水联合配置的基础上全面满足未来用水户的需求，以此缓解部分地区用水紧张的状况；但缺点在于满足各个地区缺水情况后，伊通河流域和饮马河流域用水量得到一定的缓解，但对第二松花江流域河流最小生态流量可能会产生影响。

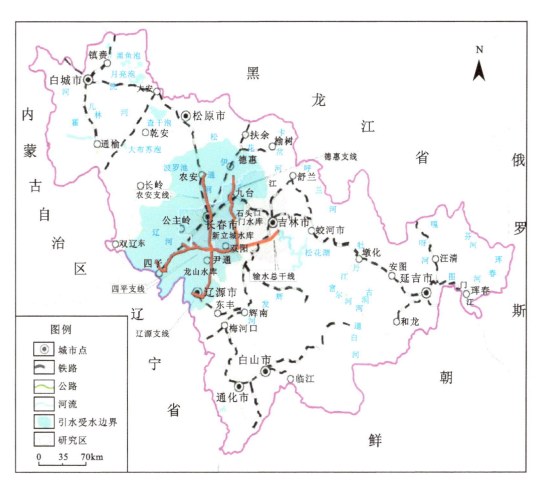

图5-4-1 吉林省中部城市引松供水工程受水区示意图

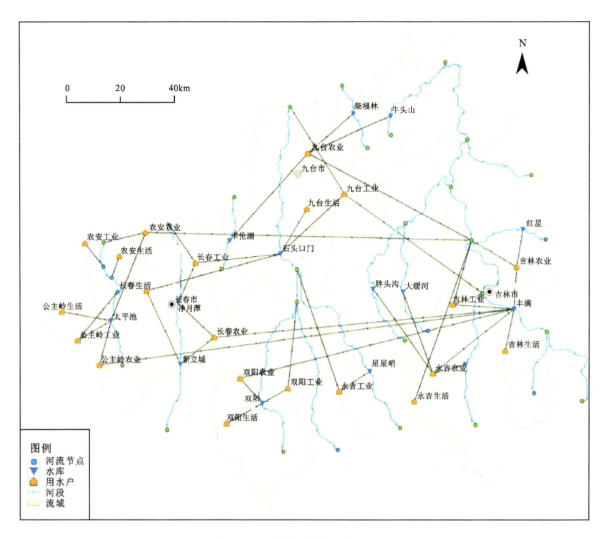

图 5-4-2 研究区水资源合理配置图

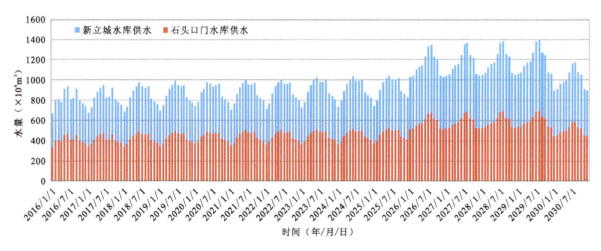

图 5-4-3 研究区长春市生活用水户水资源配置结果

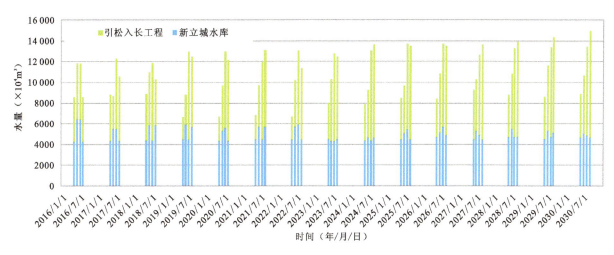

图 5-4-4　研究区长春市农业用水户水资源配置结果

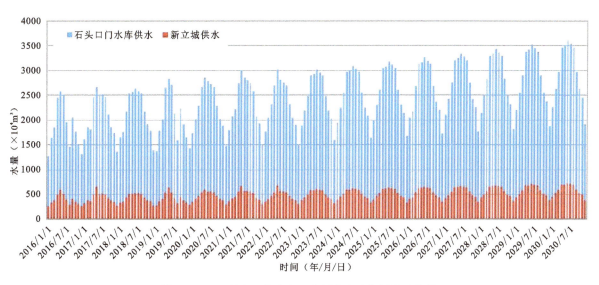

图 5-4-5　研究区长春市工业用水户水资源配置结果

2. 方案二：考虑生态基流量的供水效益

方案二是在方案一的基础上考虑河流生态基流量，调整现有的供水结构，使用水户基本需水量得到满足的水资源配置方案。从图 5-4-6 中可以看出该方案实施后，第二松花江流域基流量得到满足，但是模拟结果显示 2030 年相应的公主岭工业和农业、双阳工业、农安工业、九台农业部分月份也出现缺水。公主岭工业缺水量为 $170.42\times10^4 m^3$，较丰满水库调水前减少 $113.61\times10^4 m^3$；公主岭农业缺水量为 $481.19\times10^4 m^3$，较调节前减少 $1\,122.78\times10^4 m^3$；双阳工业缺水量为 $219.08\times10^4 m^3$，比调节前减少 $1\,460.05\times10^4 m^3$；部分农安工业缺水量为 $19.15\times10^4 m^3$，比调节前减少 $57.04\times10^4 m^3$；2030 年九台农业缺水量为 $1\,888.40\times10^4 m^3$，较调节前减少 $4\,405.43\times10^4 m^3$。

方案二的优点在于保证流域满足生态基流量的同时，紧密与政府规划建设水利工程项目相结合，最大限度地调用地表水资源，以此缓解部分地区用水紧张的状况。

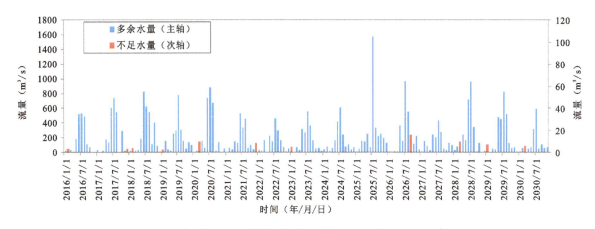

图 5-4-6　第二松花江流域模拟结果中各月最小生态基流量多余和不足

3. 方案三：考虑地下水供水能力的供水方案

方案三是在方案二的基础上，兼备考虑各区的地下水供水能力，对部分用水户的供水水源进行调整，对用水量进行约束，确保河道最小生态流量满足基本要求。根据九台市地下水开采量预测，地下水开采量超过了该地区的地下水允许开采量，需要调整供水结构，供水水源应适当地改为地表水供应；双阳区也需要稍作调整；农安县需要减少地下水的开采量，以保证供水安全；长春市区和永吉县在一定的范围内也可适当地增加地下水的利用量；重新调整供水结构使地下水利用量小于或等于多年平均地下水允许量，河道流量大于最小生态流量的水资源利用量，进而实现区域用水生态效益最大化的目标。

模拟结果表明：减少双阳工业、农安工业以及九台农业和工业部分地下水开采量，建议双阳区、九台区、农安县工业用水年均分别减少 $199.80\times10^4\,m^3$、$409.51\times10^4\,m^3$、$1.57\times10^4\,m^3$，九台农业用水年均减少 $106.19\times10^4\,m^3$，增加永吉农业用水地下水用水比例，以减少第二松花江流域的引水量，永吉农业年均可增加地下水量 $718\times10^4\,m^3$。

4. 方案四：经济优先方案

方案四是在方案二的基础上调整用水户优先权，在保障生活用水、生态用水的基础上，让所有供水水源优先为工业用水户供水，调整后工业用水户的优先权见表 5-4-1。

表 5-4-1　调整工业用水户优先权

用水优先权 \ 水源地	新立城水库	石头口门水库	丰满水库	第二松花江（阿什屯至马家屯区段）
1	长春生活用水	长春生活用水	吉林生活用水	长春生活用水
2	长春工业用水	九台生活用水	吉林工业用水	永吉生活用水
3	长春农业用水	长春工业用水	吉林农业用水	吉林工业用水
4		九台工业用水		吉林农业用水
5		长春农业用水		

经济优先发展会使工业用水户的水资源需求得到全面满足，同时带来明显的经济增长。按照工业用水万元产值进行反向估算，《吉林省地方标准用水定额》中万元工业产值用水量为 $50.151\,m^3/万元$，根

据方案四对比优化配置前，2016—2030年双阳、公主岭、农安3个行政区年均分别增加工业经济产值为28.35亿元、22.05亿元、3.72亿元，各年增长情况见图5-4-7。

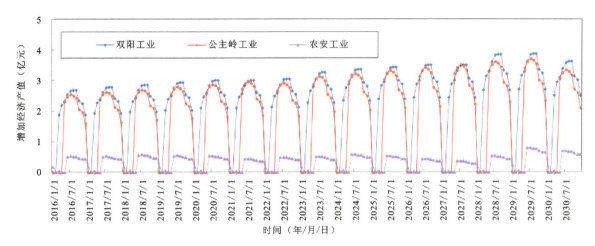

图5-4-7 水资源优化配置后工业经济产值增加情况

但是优先发展工业势必会造成生活用水、生态用水与农业用水紧缺，模拟结果显示，农业用水会受到部分影响，2016—2030年5—8月农业用水期与预测需水量相比，九台区、公主岭市及长春市区月平均用水缺口将分别达到 $59.79\times10^4 m^3$、$15.24\times10^4 m^3$、$61.58\times10^4 m^3$，该方案下用水户的缺水情况见图5-4-8。但是农业供水水平均高于现状条件，因此农业生产缩水程度较小，并不会引起农业大幅度减产等恶性结果。

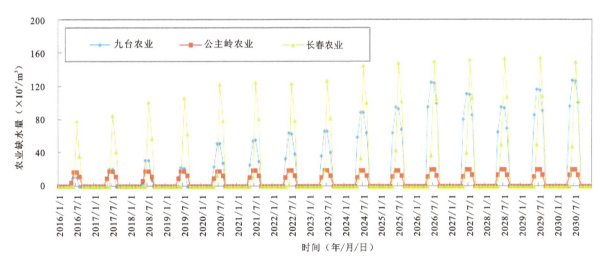

图5-4-8 用水优先权调整后的农业缺水情况

5. 方案五：基于用水量和用水效率双约束下的供水方案

方案五在方案二的基础上充分考虑了用水量和用水效率，提高用水效率，以降低工业用水定额、提高农业灌溉水利用系数进行水资源配置。研究区的用水结构主要是地表水、地下水。以地表水可供水量、地下水可开采量作为用水量的上限值，在保证生产、生活、生态建设的前提下，将用水量控制在允许范围内。规划水平年用水总量控制指标见表5-4-2。在控制用水总量的同时，保证万元工业增加值用水量符合《全国水资源综合规划》的用水定额，控制指标见表5-4-3。

表 5-4-2 研究区规划水平年用水总量控制指标　　　　　　　　　　　　　　　　　　　　单位：×10⁸m³

行政区		2015年		2020年		2030年	
		地表水	地下水	地表水	地下水	地表水	地下水
长春市	宽城区	0.344	0.228	0.447	0.228	0.491	0.228
	二道区	1.323	0.520	1.720	0.520	1.888	0.520
	绿园区	0.737	0.158	0.959	0.158	1.052	0.158
	南关区	1.634	0.244	2.125	0.244	2.332	0.244
	朝阳区	1.056	0.168	1.373	0.168	1.507	0.168
	农安县	0.025	0.052	0.032	0.052	0.036	0.052
	九台市	1.397	1.457	1.817	1.457	1.994	1.457
	双阳区	1.215	0.686	1.580	0.686	1.734	0.686
吉林市	昌邑区	4.240	0.482	4.240	0.482	4.240	0.482
	龙潭区	4.007	0.475	4.007	0.475	4.007	0.475
	船营区	3.634	0.366	3.634	0.366	3.634	0.366
	丰满区	7.038	0.197	7.038	0.197	7.038	0.197
	永吉县	4.624	0.757	4.624	0.757	4.624	0.757
四平市	伊通县	0.598	0.070	0.768	0.070	0.840	0.070
	公主岭市	0.308	0.611	0.396	0.611	0.433	0.611
小计		32.180	6.471	34.760	6.471	35.850	6.471
合计		38.651		41.231		42.321	

表 5-4-3 规划水平年用水效率控制指标

规划水平年	2015年	2020年	2030年
万元生产总值用水量(m³)	80	65	40

模型运行后,到 2020 年时吉林市工业缺水量为 2397×10⁴m³,其余地区不缺水;到 2030 年时,长春市工业、九台工业、双阳农业与工业、公主岭工业以及吉林市工业和农业出现一定程度上的缺水,其余地区不缺水。不同规划水平年水资源配置方案见表 5-4-4 和表 5-4-5。

表 5-4-4 双约束下 2020 年各行政区水资源配置方案　　　　　　　　　　　　　　　　　单位：×10⁸m³

行政区		生活	工业	农业	生态	小计
长春市	宽城区	0.075	0.108	0.242	0.019	0.444
	二道区	0.192	0.376	1.014	0.133	1.716
	绿园区	0.256	0.110	0.591	0.018	0.976
	南关区	0.269	0.099	1.685	0.073	2.125
	朝阳区	0.305	0.187	0.896	0.021	1.410
	农安县	0.004	0.010	0.010	0.004	0.028

续表 5-4-4

行政区		生活	工业	农业	生态	小计
长春市	九台市	0.176	0.751	0.640	0.211	1.778
	双阳区	0.098	0.239	1.025	0.168	1.530
吉林市	昌邑区	0.152	3.059	0.581	0.075	3.867
	龙潭区	0.196	3.796	0.307	0.104	4.403
	船营区	0.168	1.512	0.342	0.071	2.093
	丰满区	0.071	2.379	1.824	0.260	4.534
	永吉县	0.147	0.058	2.962	0.423	3.591
四平市	伊通县	0.015	0.019	0.475	0.028	0.536
	公主岭市	0.092	0.209	0.107	0.021	0.429
总需水量		2.216	12.914	12.702	1.628	29.461

表 5-4-5　双约束下 2030 年各行政区水资源配置方案　　　　单位：$\times 10^8 \mathrm{m}^3$

行政区		生活	工业	农业	生态	小计
长春市	宽城区	0.092	0.152	0.259	0.033	0.536
	二道区	0.236	0.581	1.100	0.147	2.063
	绿园区	0.276	0.195	0.647	0.032	1.150
	南关区	0.320	0.223	1.920	0.086	2.549
	朝阳区	0.326	0.216	0.974	0.034	1.550
	农安县	0.016	0.009	0.014	0	0.039
	九台市	0.256	1.060	0.789	0.074	2.180
	双阳区	0.113	0.418	1.182	0.182	1.895
吉林市	昌邑区	0.170	3.222	0.576	0.088	4.056
	龙潭区	0.214	3.577	0.248	0.117	4.156
	船营区	0.186	2.197	0.361	0.084	2.828
	丰满区	0.086	2.374	1.887	0.203	4.550
	永吉县	0.174	0.360	3.389	0.457	4.380
四平市	伊通县	0.039	0.056	0.527	0.041	0.663
	公主岭市	0.103	0.229	0.161	0.034	0.527
总需水量		2.606	14.870	14.034	1.612	33.122

第五节　推荐方案

通过综合对比 5 个优化方案，方案一将研究区未来水利工程规划与社会经济发展相结合，充分体现了从水资源配置途径上优化、改进的思想，但方案一未考虑生态环境问题以及流域生态基流量，缺少生活、生产、生态协同发展的战略思想；方案二在方案一的基础上，单独考虑流域的河道生态基流量问题，但是以牺牲经济效益为前提的;方案三在方案二的基础上,兼备考虑各区的地下水供水能力,控制地下水水位稳定变化,确保河道最小生态流量满足基本要求,可作为推荐方案;方案四在方案二的基础上,调整用水户优先权,优先考虑社会经济的发展问题,为政府决策提供依据,使经济效益达到最大,但仅仅考虑经济发展的水资源配置方案具有局限性、片面性,是以牺牲农田灌溉为前提的,不作为推荐方案;方案五是在保证人民正常生活和流域生态基流量的前提下,从用水总量和用水效率双指标控制下调整用水量与用水比例,客观说明了水资源的环境容量、综合经济、环境等因素,使得社会经济效益、生态环境效益达到协调统一,可作为推荐方案。纵观 5 个方案的特点,本次将推荐方案五为最佳优选方案。

第六章　长吉经济圈供水安全评价

第一节　供水安全概念及供水安全评价方法

供水安全的定义为综合考虑水资源的自然属性和社会属性，水资源安全为在一定时空条件下，能够持续、稳定、保质、保量地满足人类及社会发展中对水资源的需求，同时保障生态环境良好运行的水资源的状态。

本文采用的 TOPSIS 法（王金枝，2014），是一种多属性、多目标决策分析的计算方法，具体操作步骤如下。

(1) 建立初始决策矩阵 $\boldsymbol{A}$：假定有评价目标 m 个，属性 n 个，则 $\boldsymbol{A}=(a_{ij})_{m \times n}$。式中，$a_{ij}$ 表示第 i 个决策方案的第 j 个属性值（$i \in M; j \in N$）。

(2) 建立规范化矩阵以消除评价指标具有不同的量纲对评价结果产生的影响，对各属性进行可比性、同趋化计算，将处理后的规范化矩阵设为 $\boldsymbol{B}=(b_{ij})_{m \times n}$：

$$b_{ij} = \frac{a_{ij}}{\sqrt{\sum_{i=1}^{m} a_{ij}^2}} \quad i=1,2,3,\cdots,m; \quad j=1,2,\cdots,n \tag{6-1}$$

(3) 建立加权标准化矩阵：采用主客观方法确定权重集 W，采用 $\boldsymbol{C}=\boldsymbol{B} \cdot \boldsymbol{W}$ 构造加权规范化决策矩阵，$\boldsymbol{C}=(c_{ij})_{m \times n}$，其中，$c_{ij}=w_j \times b_{ij}$。

(4) 定义最优、最差理想解，确定两个人造方案。

对于效益指标：

$$C^+ = [\max(c_{ij})] = (C_1^+, C_2^+, \cdots, C_n^+) \tag{6-2}$$

$$C^- = [\min(c_{ij})] = (C_1^-, C_2^-, \cdots, C_n^-) \tag{6-3}$$

对于效益指标：

$$C^- = [\min(c_{ij})] = (C_1^-, C_2^-, \cdots, C_n^-) \tag{6-4}$$

$$C^+ = [\max(c_{ij})] = (C_1^+, C_2^+, \cdots, C_n^+) \tag{6-5}$$

(5) 采用距离计算法：如采用欧式距离，计算各评价对象（目标、方案）较两个人造方案的距离 S_i^+，S_i^-。

$$S_i^+ = \sqrt{\sum_{j=1}^{n}(c_{ij}^+ - c_{ij})^2} \quad S_i^- = \sqrt{\sum_{j=1}^{n}(c_{ij}^- - c_{ij})^2} \tag{6-6}$$

(6) 计算理想点贴近度 E_i^+。

$$E_i^+ = \frac{S_i^-}{S_i^+ + S_i^-} \tag{6-7}$$

贴近度计算结果范围为 (0,1)，贴近度愈大，愈靠近 1，说明评价对象（目标、方案）愈靠近最优理想解，同时又愈远离最劣理想解，此时为最好；否则为最差。

第二节 指标体系构建

一、建立指标体系的基本原则

由于水资源安全评价系统极其复杂,层次众多,涉及的因素也很多,所以在选择指标构建体系时,必须遵循以下原则(戚琳琳等,2019)。

(1)科学性原则:即按照科学理论,特别是可持续发展理论定义指标的概念和计算方法。

(2)完备性原则:指标体系既要有反映社会、经济、人口系统的指标,又要有反映生态、环境、资源等系统的发展指标,还要有反映上述各系统相互协调程度的指标。

(3)动态性与静态性相结合原则:水资源系统是随时间不断发展变化的,因此选取的指标既要反映系统的发展状态,又要反映系统的发展过程。

(4)定性与定量相结合原则:指标体系应尽量选择可量化指标,难以量化的指标原则上不予选取,对难以量化的重要指标可以采用定性描述。

(5)可操作性原则:指标体系要充分考虑到获取资料的现实可能性和统计计算的可行性。指标体系不能过于复杂而难以量化,以免很难找到合理的数学模型进行评价。

二、指标体系结构

供水安全的评价涉及水源的量、质、位置,取水,制水,输水,生产用水,生活用水及生态用水等诸多方面,采用科学合理的方法进行分析,最终评价整体系统的安全状态。从水资源的供需及供水安全影响因素考虑,将整体系统分为"水源""供水工程""用水户"和"生态环境"4个组成结构,故建立"水源、供水工程、用水、生态环境"评价指标体系。

三、指标体系确定

(一)指标筛选

1. 水源安全子系统

水源安全子系统包含供水安全中供水来源的指标、分水量安全指标和水质安全指标。水源水量安全选取"人均水资源量"为评价指标;水源水质安全以"水功能区水质达标率"为评价指标。以上指标是表征水源本体自身安全程度的指标,水资源是一种动态资源,水源水质、水量状态还受到气象条件、人类活动的影响,故选择"降水量"作水源水量安全指标;水源水质情况主要受人类活动排污的影响,故选择"工业废水排放浓度"和"农业化肥施用强度"作为水源安全水质评价指标。

2. 供水工程安全子系统

供水工程是供水系统的中间过程,是水源与用水户的链接,分别为取水、制水、输水和配水,进而四者的安全性影响着供水工程安全系统。表征供水工程安全状态的指标有"水资源开发利用率""地表水开发利用率""地下水开采系数""万人供水管道长度""供水管网密度""产销差率""管网漏失率""人均生活用水量""工业用水量""用水普及率""自来水生产能力""人均供水综合生产能力"等。

取水工程考虑全面性原则选择"水资源开发利用率"和"人均供水综合生产能力"作为评价指标;以

"万人供水管网密度""供水管网密度"作为评价指标;供水工程的输水、配水主要是通过管网实现的,选取"万人供水管道长度"及"产销差率"作为评价指标;配水工程选取"用水普及率"作为直接指标体现供水状态。

3. 用水户安全子系统

用水户用水是供水水源、供水工程的最终服务目的,因此用水户需水给供水安全带来直接的压力。供水安全的压力可以用来自生活、生产及生态三方面的压力指标表征,故采用的指标有"人口密度""生产总值增长率""单位面积农田灌溉用水量""绿化覆盖率""工业万元生产总值用水量""城镇化率"等。

4. 生态安全子系统

生态安全子系统可以从数量和质量两方面阐述,数量指标可通过取水工程指标反映。为避免指标选取的重复,考虑全面性、整体性、可操作性等原则,生态安全系统选取"污水集中处理率""工业固体废弃物综合利用率"及"生活垃圾无害处理率"作为评价指标。

综上所述,各评价指标对供水安全有着直接或间接的影响,在供水系统中有着不同的涵义、作用,各评价指标构成了多指标分级体系的指标层,构成最终的指标体系(图6-2-1)。

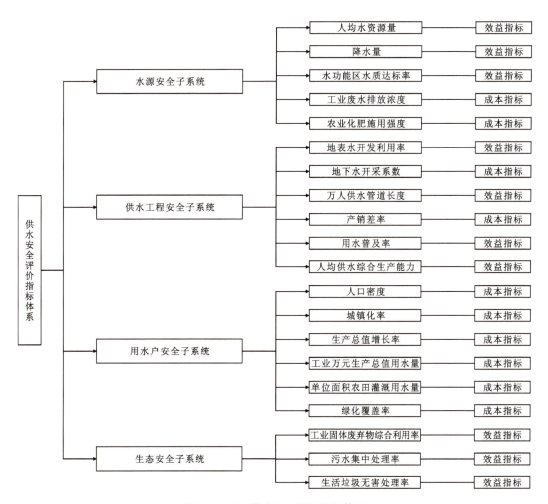

图6-2-1 供水安全评价指标体系

（二）评价标准确定

依据国际、国内有关的指标划分标准，参考前人关于区域或省级相关规划研究的成果、经验，对各指标进行不同等级指标值的划分确定，结合研究划分不同子系统的评价指标（表6-2-1）。

表6-2-1 供水安全各项指标评价

子系统	评价指标	单位	极不安全	不安全	临界安全	安全	理想安全
水源安全子系统	人均水资源量（C_1）	m³/人	<1000	≥1000	≥2000	≥2500	≥3000
	降水量（C_2）	mm	<450	≥450	≥500	≥675	≥800
	水功能区水质达标率（C_3）	%				≥60	≥95
	工业废水排放浓度（C_4）	万t/km²	>1	≤1	≤0.5	≤0.2	≤0.05
	农业化肥施用强度（C_5）	t/hm²	>1.5	≤1.5	≤1.0	≤0.75	≤0.3
供水工程安全子系统	地表水开发利用率（C_6）	%			≥30	≥40	≥50
	地下水开采系数（C_7）		>1.0	≤1.0	≤0.8	≤0.6	≤0.3
	万人供水管道长度（C_8）	km/万人	<2	≥2	≥4	≥6	≥8
	产销差率（C_9）	%	>31	≤31	≤22	≤13	≤4
	用水普及率（C_{10}）	%				≥95	≥100
	人均供水综合生产能力（C_{11}）	×10⁴m³/(d·人)	<0.20	≥0.20	≥0.40	≥0.50	≥0.60
用水户安全子系统	人口密度（C_{12}）	人/km²	>350	≤350	≤200	≤100	≤50
	城镇化率（C_{13}）	%	>60	≤60	≤50	≤35	≤20
	生产总值增长率（C_{14}）	%	>20	≤20	≤15	≤10	≤8
	工业万元生产总值用水量（C_{15}）	m³/万元	≥200	>120	≤120	≤80	≤40
	单位面积农田灌溉用水量（C_{16}）	m²/hm²	≥12 000	>9800	≤9800	≤8800	≤6300
	绿化覆盖率（C_{17}）	%	>50	≤50	≤40	≤35	≤30
生态安全子系统	工业固体废弃物综合利用率（C_{18}）	%	>80	≤80	≤85	≤90	≤95
	污水集中处理率（C_{19}）	%	>60	≤60	≤70	≤80	≤90
	生活垃圾无害处理率（C_{20}）	%	>60	≤60	≤70	≤80	≤90

四、指标体系权重的确定

供水安全指标体系建立是供水安全评价的重要工作，指标体系构建之后应当进行指标权重集的确定。主观赋值法、客观赋值法是确定权重的两大类方法。主观赋值法具有简单、易操作的特点，主要由专家经验或主观判断决定，主要的方法有层次分析法。客观赋值法是根据指标的原始数据推算，能很好地体现数据的自身特点，有PCA、熵权法、标准差法等。本次选择Shannon信息熵权法和层次分析法结合，确定指标组合权重集。

1. Shannon信息熵权法

熵权法（周媛媛，2016）作为评价系统无序程度的一种度量，能够度量已知数据的有效性和消除信息中的主观因素,客观反映评价指标的权重,具体步骤如下。

(1)无量纲化处理:定义供水安全评价指标体系原始数据矩阵为 $\boldsymbol{R}_{m\times n}=(r_{ij})_{m\times n}$,将评价指标大致分为两种类型,即效益指标和成本指标,将指标同趋处理公式分别为如下。

效益指标:
$$s_{ij}=\frac{r_{ij}-\min(r_{ij})}{\max(r_{ij})-\min(r_{ij})} \tag{6-8}$$

成本指标:
$$s_{ij}=\frac{\max(r_{ij})-r_{ij}}{\max(r_{ij})-\min(r_{ij})} \tag{6-9}$$

将原始数据矩阵同趋化处理后的无量纲数据矩阵定义为 $\boldsymbol{S}_{m\times n}=(s_{ij})_{m\times n}$。

(2)变异差数确定:根据熵的定义,计算第 j 个评价指标属性的熵:
$$H_j=-k\sum_{i=1}^{m}t_{ij}\ln t_{ij} \quad (j=1,2,\cdots,n) \tag{6-10}$$

$$t_{ij}=\frac{1+s_{ij}}{\sum_{i=1}^{m}1+s_{ij}} \quad (j=1,2,\cdots,n) \tag{6-11}$$

则变异差数公式为:
$$\alpha_j=1-H_j \tag{6-12}$$

(3)熵权确定:定义熵权矩阵为 $w_{n\times 1}$,其中 j 指标熵权为:
$$\omega_j=\frac{\alpha_j}{\sum_{j=1}^{n}\alpha_j}=1-H_j \tag{6-13}$$

其中,$0\leqslant\omega_j\leqslant 1$,且 $\sum_{j=1}^{n}\omega_j=1$。

根据研究区实际数据情况,确定评价指标体系 Shannon 熵权。

2. 层次分析法

层次分析法(Analytic Hierarchy Process,AHP),是一种层级权重分析计算方法,计算操作过程如下。

(1)建立层级结构模型:对问题系统中的各因子分析,找寻它们的内在、外在联系,建立分级分块的结构模型。

(2)建立分级分块指标判段矩阵:搭建判定矩阵 A,$A=(a_{ij})_{n\times n}$,通过标度法将 a_{ij} 进行赋值,表征指标 e_i 较指标 e_j 的重要程度,常用标度有 $\hat{e}(0/5)\sim\hat{e}(8/5)$ 标度或 $1\sim 9$ 标度。

(3)一致性检验:在层次分析过程中往往会存在主观判断的过程,为避免出现较大误差,故引入一致性判断指标 CR 指数来进行一致性检验。

首先,计算最大特征根 $\lambda_{\max}$,公式如下:
$$\lambda_{\max}=\frac{1}{n}\sum_{i=1}^{n}\frac{A\omega_i}{\omega_i}=\frac{1}{n}\sum_{i=1}^{n}\frac{\sum_{i=1}^{n}a_{ij}\omega_i}{\omega_i} \quad (i=1,2,3,\cdots,n) \tag{6-14}$$

然后,计算 CR 指数来检验一致性,公式如下:
$$CR=\frac{CI}{RI} \tag{6-15}$$

式中,RI 为平均随机一致性指标,给定 $n=1\sim 9$,得到 RI 的取值见表 6-2-2;CR 为一致性指数。其中:

$$CI = \frac{\lambda_{\max} - n}{n-1} \tag{6-16}$$

当 $CI=0$ 时，构成正互反矩阵或一致性判断矩阵。验证之后，如果 $CR<0.1$，则所构建的判断矩阵具有代表性，否则需要对判断矩阵进行重新调整。CR 越小，判断矩阵的一致性越强。

表 6-2-2　平均随机一致性指标 RI 取值

n	1	2	3	4	5	6	7	8	9
RI	0	0	0.58	0.89	1.12	1.24	1.32	1.41	1.45

（4）构建分级分块指标权重：对各层级指标判断矩阵进行转化计算，确定权重，本次转换方法采用最小二乘法，最终确定各最底层指标对最终决策层的权重。

3. 组合权重

根据主观层次分析法和客观 Shannon 信息熵权法确定的指标权重进行组合，确定最终的指标权重集，指标组合权重采用公式如下：

$$W_z = \frac{\sqrt{W_{1n}W_{2n}}}{\sum_{i=1}^{n}\sqrt{W_{1n}W_{2n}}} \tag{6-17}$$

$$W_z = (W_{1n}, W_{2n}, \cdots, W_{zn}) \tag{6-18}$$

五、数据收集及计算

（一）数据收集

该研究区从长春市、吉林市及四平市统计年鉴中收纳了经济、社会等方面的数据；从长春市、吉林市及四平市水资源公报中统计了降水、地表水、地下水等水资源和水资源开发利用现状，以及供水、用水、耗水状况，阐述了生产、生活等用水情况，还包含长春市、吉林市各水体的水质变化，以及水利工程、节水工程等重要水事；从长春市、吉林市以及四平市的国民经济与社会发展统计中收纳了各个市的生活垃圾集中处理情况和生活污水处理状况，还包括城镇化率及人口、经济发展状况；此外还结合了中国水网、吉林省统计信息网等网站的收集数据。用到的现状水平年及规划水平年各个指标原始基础数据如表 6-2-3 至表 6-2-5 所示。

（二）组合权重计算

1. 熵权法计算客观权重

以现状水平年 2015 年为例，按步骤计算，最终得出不同水平年的熵权（表 6-2-6）。

2. 层次分析法计算主观权重

按照步骤，首先确定评价指标体系的层次及递阶关系，整个供水安全评价指标体系分为 3 个层次，分别为目标层（A）、准则层（B）和指标层（C）。接下来构造判断矩阵，在每一个层次内部两两指标对比，结合研究区实际特点，根据标度法分别给出重要性分值。图 6-2-2 为各评价层指标的重要性判断矩阵。

表6-2-3 研究区2015年供水安全评价指标表

行政区		水源安全子系统						供水工程安全子系统			
		人均水资源量 (m³/人)	降水量 (mm)	水功能区水质达标率 (%)	工业废水排放浓度 (万t/km²)	农业化肥施用强度 (t/hm²)	地表水开发利用率 (%)	地下水开采系数	万人供水管道长度 (km/万人)	产销差率 (%)	用水普及率 (%)	人均供水综合生产能力 [×10⁴m³/(d·人)]
长春市	宽城区(部分)	348.24	571.40	78.00	0.20	1.05	60.33	0.93	3.61	23.73	99.70	0.95
	二道区	459.28	592.90	80.00	0.25	1.32	72.01	0.68	3.61	23.10	98.70	1.26
	绿园区	120.16	571.40	80.00	0.21	1.20	82.36	0.62	3.61	22.80	99.50	0.33
	南关区	198.53	590.10	67.00	0.18	1.02	87.09	0.59	3.61	23.20	99.80	0.54
	朝阳区	112.16	590.10	80.00	0.33	0.96	86.39	0.66	3.61	20.40	99.90	0.31
	农安县(部分)	783.37	485.10	78.00	0.19	1.44	32.67	0.53	3.61	28.40	95.00	0.75
	九台市	808.53	587.80	70.00	0.28	1.50	49.13	0.83	3.61	25.80	95.50	1.49
	双阳区	686.28	642.60	70.00	0.30	1.38	64.06	0.68	3.61	26.20	95.40	0.87
吉林市	昌邑区	827.60	632.50	80.00	0.28	1.23	89.84	0.90	1.66	30.47	98.20	1.29
	龙潭区	797.45	621.40	65.00	0.38	1.26	89.42	1.05	1.66	30.05	97.80	2.18
	船营区	529.06	567.00	68.00	0.20	1.14	90.88	0.89	1.66	30.05	99.20	1.45
	丰满区	1982.58	661.70	80.00	0.18	0.99	97.29	0.31	1.66	28.40	99.80	5.43
	永吉县(部分)	453.46	672.60	68.00	0.23	1.50	85.98	0.73	1.66	33.39	95.00	1.24
四平市	伊通县(部分)	412.99	598.20	70.00	0.19	1.44	89.55	0.36	3.61	32.00	90.00	0.55
	公主岭市(部分)	638.01	507.90	70.00	0.18	1.56	33.64	0.69	3.61	34.00	90.00	0.73

续表 6-2-3

行政区		人口密度(人/km²)	城镇化率(%)	生产总值增长率(%)	用水户安全子系统			生态安全子系统		
					工业万元生产总值用水量(m³/万元)	单位面积农田灌溉用水量(m³/hm²)	绿化覆盖率(%)	工业固体废弃物综合利用率(%)	污水集中处理率(%)	生活垃圾无害处理率(%)
长春市	宽城区(部分)	720.03	60.86	7.80	25.02	10 337.94	38.30	85.00	86.86	87.00
	二道区	541.64	61.28	8.40	25.53	10 072.08	38.90	90.00	87.11	85.00
	绿园区	2 256.72	82.13	7.80	27.28	10 037.38	42.70	90.00	86.91	85.00
	南关区	1 278.47	84.12	8.40	13.37	11 952.02	38.85	90.00	86.34	85.00
	朝阳区	2 510.37	87.45	8.50	44.48	12 193.91	40.80	90.00	88.54	88.00
	农安县(部分)	221.85	20.64	6.50	7.90	8 668.26	36.40	85.00	86.62	80.00
	九台市	246.91	25.10	7.60	18.39	10 027.10	36.20	90.00	88.03	85.00
	双阳区	230.54	26.43	7.40	9.99	10 777.67	36.50	85.00	86.00	85.00
吉林市	昌邑区	731.33	48.70	6.25	44.87	16 039.42	46.90	80.00	71.45	82.00
	龙潭区	452.33	41.30	7.10	37.80	19 194.54	50.20	80.00	73.26	82.00
	船营区	723.57	65.40	6.26	84.11	17 082.70	47.50	80.00	72.13	80.00
	丰满区	180.26	76.80	7.10	79.51	16 677.41	50.40	70.00	70.00	79.00
	永吉县(部分)	160.62	29.46	5.30	3.73	20 742.88	35.00	75.00	73.69	80.00
四平市	伊通县(部分)	192.20	41.06	4.10	17.54	18 403.04	35.00	75.00	75.00	75.00
	公主岭市(部分)	273.38	37.77	4.30	59.03	14 750.21	40.00	80.00	80.00	80.00

表 6-2-4 研究区 2020 年供水安全评价指标表

行政区		水源安全子系统						供水工程安全子系统			
		人均水资源量 (m^3/人)	降水量 (mm)	水功能区水质达标率 (%)	工业废水排放浓度 (万 t/km^2)	农业化肥施用强度 (t/hm^2)	地表水开发利用率 (%)	地下水开采系数	万人供水管道长度 (km/万人)	产销差率 (%)	用水普及率 (%)	人均供水综合生产能力 [×$10^4 m^3$/(d·人)]
长春市	宽城区(部分)	751.85	571.40	78.00	0.15	0.99	65.74	0.93	6.09	20.28	100.00	1.03
	二道区	594.04	592.90	82.00	0.20	1.26	76.38	0.68	6.09	20.08	99.50	1.36
	绿园区	627.32	571.40	82.00	0.16	1.14	85.56	0.62	6.09	19.98	100.00	0.38
	南关区	621.52	590.10	75.00	0.13	0.96	89.48	0.59	6.09	20.02	100.00	0.65
	朝阳区	559.03	590.10	82.00	0.28	0.93	88.87	0.66	6.09	18.40	100.00	0.37
	农安县(部分)	1 826.14	485.10	80.00	0.14	1.35	37.46	0.53	6.08	23.70	98.00	0.84
	九台市	698.88	587.80	75.00	0.23	1.44	54.92	0.83	6.09	22.30	98.00	1.71
	双阳区	669.45	642.60	75.00	0.25	1.32	69.25	0.68	6.09	22.80	98.00	0.84
吉林市	昌邑区	619.08	632.50	80.00	0.20	1.20	78.53	0.90	2.35	28.67	98.50	1.46
	龙潭区	939.88	621.40	70.00	0.33	1.20	99.95	1.05	2.35	28.65	98.00	2.43
	船营区	694.72	567.00	75.00	0.15	1.08	50.19	0.89	2.35	28.78	100.00	1.64
	丰满区	2 422.61	661.70	82.00	0.13	0.90	90.00	0.31	2.34	25.60	100.00	6.27
	永吉县(部分)	626.74	672.60	70.00	0.18	1.35	92.00	0.73	2.35	32.80	98.00	1.37
四平市	伊通县(部分)	1 151.96	598.20	72.00	0.14	1.38	91.39	0.36	5.51	28.70	92.00	1.12
	公主岭市(部分)	735.82	507.90	72.00	0.13	1.50	38.79	0.69	5.51	31.50	92.00	0.84

续表 6-2-4

行政区		用水户安全子系统					生态安全子系统		
		人口密度（人/km²）	城镇化率（%）	生产总值增长率（%）	工业万元生产总值用水量（m³/万元）	单位面积农田灌溉用水量（m³/hm²）	绿化覆盖率（%）	工业固体废弃物综合利用率（%）	污水集中处理率（%）	生活垃圾无害化处理率（%）
长春市	宽城区（部分）	728.92	67.67	6.01	25.02	9 652.57	41.30	90.00	90.48	90.00
	二道区	548.53	68.15	6.30	25.53	9 189.00	41.80	90.00	90.74	88.00
	绿园区	2 285.24	91.32	6.20	27.28	9 206.54	45.65	90.00	90.53	90.00
	南关区	1 294.64	93.54	6.50	13.37	10 866.65	41.85	90.00	89.94	90.00
	朝阳区	2 542.00	97.24	6.70	44.48	11 134.67	43.10	90.00	88.81	90.00
	农安县（部分）	225.18	22.95	5.01	7.90	8 587.86	39.60	90.00	90.23	80.00
	九台市	250.03	27.91	5.40	18.39	9 178.23	39.20	90.00	88.17	85.00
	双阳区	233.47	29.39	5.40	9.99	9 824.15	39.50	90.00	89.58	85.00
吉林市	昌邑区	740.54	50.94	5.10	44.87	12 470.53	46.90	90.00	89.51	85.00
	龙潭区	458.04	43.20	5.70	37.80	15 079.99	50.20	90.00	91.78	85.00
	船营区	732.62	68.41	5.12	84.11	13 406.40	47.50	90.00	90.37	82.00
	丰满区	182.57	80.34	5.75	79.51	12 853.92	50.40	90.00	87.70	80.00
	永吉县（部分）	162.65	30.82	4.10	3.73	15 959.51	40.00	80.00	92.32	82.00
四平市	伊通县（部分）	194.77	52.09	3.20	17.55	14 331.56	37.00	85.00	78.00	75.00
	公主岭市（部分）	276.85	47.91	3.80	59.03	7 891.86	40.00	80.00	82.00	80.00

表 6-2-5 研究区 2030 年供水安全评价指标表

行政区		人均水资源量 (m³/人)	水源安全子系统					供水工程安全子系统			
			降水量 (mm)	水功能区水质达标率 (%)	工业废水排放浓度 (万t/km²)	农业化肥施用强度 (t/hm²)	地表水开发利用率 (%)	地下水开采系数	万人供水管道长度 (km/万人)	产销差率 (%)	用水普及率 (%)	人均供水综合生产能力 [×10⁴m³/(d·人)]
长春市	宽城区(部分)	953.46	571.40	80.00	0.11	0.90	67.86	0.93	7.39	16.40	100.00	1.04
	二道区	699.26	592.90	80.00	0.15	1.14	78.02	0.68	7.58	15.50	100.00	1.42
	绿园区	699.04	571.40	82.00	0.11	1.05	86.62	0.62	7.58	15.70	100.00	0.40
	南关区	702.00	590.10	80.00	0.09	0.90	90.31	0.59	7.58	16.28	100.00	0.70
	朝阳区	623.92	590.10	85.00	0.20	0.84	89.75	0.66	7.58	15.20	100.00	0.40
	农安县(部分)	4233.50	485.10	82.00	0.09	1.20	40.64	0.53	7.57	20.80	99.00	0.95
	九台市	963.40	587.80	78.00	0.18	1.35	57.21	0.83	7.58	19.60	99.00	2.25
	双阳区	718.98	642.60	78.00	0.20	1.20	71.19	0.68	7.58	19.50	99.00	0.66
吉林市	昌邑区	760.87	632.50	80.00	0.15	1.05	78.53	0.90	3.59	25.46	100.00	1.65
	龙潭区	1146.21	621.40	72.00	0.28	1.05	99.95	1.05	3.59	24.40	100.00	2.74
	船营区	864.81	567.00	78.00	0.10	1.02	50.19	0.89	3.59	24.20	100.00	1.85
	丰满区	2959.72	661.70	85.00	0.09	0.84	95.00	0.31	3.59	23.89	100.00	7.05
	永吉县(部分)	724.68	672.60	70.00	0.13	1.20	97.00	0.73	3.59	21.90	98.00	1.33
四平市	伊通县(部分)	2316.06	598.20	75.00	0.09	1.20	92.08	0.36	7.89	22.00	95.00	1.42
	公主岭市(部分)	968.48	507.90	75.00	0.09	1.35	40.93	0.69	7.91	30.00	95.00	1.00

续表 6-2-5

行政区		用水户安全子系统						生态安全子系统		
		人口密度 (人/km²)	城镇化率 (%)	生产总值增长率 (%)	工业万元生产总值用水量 (m³/万元)	单位面积农田灌溉用水量 (m³/hm²)	绿化覆盖率 (%)	工业固体废弃物综合利用率 (%)	污水集中处理率 (%)	生活垃圾无害化处理率 (%)
长春市	宽城区(部分)	766.47	72.19	3.70	25.02	8 231.84	41.30	90.00	94.31	90.00
	二道区	562.39	72.70	3.80	25.53	7 920.60	41.80	90.00	93.83	90.00
	绿园区	2 342.98	97.42	3.80	27.27	8 012.35	45.65	90.00	94.19	90.00
	南关区	1 327.34	99.78	4.50	13.37	9 841.31	41.85	90.00	93.74	90.00
	朝阳区	2 606.27	100.00	4.25	44.48	9 614.68	43.10	95.00	96.42	90.00
	农安县(部分)	230.73	24.48	2.70	7.90	9 370.81	39.60	95.00	95.58	80.00
	九台市	256.36	29.77	3.85	18.39	9 002.03	39.20	90.00	95.72	85.00
	双阳区	239.38	31.35	3.80	9.99	8 249.43	39.50	90.00	97.26	85.00
吉林市	昌邑区	759.31	53.12	4.20	44.87	9 006.69	46.90	95.00	97.52	85.00
	龙潭区	469.63	45.05	5.01	37.80	8 840.29	50.20	90.00	94.99	85.00
	船营区	751.30	71.33	4.25	84.11	10 320.80	47.50	90.00	93.27	85.00
	丰满区	187.10	83.76	5.35	79.51	9 674.76	50.40	95.00	95.54	80.00
	永吉县(部分)	166.75	32.13	3.70	3.73	13 291.49	40.00	92.00	94.29	85.00
四平市	伊通县(部分)	199.92	57.29	2.95	17.55	11 575.65	40.00	85.00	80.00	75.00
	公主岭市(部分)	283.80	52.71	3.65	59.03	8 612.00	45.00	80.00	85.00	80.00

表 6-2-6 不同规划年的熵权情况

规划年	C_1	C_2	C_3	C_4	C_5	C_6	C_7	C_8	C_9	C_{10}
2015 年	0.057	0.035	0.055	0.039	0.057	0.048	0.039	0.104	0.049	0.048
2020 年	0.062	0.037	0.060	0.041	0.056	0.041	0.042	0.109	0.055	0.048
2030 年	0.069	0.041	0.066	0.042	0.063	0.046	0.046	0.114	0.038	0.055
规划年	C_{11}	C_{12}	C_{13}	C_{14}	C_{15}	C_{16}	C_{17}	C_{18}	C_{19}	C_{20}
2015 年	0.041	0.040	0.059	0.058	0.043	0.024	0.055	0.045	0.071	0.034
2020 年	0.045	0.043	0.060	0.050	0.047	0.026	0.051	0.054	0.031	0.044
2030 年	0.051	0.048	0.072	0.039	0.051	0.028	0.064	0.035	0.023	0.009

注：$C_1 \sim C_{20}$ 含义见表 6-2-1。

A	B_1	B_2	B_3	B_4
B_1	1	2	2	3
B_2	1/2	1	1/2	3
B_3	1/2	2	1	4
B_4	1/3	1/3	1/4	1

B_1	C_1	C_2	C_3	C_4	C_5
C_1	1	1/2	1/2	2	2
C_2	2	1	3	4	4
C_3	2	1/3	1	2	2
C_4	1/2	1/4	1/2	1	1
C_5	1/2	1/4	1/2	1	1

B_4	C_{18}	C_{19}	C_{20}
C_{18}	1	1/4	1/2
C_{19}	4	1	3
C_{20}	2	1/3	1

B_2	C_6	C_7	C_8	C_9	C_{10}	C_{11}
C_6	1	1	1/2	2	2	3
C_7	1	1	1/2	2	3	2
C_8	2	2	1	2	2	3
C_9	1/2	1/2	1/2	1	1	1/2
C_{10}	1/2	1/2	1/2	1	1	1/2
C_{11}	1/3	1/3	1/3	2	2	1

B_3	C_{12}	C_{13}	C_{14}	C_{15}	C_{16}	C_{17}
C_{12}	1	2	1/2	1/3	1/3	3
C_{13}	1/2	1	1/2	1/3	1/3	2
C_{14}	2	2	1	2	1/2	3
C_{15}	3	3	1	1	1	2
C_{16}	3	3	2	1	1	3
C_{17}	1/3	1/2	1/3	1/2	1/3	1

图 6-2-2 各指标层的判断矩阵

以 A～B 层为例介绍指标权重及一致性检验的计算过程。采用 MATLAB 计算判断矩阵的最大特征值 $\lambda_{max}=4.132$，$w_A=(0.735,0.359,0.552,0.161)^T$，再对其进行归一化处理，结果为 $w_A=(0.407,0.199,0.305,0.089)$。一致性检验要求先求 CI 值，求出 $CI=0.044$；当 $n=4$ 时，$RI=0.89$，按照式(6-18)计算，此时 $CR=0.050$，小于 0.1，证明所构造的目标层判断矩阵具有一致性，各指标权重计算合理。照此方法可以计算得到全部评价体系的指标权重(表 6-2-7)。

表 6-2-7 水资源安全评价体系指标权重

目标层	准则层	指标层	指标层对于准则层的权重	指标综合权重
供水安全（A）	水源安全（B_1）0.407	人均水资源量（C_1）	0.171	0.070
		降水量（C_2）	0.425	0.173
		水功能区水质达标率（C_3）	0.212	0.086
		工业废水排放浓度（C_4）	0.096	0.039
		农业化肥施用强度（C_5）	0.096	0.039

续表 6-2-7

目标层	准则层	指标层	指标层对于准则层的权重	指标综合权重
供水安全（A）	供水工程安全（B_2） 0.305	地表水开发利用率（C_6）	0.204	0.041
		地下水开采系数（C_7）	0.199	0.040
		万人供水管道长度（C_8）	0.292	0.058
		产销差率（C_9）	0.095	0.019
		用水普及率（C_{10}）	0.089	0.018
		人均供水综合生产能力（C_{11}）	0.120	0.024
	用水户安全（B_3） 0.305	人口密度（C_{12}）	0.125	0.038
		城镇化率（C_{13}）	0.090	0.027
		生产总值增长率（C_{14}）	0.194	0.059
		工业万元生产总值用水量（C_{15}）	0.240	0.073
		单位面积农田灌溉用水量（C_{16}）	0.282	0.086
		绿化覆盖率（C_{17}）	0.069	0.021
	生态安全（B_4） 0.089	工业固体废弃物综合利用率（C_{18}）	0.136	0.012
		污水集中处理率（C_{19}）	0.625	0.056
		生活垃圾无害处理率（C_{20}）	0.238	0.021

3. 组合权重集

经式（6-20）计算后，得出各个规划年的组合权重集，如表 6-2-8 所示。

表 6-2-8 不同规划年的组合权重集

规划年	C_1	C_2	C_3	C_4	C_5	C_6	C_7	C_8	C_9	C_{10}
2015 年	0.068	0.083	0.074	0.042	0.050	0.047	0.042	0.083	0.033	0.031
2020 年	0.071	0.086	0.077	0.043	0.050	0.044	0.044	0.085	0.034	0.031
2030 年	0.074	0.091	0.081	0.043	0.053	0.046	0.046	0.087	0.029	0.034

规划年	C_{11}	C_{12}	C_{13}	C_{14}	C_{15}	C_{16}	C_{17}	C_{18}	C_{19}	C_{20}
2015 年	0.033	0.042	0.043	0.063	0.060	0.048	0.037	0.025	0.067	0.029
2020 年	0.035	0.044	0.044	0.059	0.063	0.050	0.035	0.027	0.045	0.033
2030 年	0.037	0.046	0.048	0.051	0.066	0.053	0.040	0.022	0.038	0.015

由表 6-2-8 可知，在现状水平年 2015 年，所占权重比例从高往低，排在前四位的分别为：降水量（C_2）、万人供水管道长度（C_8）、人均水资源量（C_1）、污水集中处理率（C_{19}）。可见水源安全子系统及供水工程安全子系统所占的比重较大，其中在水源安全子系统中降水量与人均水资源量影响最为明显。规划水平年 2020 年，组合权重排在前四位的依次是：降水量（C_2）、万人供水管道长度（C_8）、水功能区水质达标率（C_3）、人均水资源量（C_1）。与 2015 年比较，基于我国对水功能区的重视，2020 年水功能区水质达标率权重有所增加。与 2020 年比较，规划水平年 2030 年排在前四位的指标一致。对于整个系统而言，同一指标在不同水平年上所占比重有所不同。

(三) 供水安全计算

1. 初始评价矩阵建立

本次供水安全评价有15个评价对象,将5个评价目标的限值作为增广矩阵参与本次运算,每个评价目标有20个评价指标,故建立供水安全多指标分级评价的初始决策矩阵 $R,R=(r_{ij})_{20\times20}$(以现状水平年2015年为例)。

2. 初始决策矩阵归一化

按照式(6-1)对初始决策矩阵 R 进行标准化处理,处理后指标,建立归一化决策矩阵 $X,X=(x_{ij})_{20\times20}$。

3. 决策矩阵权重集的确定

根据归一化的指标数据,采用Shannon信息熵权法和层次分析法计算水源、供水工程、用水户、生态4个安全子系统及包含的指标权重,确定权重集 W_z。

4. 建立规范化决策矩阵

根据已经建立的归一化决策矩阵和权重集,求得规范化决策矩阵,$T=X\cdot W$。

5. 计算理想解

依照指标评价标准,确定供水安全评价的最优、最劣理想解。

6. 计算贴近度

计算各评价年的贴近度,以分析评价各目标年的供水安全系统,贴近度计算标准见表6-2-9,研究区及各流域分区评价年供水安全系统贴近度计算成果见表6-2-10至表6-2-12。

表6-2-9 供水安全系统贴近度计算标准表

分级	供水安全系统	水源安全子系统	供水工程安全子系统	用水户安全子系统	生态安全子系统
极不安全	0.33	0.34	0.23	0.32	0.64
不安全	0.47	0.52	0.35	0.46	0.74
临界安全	0.62	0.71	0.48	0.60	0.84
安全	0.72	0.82	0.58	0.72	0.93
理想安全	1.00	1.00	1.00	1.00	1.00

六、结果分析

(一) 现状水平年结果分析

根据表6-2-10计算结果可知,2015年年供水安全系统贴近度为0.52,处于临界安全状态;年水源安全子系统贴近度为0.49,处于不安全状态;年供水工程安全子系统贴近度为0.39,处于临界安全状态;年用水户安全子系统贴近度为0.62,处于安全状态;年生态安全子系统贴近度为0.83,处于临界安全状态。可见供水安全系统本体支撑存在安全隐患。

表 6-2-10 研究区现状水平年 2015 年各行政区贴近度计算成果表

行政区		供水安全系统	水源安全子系统	供水工程安全子系统	用水户安全子系统	生态安全子系统
长春市	宽城区（部分）	0.53	0.49	0.39	0.65	0.90
	二道区	0.54	0.49	0.42	0.65	0.90
	绿园区	0.46	0.47	0.42	0.54	0.90
	南关区	0.52	0.47	0.43	0.59	0.89
	朝阳区	0.47	0.47	0.42	0.49	0.92
	农安县（部分）	0.56	0.49	0.38	0.75	0.89
	九台市	0.56	0.48	0.40	0.71	0.91
	双阳区	0.56	0.49	0.40	0.71	0.89
吉林市	昌邑区	0.50	0.52	0.32	0.60	0.76
	龙潭区	0.49	0.48	0.33	0.59	0.77
	船营区	0.47	0.48	0.32	0.52	0.76
	丰满区	0.56	0.64	0.47	0.54	0.73
	永吉县（部分）	0.52	0.48	0.32	0.64	0.77
四平市	伊通县（部分）	0.54	0.48	0.43	0.65	0.78
	公主岭市（部分）	0.52	0.47	0.37	0.64	0.83

表 6-2-11 研究区规划水平年 2020 年各行政区贴近度计算成果表

行政区		供水安全系统	水源安全子系统	供水工程安全子系统	用水户安全子系统	生态安全子系统
长春市	宽城区（部分）	0.59	0.54	0.51	0.66	0.93
	二道区	0.59	0.52	0.54	0.67	0.93
	绿园区	0.55	0.53	0.53	0.56	0.93
	南关区	0.58	0.53	0.54	0.61	0.93
	朝阳区	0.53	0.52	0.53	0.51	0.92
	农安县（部分）	0.64	0.59	0.50	0.75	0.92
	九台市	0.60	0.51	0.52	0.73	0.91
	双阳区	0.61	0.51	0.52	0.73	0.92
吉林市	昌邑区	0.54	0.53	0.36	0.63	0.92
	龙潭区	0.54	0.51	0.41	0.62	0.94
	船营区	0.51	0.53	0.32	0.56	0.92
	丰满区	0.62	0.70	0.56	0.58	0.90
	永吉县（部分）	0.57	0.52	0.38	0.67	0.92
四平市	伊通县（部分）	0.61	0.55	0.54	0.67	0.81
	公主岭市（部分）	0.57	0.50	0.45	0.70	0.84

表 6-2-12　研究区规划水平年 2030 年各行政区贴近度计算成果表

行政区		供水安全系统	水源安全子系统	供水工程安全子系统	用水户安全子系统	生态安全子系统
长春市	宽城区(部分)	0.63	0.60	0.53	0.69	0.97
	二道区	0.64	0.57	0.58	0.70	0.96
	绿园区	0.59	0.58	0.56	0.59	0.96
	南关区	0.61	0.59	0.57	0.63	0.96
	朝阳区	0.57	0.58	0.56	0.55	0.99
	农安县(部分)	0.70	0.73	0.53	0.75	0.95
	九台市	0.65	0.56	0.57	0.74	0.96
	双阳区	0.64	0.57	0.54	0.75	0.97
吉林市	昌邑区	0.60	0.58	0.42	0.67	0.97
	龙潭区	0.61	0.57	0.47	0.69	0.96
	船营区	0.57	0.58	0.39	0.60	0.95
	丰满区	0.67	0.76	0.66	0.61	0.95
	永吉县(部分)	0.61	0.57	0.46	0.69	0.96
四平市	伊通县(部分)	0.67	0.66	0.61	0.69	0.83
	公主岭市(部分)	0.61	0.56	0.52	0.68	0.87

水源安全子系统是供水过程的基础支撑,一个地区没有可利用水源,就谈不上供水,现状年水源安全子系统贴近度低于临界安全线 0.71。评价结果反映研究区水源不安全,水资源量短缺,水资源污染程度较大;供水工程安全子系统呈临界安全状态,反映了研究区取水、制水、配水等水利工程的规划、运行、管理等有待完善;用水户安全子系统处于临界安全状态则反映经济、人口、生态等高速发展使得供水压力大,制约了供水安全。生态安全子系统也是制约供水安全的短板指标,该研究区生态子系统处于相对安全的状态,则反映该区的生态文明建设发展较好,供水安全所承受的压力小。针对不同的行政区,具体的供水安全结果分析如下。

1. 长春市各行政区

根据表 6-2-10 及图 6-2-3,长春市各个行政区 2015 年年供水安全系统贴近度取值范围为 0.46~0.56,处于临界安全状态;年水源安全子系统贴近度取值范围为 0.47~0.49,处于不安全状态;年供水工程安全子系统贴近度取值范围为 0.38~0.43,处于临界安全状态;年用水户安全子系统贴近度取值范围为 0.49~0.75,处于安全状态;年生态安全子系统贴近度取值范围为 0.89~0.92,处于安全状态。

综合来看,各个行政区供水安全系统主要的短板项为水源安全子系统。长春市各个区(市)人均水资源量取值范围为 120~808m^3/人,均低于评价不安全指标 1000m^3/人的标准,水资源匮乏,且降水时空分布不均,受下垫面条件影响,水源补给不充足,且供水水源与需水之间矛盾较大可能成为长期制约供水安全的因素。水源水质相对安全,但由于朝阳、绿园、九台及双阳存在部分工厂,工业发展较快,工业废水排放浓度高以及水质达标率不足,导致水源系统均处于临界安全状态;二道、南关、绿园及九台、双阳农业发展,灌溉用水量较多,又由于朝阳、绿园的工业较发达,工业万元生产总值用水定额较大,故朝阳、绿园以及南关均处于临界安全状态,工农业等污染物对水体影响大,尤其农业灌溉、化肥施用的粗放模式,属分布式非点源污染,具有随机性、广泛性、滞后性、模糊性及难治理的特点,水体污染物荷载量

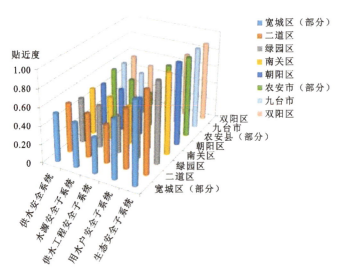

图 6-2-3 2015 年长春市各行政区贴近度计算成果图

较大,供水安全压力增大,水体水质情况较差。由于现状条件下"引松入长"工程没有完全开放,因此开源节流、水质、水环境加强治理是保障长春市各个区县水源安全、供水安全的必需措施。

2. 吉林市各行政区

根据表 6-2-10 及图 6-2-4,吉林市各个行政区 2015 年年供水安全系统贴近度取值范围为 0.47～0.56,处于临界安全状态;年水源安全子系统贴近度取值范围为 0.48～0.64,处于不安全状态;年供水工程安全子系统贴近度取值范围为 0.32～0.47,处于不安全状态;年用水户安全子系统贴近度取值范围为 0.52～0.64,处于临界安全状态;年生态安全子系统贴近度取值范围为 0.73～0.77,处于临界安全状态。

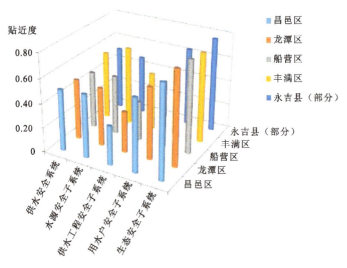

图 6-2-4 2015 年吉林市各行政区贴近度计算成果图

综合来看,吉林市供水安全系统主要的短板项为水源安全子系统和生态安全子系统,其中吉林市各行政区人均水资源量取值范围为 453～1982m³/人,除丰满区外,其余均低于评价不安全指标 1000m³/人的标准。水源水质相对安全,但龙潭区化工厂较多,工业发展较快,工业废水排放浓度过高;而且船营区、昌邑区及永吉县农业发展,化肥施用强度较大;另外,吉林市固态废弃物综合利用率及污水集中处理率偏低,因此导致水源系统处于不安全状态。故吉林市节流、化工厂废水排放浓度、农业化肥施用量以及绿化率用水量要相应地缩减,这是保障吉林市各个行政区供水安全的必需措施。

2015年现状条件下研究区的供水安全分区见图6-2-5。

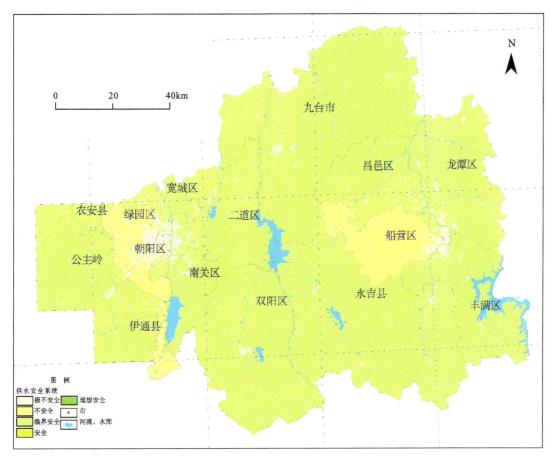

图6-2-5 研究区2015年供水安全评价分区图

(二)规划水平年结果分析

综合分析,得出2020年和2030年的年供水安全贴近度成果(表6-2-13)。2020年整个供水安全系统处于临界安全状态;年水源安全子系统处于临界安全状态;年供水工程安全子系统处于安全状态;年用水户安全子系统处于安全状态;年生态安全子系统处于安全状态。2030年整个供水安全系统处于安全状态;年水源安全子系统处于临界安全状态;年供水工程安全子系统处于安全状态;年用水户安全子系统处于安全状态;年生态安全子系统处于理想安全状态。

表6-2-13 现状水平年及规划水平年供水安全贴近度

	供水安全系统	水源安全子系统	供水工程安全子系统	用水户安全子系统	生态安全子系统
2015年	0.52	0.49	0.39	0.62	0.83
2020年	0.58	0.54	0.48	0.64	0.91
2030年	0.63	0.60	0.53	0.67	0.98

根据表 6-2-13、表 6-2-14 可知,研究区预测年 2020 年、2030 年计算的供水安全各子系统贴近度呈上升的趋势。其中,水源安全子系统贴近度虽有上升,但仍处于临界安全线附近,改善的幅度不大,这也与水源的水量和水质自身条件有关,降水量和水质状况是一个循序渐进的过程,仍需进一步提高;其他子系统改善程度很大,效果明显。针对不同的行政区而言,具体分析如下。

1. 长春市各行政区

根据表 6-2-11 及图 6-2-6,长春市各个行政区 2020 年年供水安全子系统处于临界安全状态;年水源安全子系统处于临界安全状态;年供水工程安全子系统处于安全状态;年用水户安全子系统处于安全状态;年生态安全子系统处于安全状态。长春市各个行政区 2030 年年供水安全子系统处于安全状态;年水源安全子系统处于临界安全状态;年供水工程安全子系统处于安全状态;年用水户安全子系统处于安全状态;年生态安全子系统处于理想安全状态。

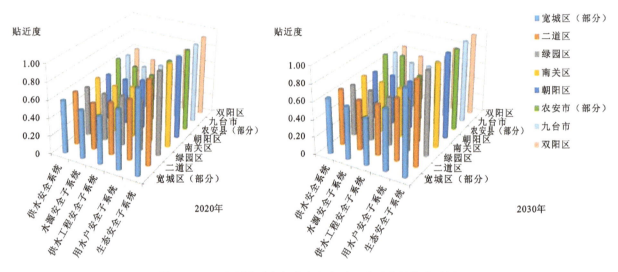

图 6-2-6　规划水平年长春市各行政区贴近度计算成果图

1)水源安全预测分析

通过 2020 年、2030 年供水安全预测分析,长春市各个行政区水源安全子系统安全贴近度分别为 0.53、0.60,较 2015 年都有所增加,子系统中最主要的短板项仍为水源安全子系统。随着水环境、水生态的保护力度加大,执行更严格的排污、管理标准,着重控制农业化肥的施用和工业废水的排放。故预测水平年 2020 年、2030 年水源水质安全贴近度增加,水质不安全状态有所减轻。但是经规划水平年预测后,通过"引松入长"工程采用 MIKE BASIN 模型对农安、九台及长春市区分配水量,故长春市区及九台、双阳水源安全中水量得到极大的改善,且 2030 年的贴近度较 2020 年相比,缓慢提高。故长春市水源安全仍未满足要求,仍会处于临界安全状态。

2)供水工程安全预测分析

根据供水安全贴近度分析,长春市规划水平年 2020 年、2030 年供水工程安全子系统贴近度分别为 0.52、0.56,供水工程安全子系统均处于安全状态。2020 年较 2015 年的贴近度相比,增加了 28.40%,2030 年较 2020 年又增加了 6.49%,可见增加的供水工程效果非常可观。

在研究区内的长春市有大型水库 2 座,中型水库 8 座,集中式城镇生活及工业用水地表水源地 4 处,地下水源地 2 处,以及相应的水厂、供水管网。经 2015 年后,"引松入长"水利工程通过跨流域调水向长春市区供水 2 亿多立方米,使蓄水、引水、跨流域调水逐渐成为长春市区的三大供水途径,现状水平年长春市设计引水工程供水量为 $3.25\times10^8\mathrm{m}^3$;待吉林省中部城市引松供水工程全线贯通后,设计水平年 2020 年将完成引水量 $5.83\times10^8\mathrm{m}^3$,远景水平年 2030 年将完成引水量 $6.92\times10^8\mathrm{m}^3$,长春市的引水工程贴近度增大。故 2020 年、2030 年供水工程均处于安全状态。

3)用水户安全预测分析

根据供水安全贴近度分析,长春市规划水平年 2020 年、2030 年用水户安全子系统贴近度分别为 0.65、0.68,用水户安全子系统均处于安全状态。2020 年、2030 年用水户安全子系统贴近度较 2015 年相比,分别增加了 2.46%、6.32%,可见用水户安全有所提高。

对于长春市而言,城镇化率和生产总值增长率都有所增加,但为了满足水资源持续发展,提高水资源承载能力要求,将 2020 年和 2030 年的用水总量及用水效率进行了控制。各个区内的人口密度较大,其中绿园区、南关区及朝阳区密度更大,远偏于安全值,虽然政府颁布政策将人口增长率尽量控制,但短时间内效果不是很明显,且城镇化率过高,即非农业人口比重过大,生活用水量较大,生活垃圾也会相应地增加。2020 年、2030 年绿园区和朝阳区的用水户安全子系统贴近度均处于临界状态,需进一步控制,如优化产业结构,更新工业,农业用水技术,提高水资源用水效率,制订严格水价及用水计划,严格执行用水节水管理等保障社会经济发展。

4)生态安全预测分析

长春市规划水平年 2020 年、2030 年生态安全子系统贴近度分别为 0.90、0.92,生态安全子系统由 2020 年的安全状态转为 2030 年的理想安全状态。2020 年、2030 年生态安全子系统贴近度较 2015 年相比,分别增加了 2.98%、9.13%,可见用水安全得到一定的提高,跟政府出台的一系列政策是密切相关的。较 2015 年相比,通过污染物处理技术、设施提升、管理监管的加强,可以满足供水生态环境的安全需求。虽然评价年份生态安全子系统为安全状态,但又不是绝对的安全,故固体、液体等污染物治理仍需要加强,农业化肥非点源的污染防治也是不可避免且需要重视的。

2. 吉林市各行政区

根据表 6-2-11 及图 6-2-7,吉林市 2020 年年供水安全子系统处于临界安全状态;年水源安全子系统处于极不安全状态;年供水工程安全子系统处于临界安全状态;年用水户安全子系统处于安全状态;年生态安全子系统处于安全状态。吉林市 2030 年年供水安全子系统处于临界安全状态;年水源安全子系统处于极不安全状态;年供水工程安全子系统处于临界安全状态;年用水户安全子系统处于安全状态;年生态安全子系统处于安全状态。

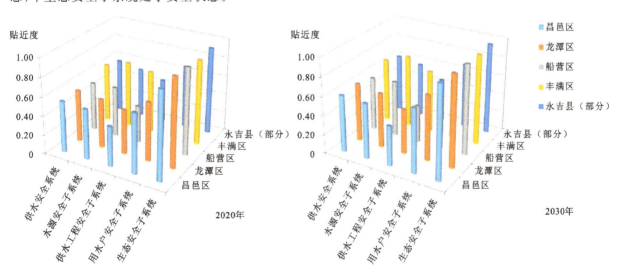

图 6-2-7 规划水平年吉林市各行政区贴近度计算成果图

1)水源安全预测分析

通过2020年、2030年供水安全预测分析,吉林市各个行政区水源安全子系统贴近度分别为0.56、0.62,较2015年都有所增加,供水安全系统中最主要的短板项仍为水源安全子系统。吉林市工业比较发达,故工业废水排放浓度较高,随着执行更严格的排污管理标准,着重控制工业废水的排放情况,故预测水平年的水源水质变好,尤其龙潭区水质不安全状态减轻,但仍高于吉林市其他区县。对于永吉县及昌邑区而言,农业化肥施用情况较大,随着公众对环境污染所造成的危害意识的提高,农业化肥施用量有所减少。经规划水平年预测后,龙潭区和丰满区人均水资源量较大,通过"引松入长"工程向长春市供水,势必会影响吉林市部分供水需求,水功能区水质达标率也相应地有所下降,故水源子系统安全提高速率仍需加快。

2)供水工程安全预测分析

吉林市规划水平年2020年、2030年供水工程安全子系统贴近度分别为0.41、0.48,供水工程安全子系统由临界安全转为安全状态。2020年供水工程安全子系统贴近度较2015年增加了15.37%,2030年较2020年又增加了13.79%,可见增加的供水工程效果非常可观。

吉林市包含在研究区内的水库有大型水库1座,中型水库7座,集中式城镇生活及工业用水地表水源地2处,以及相应的水厂、供水管网。吉林市在规划水平年并未规划新的引水工程,故2020年、2030年的地表水可供水能力几乎与现状水平年地表水可供能力一致。但通过加强供水工程检修、更新、管理,提高制水、净水能力等措施,2020年及2030年的万人供水管道长度有所增加,但仍低于4km/万人的临界安全标准,故需进一步加强。对于昌邑区、船营区及永吉县而言,供水工程安全贴近度接近于临界安全状态,不仅与万人供水管道长度有关,还与人均供水综合生产能力及地下水开采量息息相关。2020年与2015年相比,吉林市供水工程安全子系统由安全状态转为临界安全状态,故在"引松入长"工程往长春市调水的前提下要注意吉林市各个地区的水量要求,需适当地控制人口数量,按照水资源合理配置方案供水。另外,产销差率也是导致供水工程安全子系统安全系数降低的因素之一,故在供水的前提下提高供水技术及供水效率,减少水量的损失仍是必要之举。

3)用水户安全预测分析

吉林市规划水平年2020年、2030年用水户安全子系统贴近度分别为0.61、0.65,均处于安全状态。但2020年、2030年用水户安全子系统贴近度较2015年分别增加了5.50%、12.39%,可见规划水平年的用水户系统安全性增加,直接与研究区采取的控制用水总量及用水效率措施相关。对于船营区而言,人口密度基数大,2020年用水户安全子系统处于临界安全状态,虽控制人口增长率,但短时间内效果并不明显,且城镇化率过高也会导致生活垃圾相应增加,故用水户安全贴近度比其他区(县)略低;但2030年较2020年相比,丰满区及船营区用水户安全性由临界安全转为安全状态,这与一系列的节水措施和用水控制密切相关。故提高水资源用水效率、制订严格水价及用水计划、严格执行用水节水管理等政策是保障社会经济发展的重要措施。

4)生态安全预测分析

根据生态安全子系统贴近度分析,吉林市规划水平年2020年、2030年生态安全子系统贴近度分别为0.92、0.99,生态安全子系统由安全状态转为理想安全状态。2020年生态安全子系统贴近度较2015年增加了21.18%,2030年较2020年又增加了7.60%,可见生态安全子系统的安全性提升了一大步。这与政府出台的一系列政策是密切相关的。

结合《吉林市国民经济与统计公报》,到2020年吉林市工业固体废弃物综合利用率要达到80%,污水集中处理率要达到80%,生活垃圾无害处理率不得低于80%,故工业固体废弃物综合利用、污水处理、生活垃圾无害处理3项重要举措保障了生态安全子系统安全。

规划水平年2020年、2030年供水安全评价分区分别见图6-2-8和图6-2-9。

第六章 长吉经济圈供水安全评价

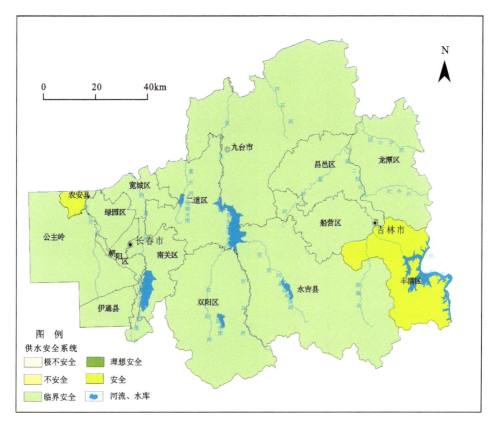

图 6-2-8　2020年规划水平年研究区供水安全评价分区图

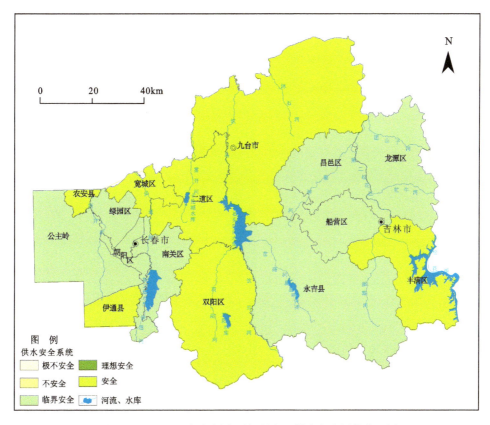

图 6-2-9　2030年规划水平年研究区供水安全评价分区图

第七章 重点工作区水文地质条件

本书以长春新区、泉眼幅及新安堡幅为重点进行1∶5万水文地质调查，通过调查研究得到地下水赋存、地下水化学、地下水动态和地下水质量等系列水文地质成果。

第一节 地下水赋存条件

一、长春新区地下水形成与赋存条件

(一)长春新区地下水形成

1. 山地丘陵地下水的形成

长春新区西营城镇西南部地区为山地丘陵区，主要岩性为燕山期和印支期花岗岩、闪长岩等。该地区风化裂隙发育，风化壳普遍在30～40m，泉流量多小于0.1L/s。另有白垩系泉头组在此出露，发育有多层含水层，具有一定的富水性，但水量一般不大。

2. 平原区地下水的形成

龙嘉镇西营城镇地区的平原区包括饮马河Ⅰ级阶地和Ⅱ级阶地。Ⅰ级阶地位于河谷两侧，第四系下部发育较稳定的砂砾石层，富水性较好，出水量大，可作为供水目的层，但局部地区发育有淤泥质粉质黏土，地下水有腥臭味，水质较差。Ⅱ级阶地为黄土状粉质黏土，第四系下部发育有少量细砂层，但是水量较少，不具有供水意义。第四系下伏白垩系，多为泥岩、泥质粉砂岩、砂岩等互层，从龙嘉Ⅱ级阶地到饮马河河谷地带水量逐渐增大。

奋进乡位于长春市北部、伊通河以东，主要为伊通河Ⅰ级阶地和Ⅱ级阶地。Ⅰ级阶地下伏砂砾石层，富水性较好，单井涌水量多在500～1000m^3/d之间，局部大于1000m^3/d。Ⅱ级阶地多为黄土状粉质黏土，水量较小，没有供水意义。下伏地层为白垩系嫩江组、姚家组和青山口组，其中青山口组岩性为钙质胶结粉细砂岩，裂隙发育，具有一定的供水意义。

双德乡位于长春市南部，主要为伊通河Ⅱ级阶地，岩性为黄土状粉质黏土，富水性较差，没有供水意义。下伏地层为白垩系姚家组和青山口组，其中青山口组裂隙发育，可作为主要供水水源。

(二)长春新区地下水类型及富水性

长春新区地下水类型主要为松散岩类孔隙水、碎屑岩类孔隙裂隙水和基岩裂隙水。

1. 松散岩类孔隙水

(1)水量丰富(单井涌水量为1000～3000m^3/d)：主要位于饮马河两岸Ⅰ级阶地，呈条带状，主要有中粗

砂、含砾中粗砂，含水层厚度一般在 2～10m，并由河床向两侧地带厚度逐渐变薄，岩性颗粒逐渐变细。潜水埋藏深度多小于 3m。单井最大涌水量（降深 5m 或含水层厚度的 1/2，下同）为 1000～3000m³/d。

（2）水量较丰富（单井涌水量 500～1000m³/d）：该区域位于饮马河Ⅰ级阶地外缘，与Ⅱ级阶地相接，位于从双丰村至五家子村的条带状区域、双阳村部分地区、伊通河以东的大部地区。这些地区含水层岩性颗粒逐渐变细，含水层变薄，单井涌水量为 500～1000m³/d。

（3）水量贫乏（单井涌水量<100m³/d）：该区域主要位于饮马河和伊通河Ⅱ级阶地，位于龙嘉镇中部朝阳村至四家子村一带，奋进乡隆北村至太平山屯一带以及双德乡。该区地势波状起伏，主要发育较厚的黄土状粉质黏土，透水性差，补给条件不良，虽然下部存在稍粗的砂砾石层，透水性较好，但是含水层厚度较薄以致缺失，不利于地下水的赋存。因此该区松散岩类孔隙水富水性较差，多小于 100m³/d。

2. 碎屑岩类孔隙裂隙水

（1）水量丰富（单井涌水量为 1000～3000m³/d）：白垩系沉积岩系发育有巨厚的泥岩、砂岩、泥质粉砂岩互层，在部分地区，颗粒较粗，富水性较好。其中，在饮马河两岸地区，东至计家窝铺，西至西营城镇一带，白垩系泉头组中裂隙逐渐发育，有多层砂岩、粉砂岩和砾岩地层，含水层顶板埋深在 20～50m 之间，裂隙发育地区单井涌水量（20m 降深）达到 1000～3000m³/d。在双德乡的中南部，发育有白垩系青山口组，钙质胶结粉细砂岩，裂隙发育，富水性达到 1000～3000m³/d。

（2）水量较丰富（单井涌水量 500～1000m³/d）：本区分布在龙嘉镇挖铜村至二道村的条状地带，为白垩系泉头组，上覆较厚的黄土状粉质黏土，泉头组岩性为泥岩、粉砂岩互层，发育有多层粗粒富水含水层，但是补给条件较差，单井涌水量多在 500～1000m³/d 之间。

（3）水量较贫乏（单井涌水量为 100～500m³/d）：本区域分布在龙嘉镇西部张家洼子至侯家屯一带，奋进乡东大青至黄家烧锅一带。其中，张家洼子至侯家屯地区为白垩系泉头组，该地区泥岩逐渐变厚，颗粒逐渐变细，补给条件变差，富水性较差，单井涌水量为 100～500m³/d。东大青至黄家烧锅一带，该地区为白垩系青山口组，岩性为粉细砂岩，裂隙较发育，但上覆第四系黄土状粉质黏土较厚，多在 20～60m 之间，补给条件较差，单井涌水量多为 100～500m³/d。

（4）水量贫乏（单井涌水量<100m³/d）：该区主要位于奋进乡西部郭家屯至大梁家屯一带，以及双德乡西部地区，该地区主要发育有白垩系姚家组。地层以紫色泥岩、泥质粉砂岩和粉砂质泥岩为主，分布比较稳定，颗粒较细，裂隙不发育，上覆第四系粉质黏土、黄土状粉质黏土，补给条件较差，单井涌水量小于 100m³/d。

3. 基岩裂隙水

基岩裂隙水以风化带网状裂隙水为主，分布在工作区的东南部低山丘陵区。含水层岩性为燕山期侵入岩，以二长花岗岩、碱长花岗岩、碱长正长岩以及花岗闪长岩为主。风化壳厚度一般为 30～40m，地下水赋存于风化带网状裂隙中，富水性较贫乏，泉流量多小于 0.1L/s，区内东南部较小范围内富水性较大在 0.1～1.0 L/s 之间。水位埋藏深度均小于 10m。水化学类型以 HCO_3-Ca 型为主，TDS 小于 0.5g/L。

二、泉眼幅地下水形成与富水性

（一）泉眼幅地下水形成

1. 丘陵山区地下水的形成条件与分布

该区沟谷纵横，山坡陡而平直，植被不发育，风化壳薄而不稳。这些条件均不利于地下水的形成与富集,地下水沿裂隙顺坡而下,补给台地或河谷地下水。

该区主要分布着侏罗系安山岩和砂砾岩,另外区内东南部大面积分布侵入岩,岩性以二长花岗岩、花岗闪长岩等为主。风化带厚度为3~8m,地下水赋存于风化带网状裂隙中,富水性贫乏,泉流量多小于1.0L/s。水位埋藏深度均小于10m。

2. 平原区地下水的形成与分布

该区由黄土波状台地及Ⅰ级阶地漫滩组成,在沉积厚度不等的地层中赋存着大量松散岩类孔隙潜水与碎屑岩类孔隙裂隙承压水,各水文地质条件分述如下。

黄土波状台地分布于图幅的北部,沿雾开河与饮马河Ⅰ级阶地漫滩两侧为黄土波状台地,高出河谷数米至十几米,决定了地下水缺少地下径流补给的条件。台地上由弱透水地层覆盖,对渗入补给亦属不利因素,但接近雾开河与饮马河河谷平原,地形坡降增大,径流逐渐变好。

Ⅰ级阶地漫滩分布于图幅北部、西部的饮马河和雾开河河谷平原,地形较平坦,坡降较小,径流不甚通畅。地下水流向在纵向上自南向北、横向上由东向西流动,补给条件比其他地貌单元优越,除直接接受大气降水补给外,还有台地地下径流补给。

(二) 地下水类型及含水层(组)的富水性特征

根据地下水的赋存条件、水理性质、水力特征,同时考虑在不同地区地下水的可利用性和可开采性,将地下水类型划分为松散岩类孔隙水、碎屑岩类孔隙裂隙水、基岩裂隙水3种类型,地下水富水性分级按水量丰富程度划分如下。

松散岩类孔隙水按5.0m降深单井涌水量评价含水层的富水程度,划分为水量丰富区(单井涌水量为1000~3000m^3/d)、水量较丰富区(单井涌水量为500~1000m^3/d)、水量贫乏区(单井涌水量<100m^3/d)3个级别。

碎屑岩类孔隙裂隙水划分为水量贫乏区(单井涌水量<100m^3/d)一个级别。

基岩裂隙水按其裂隙性质不同划分为风化带网状裂隙水。风化带网状裂隙水富水等级又分为水量贫乏区(泉水流量<1.0L/s)、水量极贫乏区(单井涌水量<10m^3/d)两个级别。

1. 松散岩类孔隙水

(1) 水量丰富孔隙潜水:面积较小,主要分布在图幅东北角饮马河流域,含水层为透水性良好的中粗砂、砂砾石层,厚度为2~5m,水位下降至含水层厚度的1/2~2/3时,单井涌水量为1000~3000m^3/d,水量丰富。水化学类型为TDS小于0.5g/L的$HCO_3-Ca(Na)$型水。

(2) 水量较丰富孔隙潜水:分布在水量丰富地段两侧,主要分布在雾开河沿岸、饮马河沿岸,含水层相对较薄,颗粒变细,单井涌水量为500~1000m^3/d,水量较丰富。水化学类型为TDS小于0.5g/L的$HCO_3-Ca(Na)$型水。

(3) 水量贫乏孔隙潜水:广布于河间地块、波状台地区,含水层为弱透水的黄土状亚黏土,大口井抽水的单井涌水量小于100m^3/d。水化学类型为TDS小于1g/L的$HCO_3-Ca·Mg$型或$HCO_3·Cl-Ca$型水。

2. 碎屑岩类孔隙裂隙水

水量极贫乏区(单井涌水量<100m^3/d)主要分布于赵家村至黄花沟、张家药房至景家窑村、腰二道村至四刘村一带。含水层主要为古新统缸窑组的砂岩、砾岩和泥岩,下白垩统营城组流纹岩、凝灰岩、安山岩,泉头组泥岩砂岩互层、泥质胶结砂砾岩,上侏罗统火石岭组安山岩,安民组安山岩凝灰质角砾岩,下二叠统哲斯组砂岩、粉砂岩、页岩、灰岩,石炭系磨盘山组灰岩等。由于含水层颗粒较细,胶结较密,含

泥质成分,富水贫乏,单井涌水量在降深20m时较少,小于100m³/d,局部受地质构造影响,水量略有增加。

3. 基岩裂隙水

风化带网状裂隙水分布在图幅的东南部低山丘陵区,含水层岩性为燕山期侵入岩,以二长花岗岩、碱长花岗岩、碱长正长岩以及花岗闪长岩为主。风化壳厚度一般为30～40m,地下水赋存于风化带网状裂隙中,富水性较贫乏,泉流量多小于0.1L/s,图幅东南部较小范围内富水性较大,在0.1～1.0L/s之间。水位埋藏深度均小于10m。水化学类型以HCO_3-Ca型为主,TDS小于0.5g/L。

综上所述,泉眼图幅内水文地质条件比较复杂,且缺少厚大的含水层和储水构造。其中,河谷松散岩类孔隙潜水具有分布面积大、含水层透水性好、补给源充沛、浅藏易采的特点;台地黄土状土与砂砾石综合含水组,虽然水量不大,但可就地打井取水,浅藏易采,是较好的分散供水水源。

三、新安堡幅地下水赋存条件

(一)新安堡幅地下水形成

1. 丘陵山区地下水的形成条件与分布

该区沟谷纵横,山坡陡而平直,植被不发育,风化壳薄而不稳。这些条件均不利于地下水的形成与富集,地下水沿裂隙顺坡而下,补给台地或河谷地下水。

该区西部和北部分布着大面积的中生代侵入岩,岩性以二长花岗岩、花岗闪长岩等为主,风化带厚度为3～20m,部分地区较厚,达到40～60m。地下水赋存于风化带网状孔隙裂隙中,富水性贫乏,泉流量多小于1.0L/s。部分地区受地形及地质结构的影响,富水条件较好,涌水量较大。水位埋藏深度均小于10m。

2. 平原区地下水的形成与分布

平原区为伊通-舒兰断陷槽地,主要由双阳河Ⅰ、Ⅱ级阶地及漫滩组成,在沉积厚度不等的地层中赋存着大量松散岩类孔隙潜水与碎屑岩类孔隙裂隙承压水,水文地质条件分述如下。

(1)Ⅰ级阶地漫滩:分布于图幅南部、东部的双阳河两侧,地形较平坦,坡降较小,径流通畅。地下水流向为纵向上自南向北、横向上由西向东。补给条件比其他地貌单元优越,除直接接受大气降水补给外,还有Ⅱ级阶地与丘陵区地下径流补给。

(2)Ⅱ级阶地:分布于图幅的北部,沿雾开河与饮马河Ⅰ级阶地漫滩分布,两侧为Ⅱ级阶地,地表地势起伏,上覆黄土状粉质黏土,弱透水,地下水缺少径流补给的条件。阶地上为弱透水地层覆盖,对渗入补给亦属不利因素。

(二)地下水类型与富水性

根据地下水的赋存条件、水理性质、水力特征,同时考虑在不同地区地下水的可利用性和可开采性,将地下水类型划分为松散岩类孔隙水、碎屑岩类孔隙裂隙水、基岩裂隙水3种类型,地下水富水性分级按水量丰富程度划分如下。

松散岩类孔隙水按5.0m降深单井涌水量评价含水层的富水程度,划分为水量丰富区(单井涌水量为1000～3000m³/d)、水量较丰富区(单井涌水量为500～1000m³/d)、水量中等区(单井涌水量为100～500m³/d)、水量贫乏区(单井涌水量<100m³/d)4个级别。

碎屑岩类孔隙裂隙水划分为水量贫乏区(单井涌水量<100m³/d)一个级别。

基岩裂隙水按其裂隙性质不同划分为风化带网状裂隙水。风化带网状裂隙水富水等级又分为水量贫乏区(泉水流量0.1~1.0L/s)、水量极贫乏区(泉水流量<0.1L/s)2个级别。

下面按地下水类型分别论述富水性特征。

1. 松散岩类孔隙水

(1)水量丰富区(单井涌水量为1000~3000m³/d):分布于幅内双阳河两岸的Ⅰ级阶地。岩性具有明显的二元结构特征,上部为粉质黏土、淤泥质粉质黏土,厚度为3.0~8.0m;下部为圆砾、含砾中粗砂、细砂等,厚度为10.0~20.0m。含水层底板埋深为15.0~30.0m,水位埋深为1.0~3.5m,单井涌水量为1000~3000m³/d。水化学类型为HCO_3-Ca或HCO_3-Na型水,水质良好。

(2)水量较丰富区(单井涌水量为500~1000m³/d):分布于幅内双阳河两侧Ⅱ级阶地大部分地段。岩性上部为粉质黏土,厚度为4.0~15.0m,部分区域有含淤泥质粉质黏土透镜体,厚度为1.0~5.0m,横向变化较大,层位不稳定;下部为含砾中粗砂,局部圆砾,厚度为5.0~10.0m。含水层底板埋深为18.0~35.0m,水位埋深为3.0~8.0m,单井涌水量为500~1000m³/d。水化学类型为HCO_3-Ca型水,水质良好。

(3)水量中等区(单井涌水量为100~500m³/d):分布于幅内双阳河支流的山间河谷。岩性上部为粉质黏土,厚度为3.0~15.0m;下部为中粗砂、细砂,厚度为0.5~4.0m。含水层底板埋深为10.0~20.0m,水位埋深为3.0~10.0m,单井涌水量为100~500m³/d。水化学类型为HCO_3-Ca型水,水质良好。

(4)水量贫乏区(单井涌水量<100m³/d):主要分布于区内双阳河两岸Ⅱ、Ⅲ级阶地,岩性为黄土状粉质黏土,厚度为10~40m,夹少量粉细砂层,富水性较差,单井涌水量低于100m³/d,不具有供水意义。

2. 碎屑岩类孔隙裂隙水

水量贫乏区(<100m³/d)分布于工作区西北部的姚马张村至广隆号村、大顶子至大常家屯一带,东北部的腰刘家屯至联丰村、小木家窝铺至双泉子村一带。含水层主要为古新统吉舒组的砂岩、砾岩和泥岩,下白垩统营城组流纹岩、凝灰岩、安山岩,上侏罗统火石岭组安山岩,安民组安山岩凝灰质角砾岩,下二叠统哲斯组砂岩、粉砂岩、页岩等。由于含水层颗粒较细,胶结较密,含泥质成分,富水贫乏,单井涌水量较小,小于100m³/d,局部受地质构造影响,水量略有增加。

3. 基岩裂隙水

风化带网状裂隙水分布在图幅西北部低山丘陵区,含水层岩性为中生代侵入岩,以侏罗纪二长花岗岩、碱长花岗岩、碱长正长岩以及三叠纪花岗闪长岩为主。风化壳厚度一般为3~20m,局部为40~60m。地下水赋存于风化带网状裂隙中,富水性较贫乏,泉流量多小于0.1L/s,局部较小范围内富水性较大,大于0.1L/s。水位埋藏深度均小于10m。水化学类型以HCO_3-Ca型为主,TDS小于0.5g/L。

综上所述,新安堡幅内水文地质条件比较复杂,且缺少厚大的含水层和储水构造。其中,河谷松散岩类孔隙潜水具有分布面积大、含水层透水性好、补给源充沛、浅藏易采的特点;Ⅱ级阶地黄土状土与砂砾石含水岩组,虽然水量不大,但可就地打井取水,浅藏易采,是较好的分散供水水源。

第二节 地下水化学

地下水化学评价中常用到三线图和舒卡列夫分类两种方法。

三线图首先是由Piper在1944年提出来的,故又称Piper三线图。该图各以3组主要的阳离子(Ca^{2+}、Mg^{2+}、Na^++K^+)和阴离子(Cl^-、SO_4^{2-}、$HCO_3^-+CO_3^{2-}$)的每升毫克当量的百分数来表示。

在舒卡列夫分类中,首先,根据地下水中主要 7 种离子(其中 K^+ 和 Na^+ 合并,分为 6 种)的相对含量进行组合分类的一种方法。如果某种离子含量(毫克当量百分数,或视毫摩尔百分含量)不低于 25%,参与组合定名,给定编号;3 类阳离子(Ca^{2+}、Mg^{2+}、K^+ 和 Na^+)可以有 7 种组合方式;3 类阴离子(HCO_3^-、SO_4^{2-}、Cl^-)也可以组合为 7 种;阴、阳离子再组合共计 $7×7=49$ 种水型(表 7-2-1)。其次,加上 TDS 大小分为 4 组,即 A 组 TDS 小于 1.5g/L,B 组 TDS 为 1.5~10g/L,C 组 TDS 为 10~40g/L,D 组 TDS 大于 40g/L。最终,得到地下水化学类型分类表。

表 7-2-1 舒卡列夫分类图表

超过 25%meq 的离子	HCO_3^-	$HCO_3^- + SO_4^{2-}$	$HCO_3^- + SO_4^{2-} + Cl^-$	$HCO_3^- + Cl^-$	SO_4^{2-}	$SO_4^{2-} + Cl^-$	Cl^-
Ca^{2+}	1	8	15	22	29	36	43
$Ca^{2+} + Mg^{2+}$	2	9	16	23	30	37	44
Mg^{2+}	3	10	17	24	31	38	45
$Na^+ + Ca^{2+}$	4	11	18	25	32	39	46
$Na^+ + Ca^{2+} + Mg^{2+}$	5	12	19	26	33	40	47
$Na^+ + Mg^{2+}$	6	13	20	27	34	41	48
Na^+	7	14	21	28	35	42	49

一、长春新区地下水水化学

1. Piper 三线图

如图 7-2-1 所示,地下水中阳离子以 Ca^{2+} 为主,Na^+、Mg^{2+} 次之;阴离子以 HCO_3^- 为主,Cl^- 和 SO_4^{2-} 次之。

2. 水化学类型

长春新区地下水水化学类型分类见表 7-2-2。

地下水 TDS 为 118.87~895.75mg/L,平均含量为 423.90mg/L;Na^+ 含量为 10.08~201.47mg/L,平均含量为 37.65mg/L;Ca^{2+} 含量为 3.67~223.00mg/L,平均含量为 76.74mg/L;Mg^{2+} 含量为 1.52~33.45mg/L,平均含量为 15.35mg/L;HCO_3^- 含量为 46.71~337.97mg/L,平均含量为 148.03mg/L;SO_4^{2-} 含量为 1.01~202.32mg/L,平均含量为 53.30mg/L。

地下水中阴离子主要为 HCO_3^- 型水,Cl^- 型、SO_4^{2-} 型水零星分布;阳离子中 Ca^{2+} 型水广泛分布,$Mg^{2+} \cdot Ca^{2+}$ 型和 $Ca^{2+} \cdot Na^+$ 型水次之,Na^+ 型水零星分布。

1-A 号水,即为 HCO_3-Ca 型水,有 9 个水样点,占总样品的 18.75%,表示沉积岩地区浅层溶滤水的特点。22-A 号水,即为 $HCO_3 \cdot Cl$-Ca 型水,有 13 个样品点,占总样品的 27.08%。4-A 号水,即为 HCO_3-Ca·Na 型水,有 5 个样品点,占总样品的 10.42%。25-A 号水,即为 $HCO_3 \cdot Cl$-Ca·Na 型水,有 2 个样品点,占总样品的 4.17%。36-A 号水,即为 $Cl \cdot SO_4$-Ca 型水,有 2 个样品点,占总样品的 4.17%。个别地区地下水化学类型存在 HCO_3-Na 型水、HCO_3-Na·Mg 型水等。

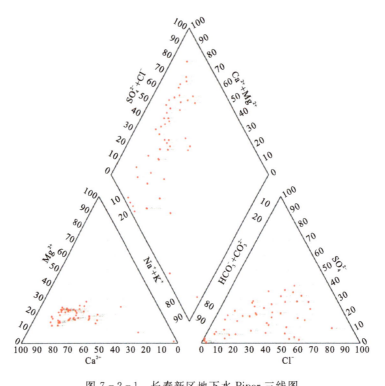

图 7-2-1 长春新区地下水 Piper 三线图

表 7-2-2 长春新区地下水水化学类型分类表

编号	TDS	Na^++K^+	Ca^{2+}	Mg^{2+}	HCO_3^-	SO_4^{2-}	Cl^-	水化学类型	阴离子类型	阳离子类型
DXW01	320.23	32.65	65.42	12.25	244.55	50.10	13.42	1-A	HCO_3^-	Ca^{2+}
DXW02	327.86	16.40	70.46	13.88	109.91	12.76	48.67	22-A	$HCO_3^-\cdot Cl^-$	Ca^{2+}
DXW03	136.94	16.55	19.63	4.71	93.42	5.23	3.10	4-A	HCO_3^-	$Ca^{2+}\cdot Na^+$
DXW04	132.98	16.42	19.19	4.65	90.68	5.24	3.01	4-A	HCO_3^-	$Ca^{2+}\cdot Na^+$
DXW05	429.52	16.99	95.63	11.50	87.93	18.75	59.87	22-A	$Cl^-\cdot HCO_3^-$	Ca^{2+}
DXW06	455.89	46.83	88.16	18.64	299.50	35.77	81.31	25-A	$HCO_3^-\cdot Cl^-$	$Ca^{2+}\cdot Na^+$
DXW07	498.70	201.47	3.67	1.52	337.97	33.04	16.21	7-A	HCO_3^-	Na^+
DXW08	452.84	95.63	39.12	24.80	321.48	24.63	53.86	6-A	HCO_3^-	$Na^+\cdot Mg^{2+}$
DXW09	699.90	112.99	108.41	20.09	288.51	151.42	129.49	18-A	$HCO_3^-\cdot Cl^-\cdot SO_4^{2-}$	$Ca^{2+}\cdot Na^+$
DXW10	258.46	29.36	40.20	15.93	244.55	4.74	1.01	5-A	HCO_3^-	$Ca^{2+}\cdot Mg^{2+}\cdot Na^+$
DXW11	380.69	23.33	83.69	8.90	131.89	38.72	33.36	1-A	HCO_3^-	Ca^{2+}
DXW12	505.30	51.98	88.30	17.15	159.37	52.47	49.49	25-A	$HCO_3^-\cdot Cl^-$	$Ca^{2+}\cdot Na^+$
DXW13	570.05	29.52	113.47	20.43	54.95	65.79	92.09	36-A	$Cl^-\cdot SO_4^{2-}$	Ca^{2+}
DXW14	717.88	33.78	162.08	16.33	104.41	115.32	98.66	36-A	$Cl^-\cdot SO_4^{2-}$	Ca^{2+}
DXW15	504.28	50.48	73.43	20.00	54.95	77.68	56.96	39-A	$SO_4^{2-}\cdot Cl^-$	$Ca^{2+}\cdot Na^+$

续表 7-2-2

编号	TDS	$Na^+ + K^+$	Ca^{2+}	Mg^{2+}	HCO_3^-	SO_4^{2-}	Cl^-	水化学类型	阴离子类型	阳离子类型
DXW16	335.71	30.60	70.54	12.39	189.59	46.02	39.27	1-A	HCO_3^-	Ca^{2+}
DXW17	583.92	23.50	125.66	18.29	101.67	5.18	94.95	22-A	$Cl^- \cdot HCO_3^-$	Ca^{2+}
DXW18	154.51	13.32	26.96	4.78	112.66	0.68	1.81	1-A	HCO_3^-	Ca^{2+}
DXW19	1 076.08	61.49	223.00	27.90	101.67	95.41	170.27	43-A	Cl^-	Ca^{2+}
DXW20	338.23	16.52	62.02	13.79	71.44	3.90	51.72	22-A	$Cl^- \cdot HCO_3^-$	Ca^{2+}
DXW21	284.69	15.65	59.64	8.34	87.93	18.69	33.92	22-A	$HCO_3^- \cdot Cl^-$	Ca^{2+}
DXW22	248.26	72.72	19.04	4.12	225.31	6.85	0.73	7-A	HCO_3^-	Na^+
DXW23	972.63	34.53	210.68	33.03	57.70	37.42	202.32	43-A	Cl^-	Ca^{2+}
DXW24	347.21	21.40	73.15	9.33	96.17	11.62	62.25	22-A	$Cl^- \cdot HCO_3^-$	Ca^{2+}
DXW25	408.80	25.69	69.43	15.70	115.40	43.08	51.24	22-A	$HCO_3^- \cdot Cl^-$	Ca^{2+}
DXW26	349.45	17.18	65.02	13.38	76.94	23.04	33.76	22-A	$HCO_3^- \cdot Cl^-$	Ca^{2+}
DXW27	292.17	14.52	50.39	11.83	46.71	3.97	38.77	22-A	$Cl^- \cdot HCO_3^-$	Ca^{2+}
DXW28	698.31	61.02	120.49	30.05	120.90	106.92	126.84	15-A	$Cl^- \cdot SO_4^{2-} \cdot HCO_3^-$	Ca^{2+}
DXW29	118.87	10.08	19.02	3.25	57.70	3.24	6.20	4-A	HCO_3^-	$Ca^{2+} \cdot Na^+$
DXW31	473.57	28.29	83.81	20.62	131.89	51.97	43.80	22-A	$HCO_3^- \cdot Cl^-$	Ca^{2+}
DXW32	396.48	43.86	56.57	18.74	131.89	56.93	26.66	12-A	$HCO_3^- \cdot SO_4^{2-}$	$Ca^{2+} \cdot Na^+ \cdot Mg^{2+}$
DXW33	209.43	17.45	32.33	7.56	57.70	11.17	23.61	22-A	$HCO_3^- \cdot Cl^-$	Ca^{2+}
DXW34	210.27	15.08	42.81	10.24	156.62	4.93	14.14	1-A	HCO_3^-	Ca^{2+}
DXW35	571.24	59.18	100.33	23.92	230.81	85.86	53.04	8-A	$HCO_3^- \cdot SO_4^{2-}$	Ca^{2+}
DXW36	532.29	36.96	112.61	23.78	277.52	53.95	39.18	1-A	HCO_3^-	Ca^{2+}
DXW37	314.91	17.67	68.74	16.66	239.05	22.03	16.31	1-A	HCO_3^-	Ca^{2+}
DXW38	500.89	24.52	93.01	20.45	76.94	51.82	52.25	15-A	$Cl^- \cdot HCO_3^- \cdot SO_4^{2-}$	Ca^{2+}
DXW39	763.02	37.47	150.51	33.45	120.90	56.20	148.89	22-A	$Cl^- \cdot HCO_3^-$	Ca^{2+}
DXW40	344.39	62.47	47.66	13.88	247.30	41.27	12.47	4-A	HCO_3^-	$Ca^{2+} \cdot Na^+$
DXW41	164.79	18.38	30.16	9.60	115.40	26.51	17.54	2-A	HCO_3^-	$Ca^{2+} \cdot Mg^{2+}$
DXW42	157.13	19.55	22.34	4.53	98.92	25.70	8.55	4-A	HCO_3^-	$Ca^{2+} \cdot Na^+$
DXW43	279.60	19.10	44.51	7.28	148.38	60.14	29.38	8-A	$HCO_3^- \cdot SO_4^{2-}$	Ca^{2+}
DXW44	217.62	15.79	42.35	9.99	219.82	1.08	3.46	1-A	HCO_3^-	Ca^{2+}
DXW45	237.25	21.02	51.46	8.01	241.80	3.60	1.51	1-A	HCO_3^-	Ca^{2+}
DXW46	895.75	56.04	193.83	26.49	261.03	256.71	179.99	15-A	$SO_4^{2-} \cdot Cl^- \cdot HCO_3^-$	Ca^{2+}
DXW47	490.20	39.89	85.69	22.13	126.40	94.44	73.89	15-A	$Cl^- \cdot HCO_3^- \cdot SO_4^{2-}$	Ca^{2+}
DXW48	654.19	58.50	100.65	28.42	74.19	91.19	96.81	39-A	$Cl^- \cdot SO_4^{2-}$	$Ca^{2+} \cdot Na^+$
DXW49	333.68	23.28	58.21	14.03	63.20	28.06	62.29	22-A	$Cl^- \cdot HCO_3^-$	Ca^{2+}

二、泉眼幅地下水水化学

1. Piper 三线图

如图 7-2-2 所示，地下水中阳离子以 Ca^{2+} 为主，Mg^{2+} 次之；阴离子以 HCO_3^- 为主，Cl^- 和 SO_4^{2-} 次之。

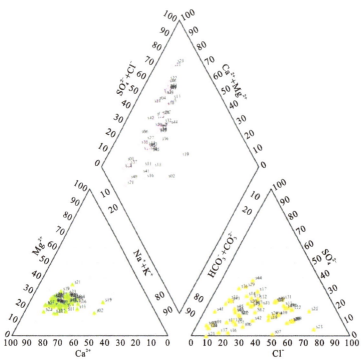

图 7-2-2　泉眼幅地下水 Piper 三线图

2. 水化学类型

泉眼幅地下水水化学类型分类见表 7-2-3。

地下水 TDS 为 129.16～1 169.62mg/L，平均含量为 396.71mg/L；Na^+ 含量为 8.46～65.68mg/L，平均含量为 27.61mg/L；Ca^{2+} 含量为 25.21～202.41mg/L，平均含量为 69.83mg/L；Mg^{2+} 含量为 4.28～58.69mg/L，平均含量为 17.21mg/L；HCO_3^- 含量为 57.20～294.58mg/L，平均含量为 141.43mg/L；SO_4^{2-} 含量为 0.32～255.84mg/L，平均含量为 38.48mg/L；Cl^- 含量为 4.34～202.50mg/L，平均含量为 56.78mg/L。

地下水中阴离子主要以 HCO_3^- 型水，Cl^- 型、SO_4^{2-} 型水零星分布；阳离子中 Ca^{2+} 型水广泛分布，$Ca^{2+} \cdot Mg^{2+}$ 型水和 $Ca^{2+} \cdot Na^+ \cdot Mg^{2+}$ 型水次之，$Na^+ \cdot Ca^{2+}$ 型水零星分布。

1-A 号水，即为 HCO_3-Ca 型水，有 9 个水样点，占总样品的 18.75%，表示沉积岩地区浅层溶滤水的特点。22-A 号水，即为 Cl·HCO_3-Ca 型水，有 13 个样品点，占总样品的 27.08%。4-A 号水，即为 HCO_3-Ca·Na 型水，有 4 个样品点，占总样品的 8.33%。23-A 号水，即为 HCO_3·Cl-Ca·Mg 型水，有 7 个样品点，占总样品的 14.58%。个别地区地下水水化学类型存在 HCO_3-Na·Mg 型水等。

表 7-2-3 泉眼幅地下水水化学类型分类表

编号	TDS	$Na^+ + K^+$	Ca^{2+}	Mg^{2+}	HCO_3^-	SO_4^{2-}	Cl^-	水化学类型	阴离子类型	阳离子类型
s01	288.97	15.92	62.23	16.28	228.80	18.37	14.80	2-A	HCO_3^-	$Ca^{2+} \cdot Mg^{2+}$
s02	347.32	54.63	40.63	10.11	200.20	36.28	43.97	4-A	HCO_3^-	$Na^+ \cdot Ca^{2+}$
s03	484.51	43.08	85.04	26.32	251.68	87.21	83.21	23-A	$HCO_3^- \cdot Cl^-$	$Ca^{2+} \cdot Mg^{2+}$
s04	492.23	21.70	94.46	20.08	131.56	35.48	81.81	22-A	$Cl^- \cdot HCO_3^-$	Ca^{2+}
s05	229.06	18.42	42.39	7.84	128.70	25.99	22.58	1-A	HCO_3^-	Ca^{2+}
s06	237.70	10.08	42.62	9.25	82.94	6.92	21.80	22-A	$HCO_3^- \cdot Cl^-$	Ca^{2+}
s07	487.64	25.99	83.60	17.87	131.56	3.41	79.14	22-A	$Cl^- \cdot HCO_3^-$	Ca^{2+}
s08	517.85	34.49	86.74	17.87	108.68	22.52	99.09	22-A	$Cl^- \cdot HCO_3^-$	Ca^{2+}
s09	344.61	15.15	50.06	10.78	45.76	12.49	50.47	22-A	$Cl^- \cdot HCO_3^-$	Ca^{2+}
s10	416.42	28.97	76.06	14.91	120.12	36.62	87.51	22-A	$Cl^- \cdot HCO_3^-$	Ca^{2+}
s11	143.39	13.53	25.55	4.64	85.80	9.01	11.79	4-A	HCO_3^-	$Ca^{2+} \cdot Na^+$
s12	168.36	12.04	25.21	6.07	62.92	15.88	22.65	22-A	$HCO_3^- \cdot Cl^-$	Ca^{2+}
s13	216.79	17.53	35.74	10.97	65.78	34.74	57.74	23-A	$Cl^- \cdot HCO_3^-$	$Ca^{2+} \cdot Mg^{2+}$
s14	248.36	20.28	40.56	8.91	94.38	39.93	22.63	8-A	$HCO_3^- \cdot SO_4^{2-}$	Ca^{2+}
s15	289.23	17.83	52.76	11.12	94.38	39.74	28.16	15-A	$HCO_3^- \cdot SO_4^{2-} \cdot Cl^-$	Ca^{2+}
s17	253.34	16.02	42.44	6.28	65.78	37.02	23.39	15-A	$HCO_3^- \cdot SO_4^{2-} \cdot Cl^-$	Ca^{2+}
s18	292.72	31.05	40.09	9.32	165.88	43.62	14.87	4-A	HCO_3^-	$Ca^{2+} \cdot Na^+$
s20	502.88	23.00	92.87	18.33	82.94	20.85	86.13	22-A	$Cl^- \cdot HCO_3^-$	Ca^{2+}
s21	293.67	27.57	49.19	24.18	308.88	0.32	18.29	2-A	HCO_3^-	$Ca^{2+} \cdot Mg^{2+}$
s22	366.28	15.54	66.39	13.78	57.20	29.74	65.57	22-A	$Cl^- \cdot HCO_3^-$	Ca^{2+}
s23	674.43	23.57	125.50	23.68	62.92	12.27	133.67	43-A	Cl^-	Ca^{2+}
s24	845.86	58.84	145.50	32.33	286.00	72.65	156.19	22-A	$HCO_3^- \cdot Cl^-$	Ca^{2+}
s25	855.53	34.75	183.73	26.34	80.08	63.57	177.98	43-A	Cl^-	Ca^{2+}
s26	569.00	26.25	103.83	28.45	117.26	60.33	78.47	23-A	$Cl^- \cdot HCO_3^-$	$Ca^{2+} \cdot Mg^{2+}$
s27	285.74	20.46	61.41	9.01	154.44	28.54	32.53	1-A	HCO_3^-	Ca^{2+}
s28	170.75	8.46	33.08	7.86	120.12	6.46	6.33	1-A	HCO_3^-	Ca^{2+}
s29	222.09	21.64	33.80	10.83	91.52	50.09	19.18	9-A	$HCO_3^- \cdot SO_4^{2-}$	$Ca^{2+} \cdot Mg^{2+}$
s30	408.38	38.07	74.13	22.98	245.96	28.87	44.85	2-A	HCO_3^-	$Ca^{2+} \cdot Mg^{2+}$
s31	1 169.62	65.68	202.41	58.69	231.66	155.84	202.50	16-A	$Cl^- \cdot HCO_3^- \cdot SO_4^{2-}$	$Ca^{2+} \cdot Mg^{2+}$
s32	327.49	28.05	55.11	12.92	111.54	49.08	41.56	15-A	$HCO_3^- \cdot Cl^- \cdot SO_4^{2-}$	Ca^{2+}
s33	251.87	22.60	42.02	14.67	160.16	50.09	16.50	9-A	$HCO_3^- \cdot SO_4^{2-}$	$Ca^{2+} \cdot Mg^{2+}$
s35	696.87	35.90	125.20	36.61	177.32	91.26	115.59	23-A	$Cl^- \cdot HCO_3^-$	$Ca^{2+} \cdot Mg^{2+}$
s36	337.70	35.54	50.60	15.71	134.42	64.54	20.15	11-A	$HCO_3^- \cdot SO_4^{2-}$	$Ca^{2+} \cdot Na^+$

续表 7-2-3

编号	TDS	$Na^+ + K^+$	Ca^{2+}	Mg^{2+}	HCO_3^-	SO_4^{2-}	Cl^-	水化学类型	阴离子类型	阳离子类型
s37	161.59	9.46	31.11	6.01	108.68	2.95	12.05	1-A	HCO_3^-	Ca^{2+}
s38	369.84	25.18	80.44	16.71	260.26	25.16	53.13	1-A	HCO_3^-	Ca^{2+}
s39	626.19	35.39	102.49	35.90	137.28	75.85	94.87	23-A	$Cl^- \cdot HCO_3^-$	$Ca^{2+} \cdot Mg^{2+}$
s40	163.70	10.77	25.08	5.62	111.54	7.81	4.34	1-A	HCO_3^-	Ca^{2+}
s41	129.16	10.22	15.68	4.28	74.36	13.02	3.45	4-A	HCO_3^-	$Ca^{2+} \cdot Na^+$
s42	351.41	15.57	68.05	17.39	131.56	20.30	45.56	23-A	$HCO_3^- \cdot Cl^-$	$Ca^{2+} \cdot Mg^{2+}$
s43	195.02	17.31	34.59	9.00	114.40	34.82	13.76	1-A	HCO_3^-	Ca^{2+}
s44	314.56	28.52	38.49	12.91	74.36	53.47	20.29	12-A	$HCO_3^- \cdot SO_4^{2-}$	$Ca^{2+} \cdot Na^+ \cdot Mg^{2+}$
s45	290.17	34.06	46.03	14.64	160.16	37.67	26.38	5-A	HCO_3^-	$Ca^{2+} \cdot Na^+ \cdot Mg^{2+}$
s46	731.13	33.84	130.60	33.55	102.96	55.56	105.80	23-A	$Cl^- \cdot HCO_3^-$	$Ca^{2+} \cdot Mg^{2+}$
s47	1 017.64	59.34	192.76	45.66	183.04	89.36	169.37	22-A	$Cl^- \cdot HCO_3^-$	Ca^{2+}
s48	235.58	25.24	42.83	11.68	163.02	33.08	28.69	1-A	HCO_3^-	Ca^{2+}
s49	233.53	17.60	32.60	8.85	60.06	18.61	18.43	22-A	$HCO_3^- \cdot Cl^-$	Ca^{2+}
s50	398.18	27.70	70.64	15.95	143.00	47.79	38.43	1-A	HCO_3^-	Ca^{2+}
s51	599.83	25.59	140.79	27.57	294.58	107.70	124.58	22-A	$HCO_3^- \cdot Cl^-$	Ca^{2+}

三、新安堡幅地下水水化学

1. Piper 三线图

如图 7-2-3 所示，地下水中阳离子以 Ca^{2+} 为主，Mg^{2+} 次之；阴离子以 HCO_3^- 为主，Cl^- 和 SO_4^{2-} 次之。

2. 水化学类型

新安堡幅地下水水化学类型分类见表 7-2-4。

地下水 TDS 为 40.82～508.42mg/L，平均含量为 185.35mg/L；$Na^+ + K^+$ 含量为 9.83～53.51mg/L，平均含量为 20.73mg/L；Ca^{2+} 含量为 20.02～132.29mg/L，平均含量为 60.14mg/L；Mg^{2+} 含量为 4.52～30.51mg/L，平均含量为 15.14mg/L；HCO_3^- 含量为 37.70～346.26mg/L，平均含量为 124.04mg/L；SO_4^{2-} 含量为 2.39～96.66mg/L，平均含量为 28.84mg/L，Cl^- 含量为 3.60～119.68mg/L，平均含量为 43.39mg/L。

地下水中阴离子主要为 HCO_3^- 型水，Cl^- 型、SO_4^{2-} 型水零星分布；阳离子中 Ca^{2+} 型水广泛分布，$Ca^{2+} \cdot Mg^{2+}$ 型和 $Ca^{2+} \cdot Na^+ \cdot Mg^{2+}$ 型水次之，$Na^+ \cdot Ca^{2+}$ 型水零星分布。

1-A 号水，即为 HCO_3-Ca 型水，有 8 个水样点，占总样品的 16.67%，表示沉积岩地区浅层溶滤水的特点。22-A 号水，即为 Cl·HCO_3-Ca 型水，有 11 个样品点，占总样品的 22.91%。2-A 号水，即为 HCO_3-Ca·Mg 型水，有 7 个样品点，占总样品的 14.58%。15-A 号水，即为 HCO_3·SO_4·Cl-Ca 型水，有 2 个样品点，占总样品的 4.16%。个别地区地下水水化学类型存在 Cl-Ca 和 Cl-Ca·Mg 等类型水。

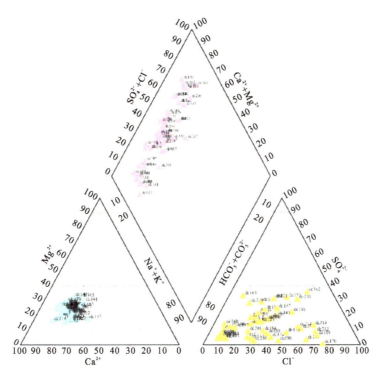

图 7-2-3 新安堡幅地下水 Piper 三线图

表 7-2-4 新安堡幅地下水水化学类型分类表

编号	TDS	$Na^+ + K^+$	Ca^{2+}	Mg^{2+}	HCO_3^-	SO_4^{2-}	Cl^-	水化学类型	阴离子类型	阳离子类型
s01	85.47	17.93	52.16	14.82	118.38	26.28	28.80	2-A	HCO_3^-	$Ca^{2+} \cdot Mg^{2+}$
s02	91.14	12.35	61.78	16.41	165.73	8.96	39.39	23-A	$HCO_3^- \cdot Cl^-$	$Ca^{2+} \cdot Mg^{2+}$
s03	133.52	28.06	83.11	21.59	94.70	9.15	106.99	22-A	$Cl^- \cdot HCO_3^-$	Ca^{2+}
s04	54.30	10.87	34.26	8.65	130.22	8.19	10.10	1-A	HCO_3^-	Ca^{2+}
s05	67.14	11.93	35.54	10.32	118.38	32.96	27.07	2-A	HCO_3^-	$Ca^{2+} \cdot Mg^{2+}$
s06	40.82	12.04	21.81	6.40	82.87	3.76	3.60	1-A	HCO_3^-	Ca^{2+}
s07	60.66	13.66	37.70	9.08	53.27	6.18	20.31	22-A	$HCO_3^- \cdot Cl^-$	Ca^{2+}
s08	108.66	23.56	65.89	18.33	73.99	20.46	75.07	23-A	$Cl^- \cdot HCO_3^-$	$Ca^{2+} \cdot Mg^{2+}$
s09	119.68	19.18	77.09	22.19	79.91	44.55	64.57	23-A	$Cl^- \cdot HCO_3^-$	$Ca^{2+} \cdot Mg^{2+}$
s10	70.24	18.74	43.11	7.25	88.78	22.40	17.49	1-A	HCO_3^-	Ca^{2+}
s11	182.60	23.92	126.88	30.51	59.19	2.39	112.08	44-A	Cl^-	$Ca^{2+} \cdot Mg^{2+}$
s12	117.77	31.91	58.43	25.39	53.27	96.66	92.81	37-A	$Cl^- \cdot SO_4^{2-}$	$Ca^{2+} \cdot Mg^{2+}$
s13	58.49	10.27	37.89	10.48	109.50	16.14	5.06	2-A	HCO_3^-	$Ca^{2+} \cdot Mg^{2+}$
s14	142.62	37.64	80.86	22.94	168.69	54.50	42.72	2-A	HCO_3^-	$Ca^{2+} \cdot Mg^{2+}$
s15	119.68	20.11	75.43	23.60	118.38	44.70	57.95	23-A	$HCO_3^- \cdot Cl^-$	$Ca^{2+} \cdot Mg^{2+}$
s16	143.67	53.51	63.56	25.72	319.62	34.15	17.04	5-A	HCO_3^-	$Ca^{2+} \cdot Mg^{2+} \cdot Na^+$

续表 7-2-4

编号	TDS	$Na^+ + K^+$	Ca^{2+}	Mg^{2+}	HCO_3^-	SO_4^{2-}	Cl^-	水化学类型	阴离子类型	阳离子类型
s17	79.96	18.27	43.33	17.53	189.41	25.35	15.76	2-A	HCO_3^-	$Ca^{2+} \cdot Mg^{2+}$
s18	64.44	19.56	33.02	10.85	106.54	49.55	8.72	9-A	$HCO_3^- \cdot SO_4^{2-}$	$Ca^{2+} \cdot Mg^{2+}$
s19	80.94	11.29	47.38	11.62	204.20	14.94	9.90	2-A	HCO_3^-	$Ca^{2+} \cdot Mg^{2+}$
s20	198.85	15.63	44.11	12.80	88.78	16.34	18.27	2-A	HCO_3^-	$Ca^{2+} \cdot Mg^{2+}$
s21	360.67	31.86	72.25	17.15	76.95	65.11	54.21	15-A	$Cl^- \cdot SO_4^{2-} \cdot HCO_3^-$	Ca^{2+}
s22	191.65	13.82	49.87	13.75	103.29	23.05	28.48	23-A	$HCO_3^- \cdot Cl^-$	$Ca^{2+} \cdot Mg^{2+}$
s23	423.73	29.45	101.22	25.44	165.73	80.23	43.73	8-A	$HCO_3^- \cdot SO_4^{2-}$	Ca^{2+}
s24	184.43	10.81	40.87	11.90	65.11	20.62	26.73	23-A	$HCO_3^- \cdot Cl^-$	$Ca^{2+} \cdot Mg^{2+}$
s25	198.71	13.47	45.95	10.13	65.11	5.28	27.84	22-A	$HCO_3^- \cdot Cl^-$	Ca^{2+}
s26	302.14	21.91	70.96	23.36	151.64	24.80	99.18	23-A	$Cl^- \cdot HCO_3^-$	$Ca^{2+} \cdot Mg^{2+}$
s27	139.04	10.71	49.44	11.67	145.01	9.61	30.54	22-A	$HCO_3^- \cdot Cl^-$	Ca^{2+}
s28	197.45	14.83	59.47	9.62	118.38	4.61	31.32	22-A	$HCO_3^- \cdot Cl^-$	Ca^{2+}
s29	508.42	24.91	98.23	26.39	73.99	23.13	119.68	44-A	Cl^-	$Ca^{2+} \cdot Mg^{2+}$
s30	105.71	17.93	43.09	10.20	195.21	14.08	11.34	1-A	HCO_3^-	Ca^{2+}
s31	205.13	15.71	51.83	12.85	96.30	26.14	33.57	22-A	$HCO_3^- \cdot Cl^-$	Ca^{2+}
s32	123.92	17.65	31.19	5.81	115.21	13.56	23.51	4-A	HCO_3^-	$Ca^{2+} \cdot Na^+$
s33	82.49	15.04	40.74	6.03	153.66	7.79	10.20	1-A	HCO_3^-	Ca^{2+}
s34	207.49	21.36	51.82	12.60	105.06	29.05	38.54	22-A	$HCO_3^- \cdot Cl^-$	Ca^{2+}
s35	185.55	28.36	86.45	20.16	346.26	19.97	20.16	1-A	HCO_3^-	Ca^{2+}
s36	209.30	9.83	44.28	11.69	63.21	3.34	33.42	23-A	$HCO_3^- \cdot Cl^-$	$Ca^{2+} \cdot Mg^{2+}$
s37	365.29	18.86	65.19	16.27	37.70	8.95	62.99	43-A	Cl^-	Ca^{2+}
s38	138.01	16.87	59.32	12.62	201.24	26.25	22.30	1-A	HCO_3^-	Ca^{2+}
s39	221.82	20.03	74.57	14.33	210.12	29.12	70.28	22-A	$HCO_3^- \cdot Cl^-$	Ca^{2+}
s40	107.93	14.37	48.78	9.27	192.66	8.70	16.07	1-A	HCO_3^-	Ca^{2+}
s41	327.17	41.18	77.77	17.92	171.65	67.84	55.23	22-A	$HCO_3^- \cdot Cl^-$	Ca^{2+}
s42	238.76	18.46	60.93	15.11	121.34	27.87	36.44	22-A	$HCO_3^- \cdot Cl^-$	Ca^{2+}
s43	103.44	16.17	20.02	4.52	47.35	23.22	23.25	18-A	$HCO_3^- \cdot Cl^- \cdot SO_4^{2-}$	$Ca^{2+} \cdot Na^+$
s44	500.28	25.50	132.29	18.99	124.30	38.42	117.10	22-A	$Cl^- \cdot HCO_3^-$	Ca^{2+}
s45	474.22	31.62	96.28	23.67	68.07	32.17	108.59	43-A	Cl^-	Ca^{2+}
s46	107.29	13.80	34.68	5.79	91.74	37.36	14.00	8-A	$HCO_3^- \cdot SO_4^{2-}$	Ca^{2+}
s47	390.49	37.81	83.22	19.11	88.07	89.02	92.17	36-A	$Cl^- \cdot SO_4^{2-}$	Ca^{2+}
s48	275.88	32.64	72.66	13.81	136.14	87.76	58.49	15-A	$HCO_3^- \cdot SO_4^{2-} \cdot Cl^-$	Ca^{2+}

第三节 地下水动态

为了进一步查明和研究水文地质条件,特别是地下水的补给、径流、排泄条件,掌握地下水动态规律,本书收集了工作区2011年至2014年的动态监测资料及长春市2010—2015年的降水资料,以长春市为例介绍了地下水的动态特征。同时,根据2016年起部署的动态监测点的动态监测资料综合分析发现,地下水位埋藏较浅的地区水位随降水变化明显,水位埋藏较深的地区水位变化要滞后于降水变化,承压水和降水没有明显的相关性,区域地下水主要接受降水补给通过饮马河及伊通河排泄。

一、资料收集及综合分析

1. 逐年水位变化情况分析

资料显示,长春市丰水年份和枯水年份交替出现,自2010年至2015年经历2个丰水年份、1个枯水年份、1个偏丰水年份、2个偏枯水年份(表7-3-1,图7-3-1)。

表7-3-1 长春市逐年降水情况表

年份	2010年	2011年	2012年	2013年	2014年	2015年
降水量(mm)	733.50	451.80	702.30	730.50	456.00	502.60
降水量(亿t)	150.90	92.90	144.50	150.30	93.80	103.40
较上年增减(%)	29.80	−20.00	55.44	4.02	−37.58	10.22
水量丰枯	丰水年份	枯水年份	偏丰水年份	丰水年份	偏枯水年份	偏枯水年份

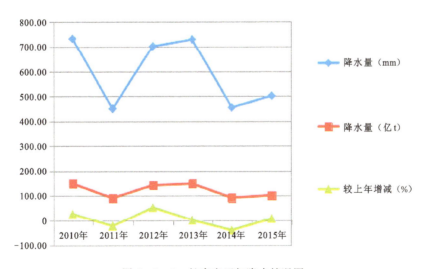

图7-3-1 长春市逐年降水情况图

将监测时间自2010—2013年、2012—2014年的2个监测点数据分析整理并绘制折线图(图7-3-2~图7-3-4),可以看出,长春市2011年水位埋藏较深,随着2012年的偏丰水年和2013年的丰水年,地下水位埋藏逐渐变浅,地下水位变化与降水量有直接关系。特别是水位埋藏较浅的地区,水位随降水变化明显,水位埋藏较深的地区水位变化要滞后于降水变化,承压水与降水没有明显的相关性。

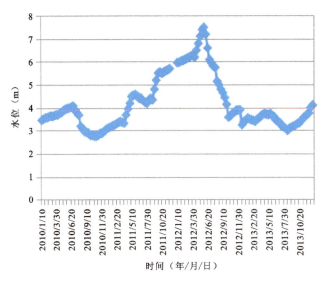

图 7-3-2　长春市潜水(浅井)水位变化折线图(2010—2013)

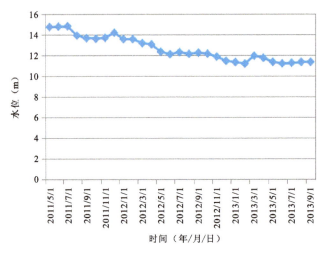

图 7-3-3　长春市潜水(深井)水位变化折线图(2011—2013)

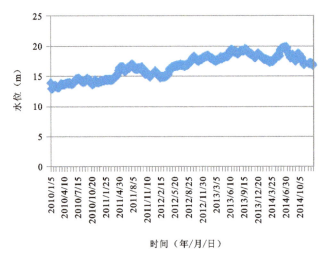

图 7-3-4　长春市承压水水位变化折线图(2010—2014)

2. 一年内逐月水位变化情况分析

根据《长春市水资源公报》数据显示,长春市 2010 年、2011 年 5—8 月为一年中的集中降水期,2012 年、2013 年 6—9 月为一年中的集中降水期,占全年降水量的 60% 以上。

每年全市降水量年内分配不均,从代表站资料分析降水量主要集中在 5—8 月,占全年降水量的 70%~80%(图 7-3-5)。

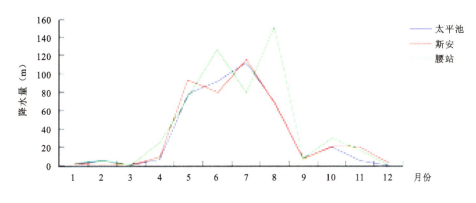

图 7-3-5　2011 年长春市主要雨量站月降水量过程线图

(资料来源于《长春市水资源公报》)

1)潜水(深井)动态监测

根据表 7-3-2 监测数据,绘制长春市潜水(浅井)水位逐月变化情况折线图(图 7-3-6)。从图中可以看出,在每年集中降水期来临之前,潜水(浅井)水位逐渐下降,集中降水期水位逐渐抬升;在丰水年每年的集中降水期,潜水(浅井)水位开始上升,集中降水期结束后水位开始下降;在枯水的 2011 年,由于降水量较小,集中降水期潜水(浅井)水位抬升不明显,集中降水后水位下降明显。

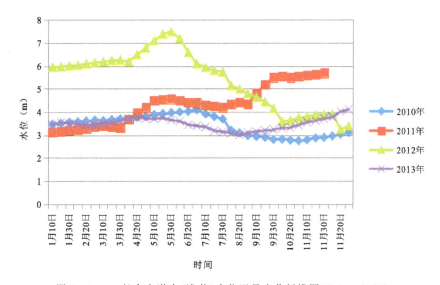

图 7-3-6　长春市潜水(浅井)水位逐月变化折线图(2010—2013)

表 7-3-2 长春市潜水(浅井)水位动态监测数据表　　　　　　　　　　　　　　　　单位:m

监测日期	水位	监测日期	水位	监测日期	水位	监测日期	水位	监测日期	水位
2010/1/10	3.47	2010/10/30	2.75	2011/8/20	4.41	2012/6/10	7.20	2013/3/30	3.63
2010/1/20	3.51	2010/11/10	2.79	2011/8/30	4.35	2012/6/20	6.60	2013/4/10	3.70
2010/1/30	3.56	2010/11/20	2.87	2011/9/10	4.80	2012/6/30	6.10	2013/4/20	3.75
2010/2/10	3.58	2010/11/30	2.89	2011/9/20	5.20	2012/7/10	5.95	2013/4/30	3.71
2010/2/20	3.61	2010/12/10	2.95	2011/9/30	5.50	2012/7/20	5.81	2013/5/10	3.70
2010/2/28	3.65	2010/12/20	3.03	2011/10/10	5.55	2012/7/30	5.75	2013/5/20	3.75
2010/3/10	3.63	2010/12/30	3.10	2011/10/20	5.50	2012/8/10	5.15	2013/5/30	3.65
2010/3/20	3.67	2011/1/10	3.13	2011/10/30	5.55	2012/8/20	5.00	2013/6/10	3.60
2010/3/30	3.70	2011/1/20	3.17	2011/11/10	5.61	2012/8/30	4.80	2013/6/20	3.45
2010/4/10	3.70	2011/1/30	3.21	2011/11/20	5.65	2012/9/10	4.65	2013/6/30	3.40
2010/4/20	3.77	2011/2/10	3.25	2011/11/30	5.70	2012/9/20	4.45	2013/7/10	3.35
2010/4/30	3.81	2011/2/20	3.30	2011/12/10		2012/9/30	4.15	2013/7/20	3.19
2010/5/10	3.89	2011/2/28	3.36	2011/12/20		2012/10/10	3.59	2013/7/30	3.14
2010/5/20	3.93	2011/3/10	3.41	2011/12/30		2012/10/20	3.65	2013/8/10	3.09
2010/5/30	3.97	2011/3/20	3.37	2012/1/10	5.96	2012/10/30	3.75	2013/8/20	3.01
2010/6/10	4.00	2011/3/30	3.33	2012/1/20	5.98	2012/11/10	3.81	2013/8/30	3.10
2010/6/20	4.03	2011/4/10	3.69	2012/1/30	6.03	2012/11/20	3.89	2013/9/10	3.15
2010/6/30	4.09	2011/4/20	3.95	2012/2/10	6.05	2012/11/30	3.90	2013/9/20	3.20
2010/7/10	3.91	2011/4/30	4.20	2012/2/20	6.10	2012/12/10	3.91	2013/9/30	3.24
2010/7/20	3.80	2011/5/10	4.50	2012/2/29	6.15	2012/12/20	3.25	2013/10/10	3.30
2010/7/30	3.69	2011/5/20	4.55	2012/3/10	6.20	2012/12/30	3.40	2013/10/20	3.33
2010/8/10	3.20	2011/5/30	4.57	2012/3/20	6.25	2013/1/10	3.46	2013/10/30	3.43
2010/8/20	3.09	2011/6/10	4.50	2012/3/30	6.27	2013/1/20	3.55	2013/11/10	3.55
2010/8/30	2.97	2011/6/20	4.41	2012/4/10	6.20	2013/1/30	3.50	2013/11/20	3.61
2010/9/10	2.93	2011/6/30	4.40	2012/4/20	6.50	2013/2/10	3.47	2013/11/30	3.70
2010/9/20	2.90	2011/7/10	4.31	2012/4/30	6.80	2013/2/20	3.45	2013/12/10	3.77
2010/9/30	2.80	2011/7/20	4.25	2012/5/10	7.11	2013/2/28	3.40	2013/12/20	4.01
2010/10/10	2.81	2011/7/30	4.20	2012/5/20	7.40	2013/3/10	3.49	2013/12/30	4.11
2010/10/20	2.77	2011/8/10	4.35	2012/5/30	7.50	2013/3/20	3.55		

2)潜水(深井)动态监测

根据表7-3-3监测数据,绘制长春市潜水(深井)水位逐月变化情况折线图(图7-3-7)。从图中可以看出,在每年集中降水期来临之前,潜水(深井)水位存在逐渐下降,集中降水期水位逐渐抬升,但规律不是很明显;从年度上看,2011年是枯水年,水位低,2012年、2013年是丰水年,水位逐年提高。

表 7-3-3　长春市潜水(深井)动态监测数据表

单位:m

监测日期	水位	监测日期	水位	监测日期	水位	监测日期	水位	监测日期	水位
2011/5	14.79	2011/11	13.71	2012/5	12.35	2012/11	11.88	2013/5	11.36
2011/6	14.82	2011/12	14.22	2012/6	12.12	2012/12	11.47	2013/6	11.22
2011/7	14.86	2012/1	13.57	2012/7	12.31	2013/1	11.35	2013/7	11.28
2011/8	13.95	2012/2	13.57	2012/8	12.15	2013/2	11.20	2013/8	11.36
2011/9	13.68	2012/3	13.18	2012/9	12.27	2013/3	11.96	2013/9	11.36
2011/10	13.62	2012/4	13.06	2012/10	12.16	2013/4	11.75		

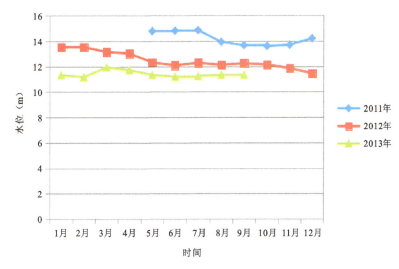

图 7-3-7　长春市潜水(深井)水位逐月变化折线图(2011—2013)

3)承压水水位动态监测

根据表 7-3-4 监测数据,绘制长春市承压水水位逐月变化情况折线图(图 7-3-8)。从图可以看出,承压水水位在一年中的变化不是很明显;同时丰水年和枯水年的水位变化也没有可循规律,2010 年丰水年的水位最浅,2011 年枯水年的水位有所下降,而 2012 年偏丰水年的水位没有抬升,2013 年丰水年的水位不升反降,2014 年枯水年的水位保持在与 2013 年相当的水平。

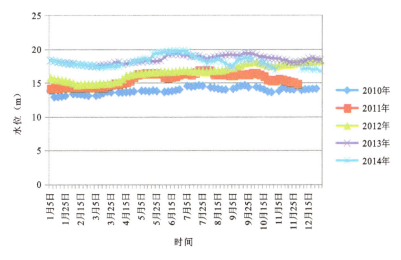

图 7-3-8　长春市承压水水位逐月变化折线图(2010—2014)

表 7-3-4 长春市承压水水位动态监测数据表   单位：m

监测日期	水位	监测日期	水位	监测日期	水位	监测日期	水位	监测日期	水位
2010/1/5	13.85	2010/7/5	14.50	2011/1/5	14.20	2011/7/5	16.39	2012/1/5	15.80
2010/1/10	12.90	2010/7/10	14.40	2011/1/10	14.25	2011/7/10	16.30	2012/1/10	15.55
2010/1/15	12.93	2010/7/15	14.47	2011/1/15	14.27	2011/7/15	16.55	2012/1/15	15.50
2010/1/20	13.00	2010/7/20	14.60	2011/1/20	14.31	2011/7/20	16.80	2012/1/20	15.40
2010/1/25	13.10	2010/7/25	14.51	2011/1/25	14.33	2011/7/25	16.85	2012/1/25	15.30
2010/1/30		2010/7/30		2011/1/30	14.37	2011/7/30	16.89	2012/1/30	15.20
2010/2/5	13.37	2010/8/5	14.30	2011/2/5	14.29	2011/8/5	16.80	2012/2/5	15.00
2010/2/10	13.35	2010/8/10	14.23	2011/2/10	14.32	2011/8/10	16.30	2012/2/10	14.70
2010/2/15	13.31	2010/8/15	14.11	2011/2/15	14.35	2011/8/15	16.20	2012/2/15	14.80
2010/2/20	13.20	2010/8/20	14.00	2011/2/20	14.39	2011/8/20	16.25	2012/2/20	14.85
2010/2/25	13.10	2010/8/25	13.97	2011/2/25	14.33	2011/8/25	16.20	2012/2/25	14.82
2010/2/28		2010/8/30		2011/2/28	14.30	2011/8/30	16.10	2012/2/29	14.80
2010/3/5	13.10	2010/9/5	14.10	2011/3/5	14.33	2011/9/5	16.15	2012/3/5	14.83
2010/3/10	13.23	2010/9/10	14.30	2011/3/10	14.35	2011/9/10	16.30	2012/3/10	14.95
2010/3/15	13.50	2010/9/15	14.47	2011/3/15	14.38	2011/9/15	16.20	2012/3/15	14.90
2010/3/20	13.67	2010/9/20	14.60	2011/3/20	14.57	2011/9/20	16.25	2012/3/20	14.95
2010/3/25	13.61	2010/9/25	14.31	2011/3/25	14.71	2011/9/25	16.30	2012/3/25	14.99
2010/3/30		2010/9/30		2011/3/30	14.90	2011/9/30	16.40	2012/3/30	15.15
2010/4/5	13.57	2010/10/5	14.35	2011/4/5	14.85	2011/10/5	16.45	2012/4/5	15.20
2010/4/10	13.59	2010/10/10	14.21	2011/4/10	14.97	2011/10/10	16.20	2012/4/10	15.60
2010/4/15	13.63	2010/10/15	14.00	2011/4/15	15.11	2011/10/15	16.00	2012/4/15	16.10
2010/4/20	13.65	2010/10/20	13.68	2011/4/20	15.40	2011/10/20	15.50	2012/4/20	16.20
2010/4/25	13.71	2010/10/25	13.60	2011/4/25	15.90	2011/10/25	15.40	2012/4/25	16.30
2010/4/30		2010/10/30		2011/4/30	16.30	2011/10/30	15.30	2012/4/30	16.40
2010/5/5	13.82	2010/11/5	13.77	2011/5/5	16.37	2011/11/5	15.60	2012/5/5	16.45
2010/5/10	13.81	2010/11/10	14.30	2011/5/10	16.40	2011/11/10	15.50	2012/5/10	16.50
2010/5/15	13.73	2010/11/15	14.11	2011/5/15	16.43	2011/11/15	15.30	2012/5/15	16.55
2010/5/20	13.85	2010/11/20	14.00	2011/5/20	16.45	2011/11/20	15.15	2012/5/20	16.60
2010/5/25	13.77	2010/11/25	13.97	2011/5/25	16.41	2011/11/25	15.05	2012/5/25	16.63
2010/5/30		2010/11/30		2011/5/30	16.35	2011/11/30	14.85	2012/5/30	16.65
2010/6/5	13.65	2010/12/5	13.91	2011/6/5	15.85	2011/12/5		2012/6/5	16.70
2010/6/10	13.71	2010/12/10	13.99	2011/6/10	15.79	2011/12/10		2012/6/10	16.65
2010/6/15	13.79	2010/12/15	14.03	2011/6/15	15.90	2011/12/15		2012/6/15	16.70
2010/6/20	13.87	2010/12/20	14.08	2011/6/20	15.99	2011/12/20		2012/6/20	16.75
2010/6/25	14.01	2010/12/25	14.10	2011/6/25	16.30	2011/12/25		2012/6/25	16.80
2010/6/30		2010/12/30		2011/6/30	16.35	2011/12/30		2012/6/30	16.85

续表 7-3-4

监测日期	水位	监测日期	水位	监测日期	水位	监测日期	水位	监测日期	水位
2012/7/5	16.80	2013/1/5	18.32	2013/7/5	19.10	2014/1/5	18.32	2014/7/5	19.60
2012/7/10	16.76	2013/1/10	18.20	2013/7/10	18.89	2014/1/10	18.24	2014/7/10	19.05
2012/7/15	16.73	2013/1/15	18.10	2013/7/15	18.95	2014/1/15	18.05	2014/7/15	18.85
2012/7/20	16.70	2013/1/20	18.00	2013/7/20	19.00	2014/1/20	17.95	2014/7/20	18.50
2012/7/25	16.65	2013/1/25	17.95	2013/7/25	18.80	2014/1/25	17.85	2014/7/25	18.35
2012/7/30	16.61	2013/1/30	17.90	2013/7/30	18.60	2014/1/30	17.75	2014/7/30	17.95
2012/8/5	16.79	2013/2/5	17.91	2013/8/5	18.75	2014/2/5	17.75	2014/8/5	18.15
2012/8/10	16.85	2013/2/10	17.70	2013/8/10	18.85	2014/2/10	17.71	2014/8/10	18.24
2012/8/15	16.80	2013/2/15	17.65	2013/8/15	19.00	2014/2/15	17.65	2014/8/15	18.45
2012/8/20	16.85	2013/2/20	17.60	2013/8/20	19.10	2014/2/20	17.60	2014/8/20	18.15
2012/8/25	17.00	2013/2/25	17.50	2013/8/25	19.15	2014/2/25	17.58	2014/8/25	17.90
2012/8/30	17.20	2013/2/28	17.45	2013/8/30	19.20	2014/2/28	17.55	2014/8/30	17.55
2012/9/5	17.25	2013/3/5	17.50	2013/9/5	19.15	2014/3/5	17.36	2014/9/5	17.45
2012/9/10	17.50	2013/3/10	17.60	2013/9/10	19.10	2014/3/10	17.26	2014/9/10	18.30
2012/9/15	17.61	2013/3/15	17.65	2013/9/15	19.18	2014/3/15	17.35	2014/9/15	18.45
2012/9/20	17.90	2013/3/20	17.70	2013/9/20	19.40	2014/3/20	17.40	2014/9/20	18.65
2012/9/25	18.00	2013/3/25	17.75	2013/9/25	19.35	2014/3/25	17.42	2014/9/25	18.55
2012/9/30	18.20	2013/3/30	18.00	2013/9/30	19.30	2014/3/30	17.40	2014/9/30	18.50
2012/10/5	18.05	2013/4/5	18.10	2013/10/5	19.10	2014/4/5	17.51	2014/10/5	
2012/10/10	17.90	2013/4/10	17.80	2013/10/10	18.90	2014/4/10	17.70	2014/10/10	18.05
2012/10/15	17.79	2013/4/15	17.90	2013/10/15	18.80	2014/4/15		2014/10/15	17.95
2012/10/20	17.55	2013/4/20	18.00	2013/10/20	18.70	2014/4/20	17.92	2014/10/20	17.50
2012/10/25	17.50	2013/4/25	18.05	2013/10/25	18.65	2014/4/25	18.15	2014/10/25	17.25
2012/10/30	17.45	2013/4/30	18.10	2013/10/30	18.60	2014/4/30	18.35	2014/10/30	16.85
2012/11/5	17.60	2013/5/5	18.15	2013/11/5	18.57	2014/5/5	18.40	2014/11/5	
2012/11/10	17.66	2013/5/10	18.30	2013/11/10	18.40	2014/5/10	18.60	2014/11/10	
2012/11/15	17.70	2013/5/15	18.25	2013/11/15	18.31	2014/5/15	18.25	2014/11/15	
2012/11/20	17.75	2013/5/20	18.20	2013/11/20	18.10	2014/5/20	19.25	2014/11/20	
2012/11/25	17.80	2013/5/25	18.25	2013/11/25	18.05	2014/5/25	19.40	2014/11/25	
2012/11/30	18.00	2013/5/30	18.35	2013/11/30	18.00	2014/5/30	19.50	2014/11/30	
2012/12/5	18.05	2013/6/5	18.80	2013/12/5	18.20	2014/6/5	19.55	2014/12/5	17.00
2012/12/10	18.10	2013/6/10	19.20	2013/12/10	18.30	2014/6/10	19.60	2014/12/10	17.05
2012/12/15	18.15	2013/6/15	19.25	2013/12/15	18.60	2014/6/15	19.65	2014/12/15	17.09
2012/12/20	18.20	2013/6/20	19.30	2013/12/20	18.70	2014/6/20	19.70	2014/12/20	16.94
2012/12/25	18.25	2013/6/25	19.25	2013/12/25	18.50	2014/6/25	19.65	2014/12/25	17.00
2012/12/30	18.30	2013/6/30	19.10	2013/12/30	18.40	2014/6/30	19.72	2014/12/30	16.75

二、建立地下水动态监测网络

为了解工作区地下水动态规律,本书统计了2016年10月1日至2016年10月8日、2017年6月30日至2017年7月3日、2017年6月30日至2017年7月3日,共3期部署的22个地下水动态监测点数据,完成了动态监测网络的部署。

1. 动态监测点的部署原则

(1)地下水动态观测点覆盖整个调查区,能很好地控制地下水的动态变化。
(2)基本呈均匀分布,以水文地质单位为单位,控制地下水动态变化。
(3)以地貌单元为基本,分层监测,优化地下水动态监测网。
(4)根据实际情况,在工业区及城镇附近,适当对动态监测点进行加密。
(5)以监测地下水主要开发层位为主,兼顾上、下层含水层。

2. 动态监测点分布情况

工作区主要的地貌类型为河漫滩、冲洪积波状台地、大黑山丘陵。其中,大黑山丘陵布设6个动态监测点,冲洪积波状台地布设8个动态监测点,河漫滩布设8个动态监测点。主要观测层位为第四系孔隙潜水、波状台地孔隙裂隙水、基岩裂隙水。鉴于本区主要开采浅层地下水,本次布设多以浅部地下水观测为主,兼顾深层地下水(表7-3-5)。

3. 动态监测点水位情况

由监测结果来看,调查区地下水水位在0~20m之间,埋深较浅的介于0.7~5m之间,埋深较深的近20m。

表7-3-5 动态监测点布设基本情况表

编号	地理位置	所属地貌单元	首次水位(m)	观测层位
CG01	长春新区龙嘉镇广家窝堡	冲洪积波状台地	1.00	孔隙裂隙水
CG02	长春新区龙嘉镇杨树村	冲洪积波状台地	0.70	孔隙裂隙水
CG03	长春新区龙嘉镇和平村拱家湾子	冲洪积波状台地	10.32	孔隙裂隙水
CG04	长春新区龙嘉镇陆家烧锅	河漫滩	6.00	孔隙潜水
CG05	长春新区西营城镇孙家洼子	河漫滩	1.46	孔隙潜水
CG06	长春新区西营城镇打尖沟上沟	冲洪积波状台地	19.86	孔隙裂隙水
CG07	长春新区西营城镇赵家窝堡	大黑山丘陵	1.00	孔隙裂隙水
CG08	长春新区西营城镇李家屯	河漫滩	2.87	孔隙潜水
CG09	长春市奋进乡大房子村	河漫滩	1.14	孔隙潜水
CG10	长春市奋进乡隆北村	冲洪积波状台地	11.00	孔隙裂隙水
3563	吉林省长春市卡伦镇瓦缸村	冲洪积波状台地	3.02	孔隙裂隙水
3944	吉林省长春市卡伦镇双泉眼	冲洪积波状台地	10.80	孔隙裂隙水
3561	吉林省长春市东湖镇北园子	大黑山丘陵	7.15	孔隙裂隙水
3549	吉林省长春市二道区西流沙村	大黑山丘陵	0.80	孔隙裂隙水

续表 7-3-5

编号	地理位置	所属地貌单元	首次水位(m)	观测层位
3570	吉林省长春市东湖镇小黑林子	河漫滩	2.69	孔隙潜水
3913	吉林省长春市泉眼镇杨家沟	大黑山丘陵	3.63	孔隙裂隙水
AD120	吉林省长春市泉眼镇刘家村	大黑山丘陵	1.57	基岩裂隙水
AD103	吉林省长春市泉眼镇天利公司	大黑山丘陵	16.46	基岩裂隙水
AD107	吉林省长春市泉眼镇胡家村	河漫滩	4.60	孔隙潜水
BC273	吉林省长春市泉眼镇赵家岗子屯	冲洪积波状台地	7.50	孔隙裂隙水
BC265	吉林省长春市莲花山旅游区李家面铺	河漫滩	10.02	孔隙潜水
BC271	吉林省长春市莲花山旅游区全家屯	河漫滩	1.68	孔隙潜水

三、地下水动态监测

对 2016 年 9 月项目设立的 10 个动态监测点，采用人工利用水位监测仪监测的形式进行，每 5 天进行 1 次监测；2017 年 7 月及 9 月设立的 12 个动态监测点，利用斯伦贝谢水务荷兰公司制造的地下水监测产品 Diver 进行自动监测，设置每天监测 1 次。本次监测大多利用民井进行，除了部分监测点的居民因动迁委托监测居民由于身体原因、工作原因不能按期监测，Diver 设备丢失等多种原因没有得到完整数据外，其他点位的数据都可以用来分析地下水动态变化情况（表 7-3-6、表 7-3-7）。

表 7-3-6 地下水水位人工监测点动态监测成果表　　　　　　　　　　　　　单位:m

监测日期	CG01	CG02	CG03	CG04	CG05	CG06	CG07	CG10
2016/10/5	1.26	0.70	10.84	6.43	1.62	20.58	1.80	14.98
2016/10/10	1.27	0.57	10.57	6.42	1.62	20.48	1.20	14.80
2016/10/15	1.23	0.70	10.55	6.47	1.65	20.51	1.15	15.33
2016/10/20	1.37	0.80	10.53	6.49	1.67	20.47	1.14	15.45
2016/10/25	1.39	0.90	10.53	6.50	1.65	20.49	1.13	15.35
2016/10/30	1.43	1.00	10.63	6.55	1.65	20.52	2.75	14.96
2016/11/5	1.51	1.40	10.65	7.00	1.62	21.01	2.80	15.10
2016/11/10	1.71	1.10	10.73	7.00	1.62	21.03	2.90	13.91
2016/11/15	1.85	1.20	10.85	7.00	1.63	21.03	2.83	14.49
2016/11/20	2.01	1.22	10.89	7.00	1.63	21.08	2.75	14.58
2016/11/25	2.13	1.34	10.91	7.00	1.63	21.14	2.70	14.85
2016/11/30	2.13	1.50	10.95	7.00	1.63	21.20	2.65	14.65
2016/12/5	2.14	1.48	11.10	7.30	1.63	21.31	2.76	14.74
2016/12/10	2.14	1.58	11.15	7.30	1.66	21.28	2.40	14.75
2016/12/15	2.16	1.72	11.20	7.30	1.63	21.30	2.32	15.10
2016/12/20	2.16	1.78	11.30	7.30	1.63	21.31	2.41	14.75
2016/12/25	2.18	2.00	11.47	7.30	1.63	21.29	2.42	14.75

续表 7-3-6

监测日期	CG01	CG02	CG03	CG04	CG05	CG06	CG07	CG10
2016/12/30	2.17	2.40	11.40	7.30	1.64	21.34	2.45	14.75
2017/1/5	2.17	2.60	11.43	7.30	1.64	21.35	2.46	14.75
2017/1/10	2.17	2.30	11.46	7.90	2.04	21.38	2.45	14.75
2017/1/15	2.17	2.70	11.46	7.90	2.03	21.40	2.47	14.75
2017/1/20	2.17	2.50	11.46	7.90	2.04	21.39	2.46	13.10
2017/1/25	2.18	2.72	11.46	7.90	2.04	21.36	2.48	13.10
2017/1/30	2.20	2.90	11.46	7.90	2.04	21.45	2.35	13.20
2017/2/5	2.20	3.00	11.46	7.90	2.04	21.50	2.19	13.30
2017/2/10	2.30	3.50	11.46	7.90	2.04	21.57	2.17	13.50
2017/2/15	2.30	3.50	11.46	7.90	2.04	22.20	2.13	13.60
2017/2/20	2.30		11.46	7.90	2.04	22.35	2.20	13.70
2017/2/25	2.90		11.70	7.90	3.00	22.43	2.45	13.65
2017/2/28	2.90	3.17	11.70	8.00	3.00	22.55	2.59	13.65
2017/3/5	2.95	3.27	11.71	8.00	3.00	22.57	2.10	13.27
2017/3/10	2.97	3.34	11.72	7.00	3.00	22.56	2.90	13.29
2017/3/15	2.97	3.30	11.69	6.50	3.00	22.59	2.85	14.03
2017/3/20	3.05	3.38	11.71	6.80	2.98	23.01	2.70	14.13
2017/3/25	3.90	3.23	11.65	6.80	2.95	23.05	2.67	14.30
2017/3/30	3.15	3.65	11.63	6.80	2.92	23.00	2.50	14.25
2017/4/5	3.15		11.73	7.80	2.93	22.59	2.57	14.43
2017/4/10	3.21	2.82	11.75	8.00	2.93	23.03	2.74	14.50
2017/4/15	3.21	2.24	11.74	8.49	2.91	22.49	2.75	15.20
2017/4/20	3.20	2.23	11.70	9.00	2.88	22.51	2.70	14.93
2017/4/25	3.22	2.26	11.75	9.45	2.82	22.70	2.78	14.75
2017/4/30	3.24	2.10	11.80	9.50	2.75	22.82	2.76	15.17
2017/5/5	2.40	2.00	12.30	9.60	2.65	22.74	2.80	15.12
2017/5/10	2.39	2.23	12.40	10.00	2.60	23.15	2.81	14.40
2017/5/15	2.41	2.31	13.50	10.00	2.55	23.03	2.76	14.33
2017/5/20	2.43	1.70	13.56	11.00	2.50	22.75	2.79	15.50
2017/5/25	2.39	1.73	14.30	8.00	2.50	23.01	2.83	15.39
2017/5/30	2.39	1.80	14.47	8.40	2.60	23.15	2.85	15.15
2017/6/5	2.41	2.00	13.50	8.79	2.60	22.64	2.90	16.48
2017/6/10	2.30	2.30	13.10	7.00	2.60	23.11	2.92	16.66
2017/6/15	2.20	2.47	12.70	6.50	2.60	23.23	2.95	15.87
2017/6/20	2.20	2.10	12.52	6.50	2.58	23.45	2.85	15.48

续表 7-3-6

监测日期	CG01	CG02	CG03	CG04	CG05	CG06	CG07	CG10
2017/6/25	2.00	1.68	12.50	6.50	2.58	22.31	2.70	15.55
2017/6/30	2.00	1.84	12.53	6.50	2.56	22.15	2.40	16.04
2017/7/5	2.00	2.00	12.45	9.00	3.35	22.45	2.45	16.08
2017/7/10	1.58	1.90	12.47	9.30	3.30	22.21	2.46	16.11
2017/7/15	1.58			9.00	3.10	23.37	2.00	15.97
2017/7/20	1.55			8.46	2.33	23.21	1.98	15.77
2017/7/25	1.56			8.00	2.30	22.34	1.80	15.87
2017/7/30	1.58			7.50	2.25	22.11	2.20	15.82
2017/8/5	1.57			7.00	2.20	22.26	2.40	15.89
2017/8/10	1.57			6.00	1.95	23.45	2.30	15.96
2017/8/15	1.58			5.40	1.90	23.53	2.60	16.04
2017/8/20	1.57			5.00	1.90	23.11	2.54	15.92
2017/8/25	1.57			6.50	3.10	22.46	2.14	15.85
2017/8/30	1.57			7.00	3.05	22.33	2.35	
2017/9/5	1.61			7.00	3.00	22.39	2.40	
2017/9/10	1.61			7.50	2.90	22.10	2.41	
2017/9/15	1.63			7.40	2.90	22.03	2.34	
2017/9/20	1.65			7.40	2.99	22.08	2.37	
2017/9/25	1.68			7.50	2.98	22.12	2.45	
2017/9/30	1.68			7.50	2.95	22.07	2.35	
2017/10/5				7.40	3.90	22.16	2.70	
2017/10/10				7.50	3.90	22.11	2.75	
2017/10/15				7.00	3.90	22.05	2.54	
2017/10/20				7.00	3.90	22.09	2.61	
2017/10/25				7.00	4.00	22.34	2.44	
2017/10/30				6.90	4.00	22.15	2.65	
2017/11/5				6.90	4.00	22.01	2.70	
2017/11/10				6.50	4.00	22.11	2.50	
2017/11/15				6.50	4.00	22.20	2.34	
2017/11/20				6.40	4.00	22.18	2.60	
2017/11/25				6.40	4.10	22.31	2.24	
2017/11/30				6.50	4.10	22.27	2.10	
2017/12/5				6.40	4.10	22.35	1.95	
2017/12/10				6.30	4.10	22.48	2.10	
2017/12/15				6.30	4.10	22.25	2.30	

续表 7-3-6

续表 7-3-6

监测日期	CG01	CG02	CG03	CG04	CG05	CG06	CG07	CG10
2017/12/20				6.30	4.10	22.34	2.25	
2017/12/25				6.40	4.10	22.30	2.45	
2017/12/30				6.20	4.10	22.15	2.58	
2018/1/5				6.20	4.10	22.14	2.69	
2018/1/10				6.20	4.00	22.35	2.74	
2018/1/15				6.00	4.00	22.22	2.80	
2018/1/20				6.00	4.00	22.31	2.60	
2018/1/25				6.10	4.00	22.10	2.75	
2018/1/30				6.10	4.00	22.18	2.55	
2018/2/5				6.00	3.90	22.05	2.46	
2018/2/10				6.00	3.90	22.16	2.65	
2018/2/15				6.10	3.85	22.20	2.58	
2018/2/20				6.00	3.75	22.22	2.70	
2018/2/25				6.10	3.70	22.18	2.63	
2018/2/28				6.40	3.70	22.18	2.60	
2018/3/5				6.50	3.70	22.38	2.58	
2018/3/10				6.40	3.70	22.25	2.45	
2018/3/15				6.40	3.73	22.17	2.20	
2018/3/20				6.40	3.76	22.15	2.65	
2018/3/25				6.50	3.80	21.46	2.70	
2018/3/30				6.50	3.80	21.58	2.35	
2018/4/5				6.60	3.72	22.01	2.42	
2018/4/10				6.60	3.70	22.08	2.48	
2018/4/15				7.00	3.66	22.09	2.54	
2018/4/20				7.00	3.60	22.11	2.30	
2018/4/25				7.10	3.55	22.14	2.40	
2018/4/30				7.20	3.52	22.21	2.52	
2018/5/5				7.20	3.80	21.57	2.49	
2018/5/10				7.20	3.80	21.38	2.39	
2018/5/15				7.30	3.80	21.02	2.47	
2018/5/20				7.30	4.70	22.45	2.56	
2018/5/25				7.40	4.70	22.56	2.50	
2018/5/30				7.40	4.30	22.10	2.48	
2018/6/5				7.50	3.80	23.15	2.39	
2018/6/10				7.50	3.70	23.22	2.47	

续表 7-3-6

监测日期	CG01	CG02	CG03	CG04	CG05	CG06	CG07	CG10
2018/6/15				6.50	3.70	23.10	2.50	
2018/6/20				6.50	3.60	23.58	2.48	
2018/6/25				6.40	3.60	23.10	2.46	
2018/6/30				6.40	3.30	22.56	2.39	
2018/7/5				6.30	3.20	22.35	2.37	
2018/7/10				6.30	3.20	22.21	2.35	
2018/7/15				6.30	3.10	22.45	2.41	
2018/7/20				6.40	3.10	22.41	2.40	
2018/7/25				6.30	3.00	22.35	2.53	
2018/7/30				6.20	3.80	22.40	2.46	
2018/8/5				6.20	3.00	23.11	2.31	
2018/8/10				6.20	3.10	23.08	2.43	
2018/8/15				6.20	3.10	23.23	2.46	
2018/8/20				6.30	3.10	23.45	2.53	
2018/8/25				6.30	3.10	23.34	2.55	
2018/8/30				6.20	3.30	23.40	2.70	
2018/9/5				6.20	3.25	23.14	2.84	
2018/9/10				6.10	3.20	23.21	2.71	
2018/9/15				6.10	3.20	23.10	2.60	
2018/9/20				6.10	3.80	23.34	2.52	
2018/9/25				6.10	3.80	23.45	2.50	
2018/9/30				6.00	3.30	23.05	2.47	
2018/10/5				6.00	3.30	23.05	2.59	
2018/10/10					3.30		2.60	
2018/10/15					3.30		2.56	
2018/10/20					3.30		2.58	
2018/10/25								
2018/10/30								

表 7-3-7 地下水位自动监测点动态监测成果表

单位：m

监测日期	v3563	v3549	v3913	AD107	AD120	AD273	A103
2017/7/4	3.116	0.769	3.630				
2017/7/5	3.007	0.833	3.626				
2017/7/6	2.987	0.890	3.627				
2017/7/7	2.956	1.049	3.657				

续表 7-3-7

监测日期	v3563	v3549	v3913	AD107	AD120	AD273	A103
2017/7/8	3.278	0.888	3.704				
2017/7/9	3.226	0.893	3.715				
2017/7/10	3.009	1.084	3.730				
2017/7/11	3.061	1.080	3.764				
2017/7/12	3.079	1.045	3.779				
2017/7/13	3.157	0.681	4.197				
2017/7/14	2.986	0.414	4.074				
2017/7/15	2.904	0.338	3.911				
2017/7/16	2.203	0.034	3.808				
2017/7/17	2.411	0.158	3.645				
2017/7/18	2.536	0.084	3.586				
2017/7/19	2.459	0.011	3.535				
2017/7/20	2.512	0	3.469				
2017/7/21	2.025	0	3.087				
2017/7/22	2.124	0	2.904				
2017/7/23	2.214	0	2.867				
2017/7/24	2.568	0	2.876				
2017/7/25	2.302	0	2.855				
2017/7/26	2.324	0	2.830				
2017/7/27	2.333	0	2.856				
2017/7/28	2.295	0	2.849				
2017/7/29	2.281	0	2.847				
2017/7/30	2.370	0	2.899				
2017/7/31	2.338	0	2.923				
2017/8/1	2.395	0	2.938				
2017/8/2	2.462	0	2.958				
2017/8/3	1.803	0	2.982				
2017/8/4	1.875	0	2.796				
2017/8/5	1.963	0	2.710				
2017/8/6	2.026	0	2.669				
2017/8/7	1.611	0	2.610				
2017/8/8	1.622	0	2.568				
2017/8/9	1.679	0	2.547				
2017/8/10	1.701	0	2.564				
2017/8/11	1.459	0	2.460				

续表 7-3-7

监测日期	v3563	v3549	v3913	AD107	AD120	AD273	A103
2017/8/12	1.422	0	2.379				
2017/8/13	1.363	0	2.203				
2017/8/14	1.399	0	2.175				
2017/8/15	1.456	0	2.193				
2017/8/16	1.497	0	2.181				
2017/8/17	1.462	0	2.184				
2017/8/18	1.480	0	2.186				
2017/8/19	1.487	0	2.179				
2017/8/20	1.559	0	2.197				
2017/8/21	1.622	0	2.230				
2017/8/22	1.607	0	2.274				
2017/8/23	1.618	0	2.275				
2017/8/24	1.573	0	2.246				
2017/8/25	1.655	0	2.242				
2017/8/26	1.633	0	2.240				
2017/8/27	1.666	0	2.216				
2017/8/28	1.723	0	2.242				
2017/8/29	1.687	0	2.238				
2017/8/30	1.990	0	2.271				
2017/8/31	1.782	0	2.290				
2017/9/1	1.837	0	2.316				
2017/9/2	1.860	0	2.340				
2017/9/3	1.876	0	2.363				
2017/9/4	1.933	0	2.388				
2017/9/5	2.434	0	2.436				
2017/9/6	2.010	0	2.466				
2017/9/7	2.005	0	2.492				
2017/9/8	1.997	0	2.510				
2017/9/9	1.989	0	2.506				
2017/9/10	2.024	0	2.510				
2017/9/11	2.138	0	2.549				
2017/9/12	2.081	0	2.566				
2017/9/13	2.048	0	2.549				
2017/9/14	1.989	0.018	2.549				
2017/9/15	2.017	0.058	2.553				

续表 7-3-7

监测日期	v3563	v3549	v3913	AD107	AD120	AD273	A103
2017/9/16	2.139	0.144	2.590	4.687	1.492	7.500	
2017/9/17	2.163	0.345	2.642	4.783	1.623	7.566	16.460
2017/9/18	2.231	0.235	2.690	4.852	1.606	7.519	16.120
2017/9/19	2.281	0.148	2.734	5.289	1.409	7.547	15.942
2017/9/20	2.216	0.302	2.729	5.398	1.417	7.693	15.754
2017/9/21	2.199	0.140	2.724	5.285	1.392	7.731	16.562
2017/9/22	2.317	0.155	2.760	4.704	1.489	7.842	15.832
2017/9/23	2.223	0.150	2.764	4.713	1.394	7.835	15.832
2017/9/24	2.277	0.140	2.790	5.162	1.422	7.939	15.832
2017/9/25	2.310	0.334	2.766	5.077	1.373	7.954	15.832
2017/9/26	2.291	0.092	2.795	4.835	1.388	8.028	15.893
2017/9/27	2.281	0.158	2.781	5.207	1.405	8.066	15.654
2017/9/28	2.330	0.151	2.802	4.814	1.400	8.060	15.654
2017/9/29	2.338	0.150	2.838	5.219	1.434	8.168	15.654
2017/9/30	2.355	0.238	2.828	4.770	1.375	8.122	15.764
2017/10/1	2.376	0.113	2.849	5.065	1.458	8.154	15.597
2017/10/2	2.295	0.131	2.838	4.696	1.332	8.162	15.473
2017/10/3	2.294	0.059	2.812	5.207	1.341	8.207	15.470
2017/10/4	2.231	0.183	2.788	5.347	1.369	8.207	15.470
2017/10/5	2.555	0.140	2.801	4.986	1.409	8.232	16.023
2017/10/6	2.348	0.129	2.827	5.118	1.356	8.242	15.783
2017/10/7	2.692	0.128	2.849	4.869	1.345	8.247	15.603
2017/10/8	2.418	0.089	2.832	4.812	1.309	8.257	15.480
2017/10/9	2.308	0.099	2.830	4.859	1.332	8.304	15.384
2017/10/10	2.298	0.114	2.809	5.277	1.311	8.304	15.283
2017/10/11	2.374	0.173	2.827	5.311	1.352	8.351	15.247
2017/10/12	2.548	0.180	2.838	5.152	1.339	8.332	15.215
2017/10/13	2.426	0.169	2.856	5.272	1.290	8.344	15.219
2017/10/14	2.462	0.121	2.864	4.634	1.292	8.361	15.187
2017/10/15	2.334	0.172	2.828	5.071	1.290	8.376	15.187
2017/10/16	2.332	0.111	2.823	4.787	1.275	8.385	15.187
2017/10/17	2.351	0.132	2.830	5.268	1.352	8.417	15.535
2017/10/18	2.744	0.253	2.858	5.285	1.351	8.400	15.331
2017/10/19	2.468	0.250	2.899	5.179	1.381	8.397	15.302
2017/10/20	2.475	0.280	2.904	4.736	1.300	8.385	15.234

续表 7-3-7

监测日期	v3563	v3549	v3913	AD107	AD120	AD273	A103
2017/10/21	2.426	0.184	2.919	4.916	1.322	8.397	15.215
2017/10/22	2.395	0.267	2.887	5.241	1.322	8.395	15.125
2017/10/23	2.426	0.231	2.894	5.029	1.356	8.408	15.092
2017/10/24	2.432	0.225	2.897	5.398	1.345	8.427	15.077
2017/10/25	2.474	0.311	2.919	5.058	1.381		15.077
2017/10/26	2.472	0.344	2.927	5.058	1.383	8.455	15.077
2017/10/27	2.527	0.275	2.952	5.534	1.328	8.457	15.579
2017/10/28	2.446	0.214	3.456	4.942	1.337	8.431	15.391
2017/10/29	2.477	0.287	3.423	5.152	1.373	8.463	15.236
2017/10/30	2.535	0.287	3.283	5.262	1.445	8.501	15.168
2017/10/31	2.638	0.338	3.306	5.024	1.392	8.563	15.168
2017/11/1	2.565	0.280	3.354	4.916	1.337	8.520	15.168
2017/11/2	2.504	0.283	3.339	5.241	1.317	8.495	15.613
2017/11/3	2.496	0.239	3.298	5.122	1.373	8.414	15.367
2017/11/4	2.579	0.283	3.271	5.478	1.421	8.493	15.221
2017/11/5	2.640	0.345	3.304	5.167	1.415	8.556	15.193
2017/11/6	2.636	0.458	3.324	5.037	1.409	8.565	15.212
2017/11/7	2.604	0.368	3.339	5.368	1.356	8.599	15.212
2017/11/8	2.537	0.338	3.341	5.179	1.445	8.484	15.212
2017/11/9	2.686	0.426	3.313	5.565	1.383	8.563	15.571
2017/11/10	2.576	0.330	3.364	5.179	1.379	8.599	15.435
2017/11/11	2.599	0.415	3.338	5.468	1.439	8.514	15.312
2017/11/12	2.672	0.423	3.339	5.385	1.430	8.616	15.215
2017/11/13	2.644	0.481	3.386	4.973	1.421	8.626	15.240
2017/11/14	2.629	0.397	3.364	4.978	1.400	8.576	15.191
2017/11/15	2.576	0.360	3.356	4.882	1.421	8.525	15.153
2017/11/16	2.594	0.407	3.338	4.863	1.383	8.506	15.077
2017/11/17	2.547	0.360	3.349	4.961	1.409	8.501	15.055
2017/11/18	2.561	0.393	3.327	5.092	1.428	8.491	16.112
2017/11/19	2.575	0.430	3.338	5.139	1.430	8.472	16.034
2017/11/20	2.579	0.455	3.341	5.077	1.534	8.478	15.399
2017/11/21	2.667	0.500	3.352	4.975	1.528	8.624	15.223
2017/11/22	2.656	0.532	3.409	5.334	1.523	8.563	15.215
2017/11/23	2.636	0.521	3.416	5.152	1.511	8.563	15.160
2017/11/24	2.636	0.569	3.423	5.082	1.523	8.512	15.113

续表 7-3-7

监测日期	v3563	v3549	v3913	AD107	AD120	AD273	A103
2017/11/25	2.597	0.514	3.419	5.306	1.500	8.556	15.068
2017/11/26	2.599	0.620	3.416	5.202	1.591	8.450	15.049
2017/11/27	2.686	0.616	3.401	5.169	1.513	8.599	14.992
2017/11/28	2.538	0.543	3.457	5.540	1.489	8.540	15.047
2017/11/29	2.547	0.511	3.413	5.277	1.540	8.431	14.986
2017/11/30	2.584	0.577	3.391	5.703	1.581	8.444	14.937
2017/12/1	2.630	0.620	3.416	5.612	1.589	8.486	14.932
2017/12/2	2.592	0.624	3.453	5.139	1.587	8.548	14.958
2017/12/3	2.596	0.627	3.464	5.258	1.632	8.472	14.971
2017/12/4	2.673	0.712	3.450	5.262	1.683	8.497	14.941
2017/12/5	2.712	0.693	3.497	5.495	1.644	8.550	14.962
2017/12/6	2.648	0.712	3.523	5.319	1.636	8.537	14.988
2017/12/7	2.621	0.756	3.511	5.557	1.708	8.453	14.983
2017/12/8	2.706	0.796	3.490	5.324	1.780	8.552	14.933
2017/12/9	2.770	0.873	3.545	5.202	1.716	8.631	14.986
2017/12/10	2.671	0.793	3.605	5.175	1.670	8.554	15.038
2017/12/11	2.625	0.770	3.558	5.523	1.632	8.476	15.000
2017/12/12	2.588	0.730	3.524	5.105	1.591	8.433	14.954
2017/12/13	2.542	0.756	3.498	5.035	1.665	8.364	14.903
2017/12/14	2.628	0.807	3.474	5.345	1.708	8.429	14.865
2017/12/15	2.664	0.873	3.521	5.519	1.680	8.461	14.892
2017/12/16	2.638	0.829	3.550	5.319	1.750	8.469	14.892
2017/12/17	2.710	0.939	3.552	5.241	1.712	8.495	14.892
2017/12/18	2.645	0.895	3.598	5.370	1.714	8.495	15.768
2017/12/19	2.650	0.877	3.582	5.268	1.736	8.434	15.442
2017/12/20	2.699	0.979	3.561	5.128	1.772	8.465	15.268
2017/12/21	2.729	0.990	3.597	5.351	1.759	8.510	15.202
2017/12/22	2.690	0.972	3.630	5.283	1.791	8.520	15.172
2017/12/23	2.747	1.034	3.619	5.415	1.778	8.533	15.123
2017/12/24	2.711	1.009	3.654	5.500	1.774	8.537	15.123
2017/12/25	2.678	0.986	3.645	5.328	1.736	8.561	15.089
2017/12/26	2.664	1.042	3.645	5.434	1.712	8.455	15.068
2017/12/27	2.638	0.998	3.616	5.722	1.731	8.440	15.013
2017/12/28	2.656	1.005	3.608	5.296	1.721	8.461	14.983
2017/12/29	2.649	1.068	3.623	5.502	1.772	8.400	14.973

续表 7-3-7

监测日期	v3563	v3549	v3913	AD107	AD120	AD273	A103
2017/12/30	2.710	1.071	3.601	5.408	1.797	8.469	14.947
2017/12/31	2.706	1.148	3.649	5.272	1.761	8.497	14.979
2018/1/1	2.678	1.056	3.653	5.657	1.731	8.472	14.979
2018/1/2	2.629	1.049	3.645	5.794	1.719	8.421	14.971
2018/1/3	2.625	1.064	3.626	5.317	1.789	8.389	14.941
2018/1/4	2.711	1.141	3.626	5.279	1.820	8.431	14.913
2018/1/5	2.736	1.199	3.664	5.616	1.822	8.525	14.939
2018/1/6	2.742	1.170	3.708	5.604	1.888	8.487	14.981
2018/1/7	2.813	1.298	3.713	5.584	1.958	8.546	15.446
2018/1/8	2.899	1.295	3.775	5.491	1.910	8.654	15.446
2018/1/9	2.813	1.240	3.834	5.213	1.816	8.612	15.446
2018/1/10	2.695	1.199	3.808	5.398	1.778	8.499	15.730
2018/1/11	2.689	1.192	3.741	5.220	1.808	8.410	15.401
2018/1/12	2.699	1.243	3.720	5.850	1.831	8.470	15.227
2018/1/13	2.763	1.277	3.738	5.761	1.852	8.442	15.172
2018/1/14	2.749	1.261	3.768	5.968	1.867	8.571	15.138
2018/1/15	2.813	1.308	3.783	5.283	1.884	8.476	15.143
2018/1/16	2.831	1.322	3.815	5.606	1.863	8.529	15.113
2018/1/17	2.788	1.331	3.834	5.243	1.846	8.578	15.104
2018/1/18	2.796	1.355	3.834	5.241	1.850	8.512	15.092
2018/1/19	2.768	1.393	3.834	5.156	1.791	8.550	15.055
2018/1/20	2.713	1.297	3.831	5.334	1.808	8.480	15.058
2018/1/21	2.759	1.318	3.793	5.726	1.839	8.455	15.000
2018/1/22	2.785	1.381	3.805	5.517	1.816	8.493	14.983
2018/1/23	2.745	1.326	3.837	5.207	1.753	8.487	15.007
2018/1/24	2.647	1.282	3.823	5.599	1.750	8.402	14.981
2018/1/25	2.647	1.286	3.768	5.237	1.769	8.366	14.941
2018/1/26	2.679	1.304	3.749	5.474	1.831	8.374	14.899
2018/1/27	2.753	1.401	3.768	5.319	1.888	8.451	14.898
2018/1/28	2.821	1.404	3.815	5.313	1.920	8.516	14.937
2018/1/29	2.853	1.479	3.871	5.743	1.888	8.514	14.979
2018/1/30	2.778	1.420	3.890	5.795	1.850	8.542	14.979
2018/1/31	2.747	1.401	3.874	5.629	1.825	8.451	14.979
2018/2/1	2.703	1.454	3.845	5.272	1.816	8.442	15.717
2018/2/2	2.714	1.397	3.834	5.778	1.820	8.414	15.393

续表 7-3-7

监测日期	v3563	v3549	v3913	AD107	AD120	AD273	A103
2018/2/3	2.711	1.408	3.826	5.319	1.820	8.408	15.234
2018/2/4	2.731	1.470	3.827	5.684	1.842	8.421	15.153
2018/2/5	2.753	1.452	3.842	5.236	1.846	8.434	15.106
2018/2/6	2.750	1.472	3.853	6.041	1.892	8.451	15.085
2018/2/7	2.806	1.544	3.860	5.777	1.971	8.465	15.056
2018/2/8	2.885	1.621	3.900	5.712	1.933	8.584	15.055
2018/2/9	2.832	1.574	3.961	5.374	1.941	8.584	15.106
2018/2/10	2.857	1.749	3.949	5.408	1.963	8.535	15.089
2018/2/11	2.885	1.604	3.952	5.455	1.982	8.576	15.070
2018/2/12	2.900	1.608	3.989	5.370	1.998	8.569	15.070
2018/2/13	2.900	1.674	3.994	5.398	1.945	8.584	15.645
2018/2/14	2.828	1.604	4.016	5.468	1.992	8.548	15.446
2018/2/15	2.913	1.717	3.971	5.232	1.946	8.537	15.312
2018/2/16	2.846	1.644	4.005	5.254	1.892	8.554	15.270
2018/2/17	2.786	1.667	3.986	5.215	1.892	8.480	15.219
2018/2/18	2.804	1.644	3.945	5.415	1.910	8.484	15.138
2018/2/19	2.839	1.744	3.956	5.258	1.897	8.493	15.104
2018/2/20	2.831	1.670	3.971	5.277	1.952	8.484	15.092
2018/2/21	2.884	1.721	3.965	5.262	1.956	8.546	15.070
2018/2/22	2.884	1.744	4.012	5.334	1.867	8.574	15.070
2018/2/23	2.753	1.633	4.019	5.220	1.850	8.508	15.070
2018/2/24	2.778	1.791	3.941	5.258	1.888	8.410	15.501
2018/2/25	2.816	1.681	3.936	5.236	1.892	8.480	15.270
2018/2/26	2.835	1.694	3.964	5.805	1.899	8.493	15.070
2018/2/27	2.853	1.758	3.978	5.376	2.024	8.457	15.666
2018/2/28	2.977	1.815	3.989	5.374	1.962	8.688	15.363
2018/3/1	2.902	1.797	4.104	5.463	1.999	8.590	15.357
2018/3/2	2.961	1.890	4.063	5.340	1.950	8.669	15.255
2018/3/3	2.860	1.771	4.111	5.230	1.858	8.713	15.255
2018/3/4	2.809	1.776	4.074	5.156	1.833	8.459	15.556
2018/3/5	2.749	1.697	3.993	5.691	1.778	8.425	15.276
2018/3/6	2.725	1.709	3.965	5.277	1.810	8.349	15.145
2018/3/7	2.802	1.749	3.928	5.330	1.797	8.448	15.047
2018/3/8	2.779	1.756	3.964	5.415	1.903	8.408	15.616
2018/3/9	2.903	1.912	3.967	5.296	1.839	8.516	15.325

续表 7-3-7

监测日期	v3563	v3549	v3913	AD107	AD120	AD273	A103
2018/3/10	2.818	1.786	4.037	5.472	1.886	8.476	15.308
2018/3/11	2.920	2.010	3.996	5.489	1.975	8.491	15.289
2018/3/12	2.987	2.024	4.049	5.451	2.003	8.663	15.344
2018/3/13	2.912	1.896	4.134	5.296	1.884	8.616	15.422
2018/3/14	2.863	1.731	4.087	5.258	1.742	8.627	15.263
2018/3/15	2.771	1.658	4.074	5.323	1.769	8.425	15.597
2018/3/16	2.832	1.735	3.982	5.417	1.795	8.436	15.652
2018/3/17	2.842	1.793	4.015	5.273	1.748	8.523	15.316
2018/3/18	2.781	1.735	4.045	5.376	1.665	8.533	15.603
2018/3/19	2.728	1.636	4.030	5.716	1.689	8.400	15.350
2018/3/20	2.797	1.716	3.971	5.782	1.780	8.404	15.240
2018/3/21	2.927	1.763	4.005	5.784	1.914	8.531	15.577
2018/3/22	2.928	1.753	4.086	5.794	1.892	8.593	15.350
2018/3/23	2.882	1.760	4.123	5.988	1.946	8.586	15.219
2018/3/24	2.935	1.760	4.123	5.743	1.839	8.582	15.123
2018/3/25	2.903	1.760	4.156	5.818	1.825	8.601	15.081
2018/3/26	2.956	1.753	4.163	5.778	1.844	8.654	15.056
2018/3/27	2.992	1.742	4.196	5.824	1.721	8.722	15.047
2018/3/28	2.841	1.640	4.238	6.215	1.632	8.574	15.181
2018/3/29	2.797	1.606	4.140	6.017	1.683	8.451	15.043
2018/3/30	2.885	1.631	4.073	6.007	1.708	8.506	14.924
2018/3/31	2.906	1.658	4.116	5.939	1.789	8.605	14.928
2018/4/1	2.991	1.701	4.160	5.737	1.672	8.656	14.960
2018/4/2	2.806	1.570	4.231	5.703	1.600	8.626	15.000
2018/4/3	2.745	1.507	4.142	5.788	1.576	8.478	14.945
2018/4/4	2.749	1.547	4.090	5.858	1.784	8.459	14.858
2018/4/5	2.871	1.574	4.082	5.900	1.714	8.571	14.828
2018/4/6	2.867	1.613	4.152	5.945	1.725	8.595	14.873
2018/4/7	2.939	1.617	4.175	6.013	1.695	8.644	14.892
2018/4/8	2.885	1.555	4.212	6.221	1.702	8.665	14.924
2018/4/9	2.920	1.624	4.201	6.032	1.763	8.612	14.932
2018/4/10	2.970	1.588	4.212	5.828	1.702	8.752	14.913
2018/4/11	2.913	1.665	4.274	5.795	1.576	8.688	14.979
2018/4/12	2.792	1.592	4.226	5.875	1.623	8.537	14.968
2018/4/13	2.910	1.786	4.108	5.782	1.659	8.529	14.879

续表 7-3-7

监测日期	v3563	v3549	v3913	AD107	AD120	AD273	A103
2018/4/14	2.873	1.423	4.168	5.869	1.581	8.675	14.869
2018/4/15	2.843	1.354	4.196	6.151	1.606	8.586	14.899
2018/4/16	2.873	1.280	4.152	6.109	1.606	8.620	14.865
2018/4/17	2.881	1.277	4.178	6.081	1.608	8.644	14.873
2018/4/18	2.896	1.291	4.186	6.121	1.547	8.648	14.884
2018/4/19	2.845	1.280	4.201	6.149	1.549	8.578	14.894
2018/4/20	2.863	1.342	4.166	6.026	1.424	8.665	14.899
2018/4/21	2.725	1.232	4.193	6.094	1.405	8.516	14.932
2018/4/22	2.743	1.163	4.098	6.272	1.424	8.491	14.837
2018/4/23	2.835	1.181	4.093	6.450	1.451	8.550	14.818
2018/4/24	2.871	1.390	4.119	6.397	1.481	8.569	14.816
2018/4/25	2.939	1.225	4.146	6.295	1.434	8.633	14.850
2018/4/26	2.828	1.218	4.193	6.439	1.492	8.607	14.918
2018/4/27	2.941	1.291	4.134	6.425	1.523	8.590	14.882
2018/4/28	2.970	1.254	4.185	6.336	1.470	8.684	15.062
2018/4/29	2.867	1.606	4.209	6.520	1.436	8.701	14.988
2018/4/30	2.859	1.222	4.152	6.408	1.513	8.571	14.949
2018/5/1	2.835	1.141	4.138	6.431	1.453	8.578	14.924
2018/5/2	2.934	1.156	4.128	6.520	1.701	8.607	14.941
2018/5/3	3.006	1.269	4.146	6.577	1.555	8.635	14.926
2018/5/4	2.977	1.181	4.185	6.543	1.500	8.660	14.937
2018/5/5	2.942	1.313	4.179	6.437	1.636	8.639	14.971
2018/5/6	2.957	1.145	4.157	6.484	1.500	8.690	14.981
2018/5/7	2.866	1.338	4.157	6.465	1.428	8.586	15.104
2018/5/8	2.835	1.086	4.108	6.605	1.422	8.533	15.043
2018/5/9	2.849	1.302	4.071	6.698	1.481	8.520	14.932
2018/5/10	2.907	1.302	4.060	6.635	1.498	8.603	14.932
2018/5/11	2.917	1.602	4.094	6.685	1.528	8.605	14.941
2018/5/12	2.966	1.569	4.101	6.770	1.614	8.648	14.941
2018/5/13	3.013	1.441	4.170	6.910	1.591	8.684	14.941
2018/5/14	3.013			6.913	1.614	8.726	14.938
2018/5/15	3.006			6.770	1.591	8.726	14.938
2018/5/16	2.901			6.730	1.736	8.726	14.878
2018/5/17	2.913			6.669	1.612	8.665	14.834
2018/5/18	2.860			6.847	1.602	8.654	14.855

续表 7-3-7

监测日期	v3563	v3549	v3913	AD107	AD120	AD273	A103
2018/5/19	2.860			7.687	1.595	8.597	14.864
2018/5/20	2.877			7.899	1.553	8.608	14.944
2018/5/21	2.974			7.477	1.606	8.569	14.917
2018/5/22	3.016			7.207	2.009	8.612	14.917
2018/5/23	3.109			7.216	1.941	8.639	14.961
2018/5/24	3.073			7.506	1.878	8.703	14.967
2018/5/25	3.027			6.743	1.805	8.686	15.035
2018/5/26	3.063			6.499	1.786	8.661	14.987
2018/5/27	2.763			6.242	2.166	8.661	14.938
2018/5/28	2.550			7.023	1.761	8.612	14.951
2018/5/29	2.484			6.261	1.481	8.588	14.951
2018/5/30	2.556			6.439	1.362	8.542	14.927
2018/5/31	2.603			6.719	1.345	8.512	14.980
2018/6/1	2.699			6.738	1.411	8.504	14.955
2018/6/2	2.727			6.520	1.451	8.520	14.940
2018/6/3	2.778			7.052	1.534	8.531	14.910
2018/6/4	2.860			6.713	1.508	8.552	14.878
2018/6/5	2.860			6.715	1.636	8.569	14.830
2018/6/6	2.849			6.520	1.606	8.546	14.781
2018/6/7	2.863			6.995	1.566	8.518	14.800
2018/6/8	2.912			6.425	1.536	8.518	14.829
2018/6/9	2.956			6.552	1.547	8.533	14.836
2018/6/10	2.967			6.764	1.619	8.561	14.844
2018/6/11	2.998			6.293	1.701	8.556	14.925
2018/6/12	2.977			6.092	1.716	8.561	14.876
2018/6/13	2.934			6.007	1.791	8.554	14.842
2018/6/14	2.927			6.363	1.733	8.527	14.829
2018/6/15	2.981			5.911	1.714	8.493	14.849
2018/6/16	2.995			6.128	1.736	8.493	14.821
2018/6/17	3.020			5.813	1.761	8.514	14.779
2018/6/18	3.070			5.813	1.778	8.512	14.766
2018/6/19	3.081			5.731	1.939	8.535	14.768
2018/6/20	2.956			5.811	1.833	8.556	14.711
2018/6/21	2.945			6.030	1.666	8.525	14.673
2018/6/22	2.970			5.799	1.642	8.554	14.706

续表 7-3-7

监测日期	v3563	v3549	v3913	AD107	AD120	AD273	A103
2018/6/23	2.963			6.089	1.672	8.608	14.726
2018/6/24	3.024			5.767	1.672	8.559	14.738
2018/6/25	3.055			6.043	1.691	8.535	14.787
2018/6/26	3.155			5.726	1.731	8.571	14.796
2018/6/27	2.941			5.674	1.805	8.682	14.759
2018/6/28	2.895			5.729	1.523	8.680	14.753
2018/6/29	2.884			5.987	1.369	8.695	14.694
2018/6/30	2.855			5.830	1.339	8.675	14.602
2018/7/1	2.934			6.083	1.317	8.618	14.651
2018/7/2	2.985			6.119	1.364	8.624	14.605
2018/7/3	3.031			6.475	1.439	8.660	14.596
2018/7/4	3.084			5.599	1.483	8.682	14.617
2018/7/5	3.006			5.913	1.534	8.678	14.666
2018/7/6	3.003			5.593	1.534	8.629	14.666
2018/7/7	2.949			5.667	1.513	8.597	14.622
2018/7/8	2.767			5.724	1.513	8.590	14.656
2018/7/9	2.739			5.724	1.400	8.525	14.632
2018/7/10	2.780			5.368	1.341	8.482	14.656
2018/7/11	2.873			5.712	1.341	8.463	14.755
2018/7/12	2.767			5.869	1.411	8.514	14.726
2018/7/13	2.752			5.540	1.220	8.518	14.724
2018/7/14	2.792			5.574	1.161	8.538	14.749
2018/7/15	2.806			5.499	1.180	8.591	14.690
2018/7/16	2.860			5.580	1.203	8.588	15.003
2018/7/17	2.866			5.665	1.222	8.610	15.124
2018/7/18	2.863			5.551	1.332	8.626	14.870
2018/7/19	2.838			5.943	1.309	8.675	14.776
2018/7/20	2.842			5.920	1.311	8.690	14.759
2018/7/21	2.888			5.703	1.337	8.703	14.802
2018/7/22	2.906			5.922	1.415	8.714	14.791
2018/7/23	2.959			6.206	1.466	8.707	14.734
2018/7/24	3.106			5.413	1.623	8.703	14.685
2018/7/25	2.985			5.565	1.608	8.771	14.636
2018/7/26	2.938			5.351	1.600	8.722	14.609
2018/7/27	2.930			5.646	1.540	8.690	14.626

续表 7-3-7

监测日期	v3563	v3549	v3913	AD107	AD120	AD273	A103
2018/7/28	2.949			6.053	1.553	8.686	14.660
2018/7/29	2.981			5.865	1.561	8.707	14.672
2018/7/30	2.995			6.268	1.638	8.726	14.944
2018/7/31	2.942			6.647	1.697	8.735	15.180
2018/8/1	2.934			6.380	1.736	8.737	15.180
2018/8/2	2.913			6.683	1.867	8.745	14.815
2018/8/3	2.956			5.892	1.920	8.750	14.653
2018/8/4	2.895			5.971	2.039	8.722	14.607
2018/8/5	2.881			5.691	2.011	8.673	14.564
2018/8/6	2.906			5.801	1.952	8.639	14.556
2018/8/7	2.885			5.635	1.986	8.641	14.550
2018/8/8	2.888			6.083	1.980	8.618	14.535
2018/8/9	2.895			6.365	1.977	8.595	14.511
2018/8/10	2.913			5.438	2.022	8.612	14.501
2018/8/11	2.902			5.340	2.071	8.597	14.802
2018/8/12	2.741			5.169	2.185	8.588	15.023
2018/8/13	2.739			5.177	1.999	8.542	14.755
2018/8/14	2.578			5.132	1.920	8.506	14.670
2018/8/15	2.528			5.196	1.761	8.448	14.620
2018/8/16	2.581			5.340	1.608	8.391	
2018/8/17	2.678			5.272	1.625	8.385	
2018/8/18	2.706			5.402	1.666	8.406	
2018/8/19	2.749			5.328	1.778	8.408	
2018/8/20	2.871			5.137	1.875	8.400	
2018/8/21	2.717			5.489	1.869	8.474	
2018/8/22	2.674			5.205	1.763	8.397	
2018/8/23	2.735			5.126	1.689	8.344	
2018/8/24	2.713			4.980	1.712	8.338	
2018/8/25	2.617			5.207	1.655	8.321	
2018/8/26	2.592			5.357	1.511	8.274	
2018/8/27	2.617			4.541	1.596	8.200	
2018/8/28	2.625			4.547	1.373	8.175	
2018/8/29	2.164			4.545	1.356	8.164	
2018/8/30	2.289			4.594	0.887	8.024	
2018/8/31	2.368			4.609	0.857	7.926	

续表 7-3-7

监测日期	v3563	v3549	v3913	AD107	AD120	AD273	A103
2018/9/1	2.478			4.895	0.838	7.858	
2018/9/2	2.620			4.772	0.916	7.873	
2018/9/3	2.702			4.583	1.031	7.928	
2018/9/4	2.728			4.632	1.091	7.963	
2018/9/5	2.728			4.598	1.078	7.950	
2018/9/6	2.695			4.668	1.050	7.907	
2018/9/7	2.638			4.511	1.071	7.882	
2018/9/8	2.560			4.570	1.048	7.820	
2018/9/9	2.557			4.575	1.037	7.738	
2018/9/10	2.599			4.772	1.040	7.701	
2018/9/11	2.656			4.755	1.067	7.701	
2018/9/12	2.681			4.609	1.125	7.701	
2018/9/13	2.695			4.628	1.175	7.695	
2018/9/14	2.759			4.852	1.195	7.672	
2018/9/15	2.739			4.761	1.245	7.702	
2018/9/16	2.753			4.662	1.231	7.695	
2018/9/17	2.741			5.014	1.279	7.699	
2018/9/18	2.770			4.778	1.296	7.674	
2018/9/19	2.816			4.906	1.362	7.680	
2018/9/20	2.731			4.791	1.387	7.689	
2018/9/21	2.767			4.852	1.457	7.706	
2018/9/22	2.724			4.852	1.470	7.716	
2018/9/23	2.699			4.797	1.430	7.687	
2018/9/24	2.645			4.780	1.508	7.651	
2018/9/25	2.664			4.819	1.589	7.610	
2018/9/26	2.681			5.037	1.430	7.591	
2018/9/27	2.731			4.939	1.415	7.610	
2018/9/28	2.767			5.003	1.477	7.629	
2018/9/29	2.816			5.001	1.506	7.653	
2018/9/30	2.792			4.939	1.523	7.682	
2018/10/1	2.607			4.884	1.504	7.714	
2018/10/2	2.592			4.840	1.347	7.674	
2018/10/3	2.567			4.865	1.290	7.649	
2018/10/4	2.585			4.922	1.248	7.587	
2018/10/5	2.671			4.940	1.254	7.576	

续表 7-3-7

监测日期	v3563	v3549	v3913	AD107	AD120	AD273	A103
2018/10/6	2.699			4.910	1.292	7.600	
2018/10/7	2.717			4.905	1.317	7.602	
2018/10/8	2.741			4.918	1.356	7.596	
2018/10/9	2.759			4.867	1.345	7.581	
2018/10/10	2.710			4.844	1.375	7.608	
2018/10/11	2.656			4.859	1.281	7.574	
2018/10/12	2.642			4.899	1.203	7.559	
2018/10/13	2.735			4.888	1.186	7.544	
2018/10/14	2.684			4.844	1.220	7.561	
2018/10/15	2.688			4.861	1.209	7.540	
2018/10/16	2.713			4.818	1.207	7.530	
2018/10/17	2.693			4.835	1.220	7.538	
2018/10/18	2.695			4.855	1.212	7.513	
2018/10/19	2.695			4.870	1.216	7.498	
2018/10/20	2.731			4.929	1.228	7.523	
2018/10/21	2.796			4.967	1.254	7.526	
2018/10/22	2.845			4.944	1.309	7.555	
2018/10/23	2.799				1.352	7.595	

四、地下水动态变化规律

根据表7-3-6和表7-3-7的监测数据,做出孔隙裂隙水、孔隙潜水、基岩裂隙水水位逐月变化折线图(图7-3-9～图7-3-24)。从图7-3-9至图7-3-16可以看出,第四系孔隙潜水及部分波状台地孔隙裂隙水处于一个开放的地下水系统,地下水动态变化是地形地貌、地层岩性、地质结构、气象水文和人类活动等多种因素综合影响的结果,因此地下水呈现出不同的变化规律。部分波状台地及大黑山丘陵地区孔隙裂隙水受地层限制,水位普遍较浅,地下水主要来源于降水补给,水量较小,水位受降水控制明显,丰水期水位抬升明显,枯水期水位下降,属于地下水补给区(田辉等,2017)。

图7-3-9 龙嘉镇广家窝堡孔隙裂隙水水位逐月变化折线图

图 7-3-10 龙嘉镇杨树村孔隙裂隙水水位逐月变化折线图

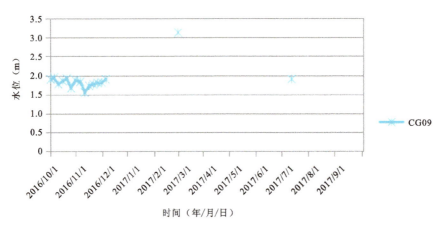

图 7-3-11 奋进乡大房子村孔隙潜水水位逐月变化折线图

图 7-3-12 西营城镇孙家洼子孔隙潜水水位逐月变化折线图

图 7-3-13　卡伦镇瓦缸村孔隙裂隙水水位逐月变化折线图

图 7-3-14　二道区西流沙村孔隙裂隙水水位逐月变化折线图

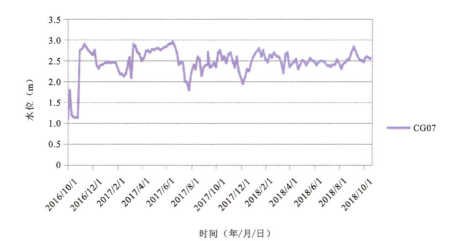

图 7-3-15　西营城镇赵家窝堡孔隙裂隙水水位逐月变化折线图

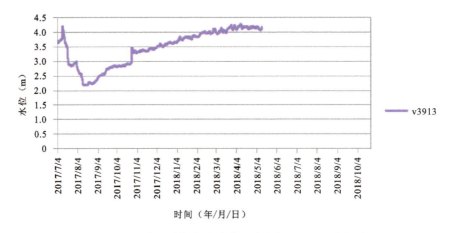

图 7-3-16　泉眼镇杨家沟孔隙裂隙水水位逐月变化折线图

从图 7-3-17 至图 7-3-22 可以看出,波状台地上覆厚层黄土状亚黏土,水位埋深多大于 5m,蒸发对水位动态影响不大。大气降水及侧向径流为主要补给来源,动态特征为降水渗入径流型。年最大变幅为 1~4m。

图 7-3-17　龙嘉镇陆家烧锅孔隙潜水水位逐月变化折线图

图 7-3-18　泉眼镇胡家村孔隙潜水水位逐月变化折线图

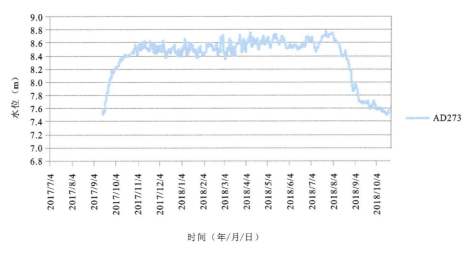

图7-3-19 泉眼镇赵家岗子屯孔隙裂隙水水位逐月变化折线图

图7-3-20 龙嘉镇和平村拱家湾子孔隙裂隙水水位逐月变化折线图

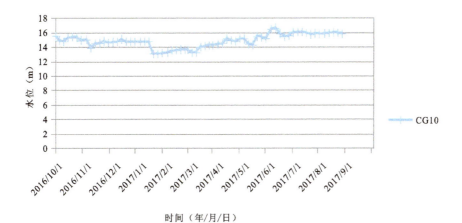

图7-3-21 奋进乡隆北村孔隙裂隙水水位逐月变化折线图

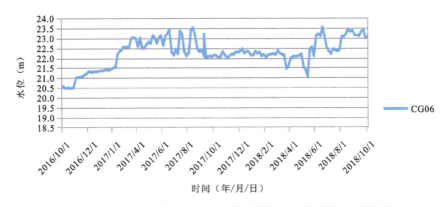

图 7-3-22　西营城镇打尖沟上沟孔隙裂隙水水位逐月变化折线图

从图 7-3-23 可以看出，基岩裂隙水多赋存在火山岩的节理、裂隙中，基岩裂隙水受大气降水补给和人为开采限制。在地下水开采量较大地区，地下水动态主要受人为开采影响，地下水位变化主要受开采强度的控制，在时空分布上变化较大。

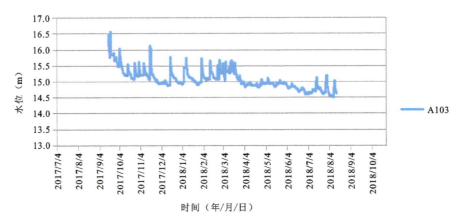

图 7-3-23　泉眼镇天利公司基岩裂隙水水位逐月变化折线图

从图 7-3-24 可以看出，监测井虽然打到基岩层位，但考虑到基岩裂隙水水量不足等原因，没有进行分层取水处理，地下水动态变化依然是第四系孔隙水的变化规律，受降水控制明显。

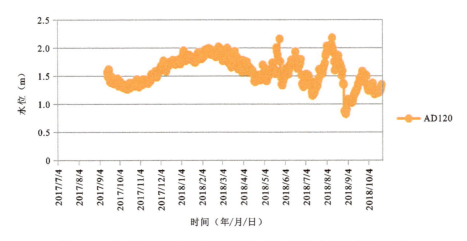

图 7-3-24　泉眼镇刘家村基岩裂隙水（混合水）水位逐月变化折线图

第四节 地下水质量

一、长春新区地下水质量

(一)水质测试结果

本次工作共采取地下水水样 48 个,其中 20 个水样同时进行有机分析测试。其中,无机指标检测 28 项,有机指标检测 23 项,具体测试结果见表 7-4-1 和表 7-4-2。

表 7-4-1 长春新区地下水无机指标检出率、超标率统计表

测试指标	样品基数（个）	目标检出限（μg/L）	检出井数（眼）	检出率（%）	超标井数（眼）	超标率（%）
浑浊度(NTU)	48		9	18.75	9	18.75
铝(Al)	48	0.01	48	100.00	6	12.50
锰(Mn)	48	0.01	36	75.00	13	27.08
铜(Cu)	48	0.003	7	14.58	0	0
锌(Zn)	48	0.001	48	100.00	0	0
Cl^-	48		0	0	0	0
SO_4^{2-}	48		48	100.00	1	2.08
总硬度(以 $CaCO_3$ 计)	48		48	100.00	5	10.42
TDS	48		48	100.00	1	2.08
耗氧量	48		48	100.00	5	10.42
总大肠菌群	48		0	0	0	0
菌落总数	48		0	0	0	0
镉(Cd)	48	0.000 2	0	0	0	0
铬(Cr^{6+})	48	0.004	13	27.08	0	0
铅(Pb)	48	0.000 2	48	100.00	11	22.92
汞(Hg)	48	0.000 1	0	0	0	0
硒(Se)	48	0.000 2	22	45.83	0	0
氰化物	48		0	0	0	0
F^-	48		1	2.08	1	2.08
NO_3^-(以 N 计)	48		26	54.17	23	47.92
NH_4^+(以 N 计)	48		5	10.42	3	6.25
钠(Na)	48		48	100.00	1	2.08
NO_2^-(以 N 计)	48		0	0	1	2.08
钡(Ba)	48		0	0	0	0

续表 7-4-1

测试指标	样品基数（个）	目标检出限（μg/L）	检出井数（眼）	检出率（%）	超标井数（眼）	超标率（%）
铁（Fe）	48	0.05	44	91.67	15	31.25
镍（Ni）	48	0.002	0	0	0	0
挥发性酚类	48		0	0	0	0
碘化物	48		0	0	0	0

表 7-4-2 长春新区地下水有机指标检出率与超标率

测试指标	样品基数（个）	目标检出限（μg/L）	检出井数（眼）	检出率（%）	超标井数（眼）	超标率（%）
三氯甲烷（氯仿）	20	0.5	0	0	0	0
四氯化碳	20	0.5	0	0	0	0
1,1,1—三氯乙烷	20	0.5	0	0	0	0
三氯乙烯	20	0.5	0	0	0	0
四氯乙烯	20	0.5	0	0	0	0
二氯甲烷	20	0.5	0	0	0	0
1,2—二氯乙烷	20	0.5	1	5.00	0	0
1,1,2—三氯乙烷	20	0.5	0	0	0	0
1,2—二氯丙烷	20	0.5	0	0	0	0
溴仿	20	0.5	0	0	0	0
氯乙烯	20	1	0	0	0	0
1,1—二氯乙烯	20	0.5	0	0	0	0
1,2—二氯乙烯	20	0.5	0	0	0	0
氯苯	20	0.5	0	0	0	0
邻二氯苯	0	0.5				
对二氯苯	0	0.5				
三氯苯	0	10				
苯	20	0.5	0	0	0	0
甲苯	20	0.5	0	0	0	0
乙苯	20	0.5	0	0	0	0
二甲苯	0	0.5				
苯乙烯	20	0.5	0	0	0	0
总六六六	20	1	0	0	0	0
γ-BHC	20	0.02	0	0	0	0
总滴滴涕	20	0.02	0	0	0	0
六氯苯	20	0.02	0	0	0	0
苯并（a）芘	20	0.2	0	0	0	0

无机组分超标较为严重的组分依次为 NO_3^-、铁、锰、铅、浑浊度、铝、总硬度，超标率依次为 48.94%、31.91%、27.06%、23.40%、19.15%、12.77%、10.64%。另有个别样品检测到 F^-、NH_4^+、NO_2^- 超标，详见图 7-4-1 和图 7-4-2。有机组分只有 DXY19 号样品有 1,2—二氯乙烷检出，但未超标。

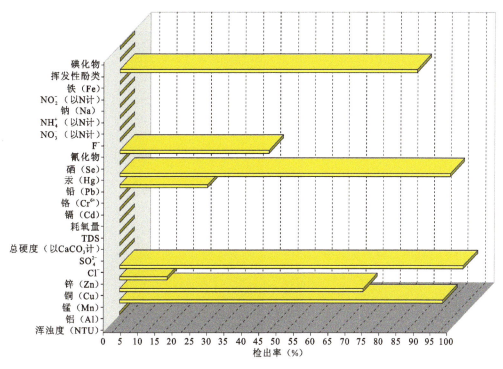

图 7-4-1 长春新区地下水各组分检出率

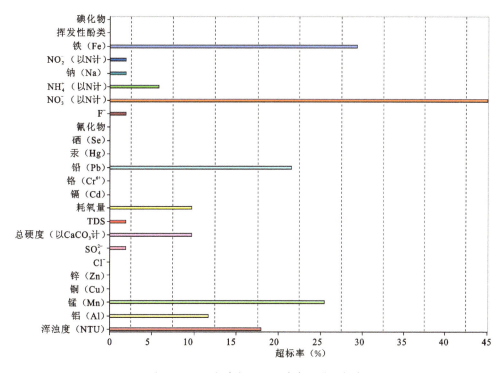

图 7-4-2 长春新区地下水各组分超标率

(二)地下水水质评价

本次评价采用国家标准《地下水质量标准》(GB/T 14848—2017)进行评价,原则上以地下水类型进行评价。本次参加评价的点为48个,参评项目28项,其中全分析一般化学指标采用17项,毒理学指标采用11项(表7-4-3)。

表 7-4-3 长春新区地下水质量评价参评项目及分级表   单位:mg/L

项目 \ 类别 标准值	Ⅰ类	Ⅱ类	Ⅲ类	Ⅳ类	Ⅴ类
pH		6.5~8.5		5.5~6.5,8.5~9	<5.5,>9
总硬度(以 $CaCO_3$ 计)	≤150	≤300	≤450	≤550	>550
浑浊度(NTU)	≤3	≤3	≤3	≤10	>10
TDS	≤300	≤500	≤1000	≤2000	>2000
硫酸盐	≤50	≤150	≤250	≤350	>350
氯化物	≤50	≤150	≤250	≤350	>350
钙(Ca)	≤100	≤200	≤400	≤800	>800
镁(Mg)	≤10	≤20	≤50	≤200	>200
钠(Na)	≤100	≤150	≤200	≤400	>400
铝(Al)	≤0.01	≤0.05	≤0.2	≤0.5	>0.5
铁(Fe)	≤0.1	≤0.02	≤0.3	≤1.5	>1.5
锰(Mn)	≤0.05	≤0.05	≤0.1	≤1.0	>1.0
铜(Cu)	≤0.01	≤0.05	≤0.2	≤0.5	>0.5
锌(Zn)	≤0.05	≤0.5	≤1.0	≤5.0	>5.0
NO_3^-(以 N 计)	≤2.0	≤5.0	≤20	≤30	>30
NO_2^-(以 N 计)	≤0.001	≤0.01	≤0.02	≤0.1	>0.1
NH_4^+	≤0.02	≤0.02	≤0.2	≤0.5	>0.5
汞(Hg)	≤0.00005	≤0.0005	≤0.001	≤0.001	>0.001
砷(As)	≤0.005	≤0.01	≤0.05	≤0.05	>0.05
镉(Cd)	≤0.0001	≤0.001	≤0.01	≤0.01	>0.01
铬(Cr^{6+})	≤0.005	≤0.01	≤0.05	≤0.1	>0.1
铅(Pb)	≤0.005	≤0.01	≤0.05	≤0.1	>0.1
硒(Se)	≤0.01	≤0.01	≤0.01	≤0.1	>0.1
PO_3^-	≤1.5	≤3.0	≤6.7	≤15	>15
F^-	≤1.0	≤1.0	≤1.0	≤2.0	>2.0
耗氧量(COD)	≤1.0	≤2.0	≤3.0	≤10.0	>10.0
溴酸盐	≤0.002	≤0.05	≤0.01	≤0.05	>0.05
碘化物	≤0.04	≤0.04	≤0.08	≤0.5	>0.5

1. 评价方法

应用该标准,将地下水划分为5类。

Ⅰ类水:主要反映地下水化学组成的天然低背景,适用各种用途。

Ⅱ类水:主要反映地下水化学组分天然高背景含量,适用于各种用途。

Ⅲ类水:以人体健康基准值为依据,主要用于集中式生活饮用水源及工业用水。

Ⅳ类水:以农业和工业用水要求为依据,除适用于农业和部分工业用水外,适当处理后可作为生活饮用水。

Ⅴ类水:不宜饮用。

其他用水可根据使用目的选用。

地下水质量综合评价,采用加附注的评分法对参评项目首先进行单项组分评价,划分组分所属级别,用表7-4-4所示标准分别确定单项组分评价分值 F_i,按下列公式计算综合评价分值 F。

$$F = (\overline{F}^2 + F^2_{max})^{1/2}$$

式中,$\overline{F} = 1/n \sum F_i$,$\overline{F}$ 为各单项组分值的平均值;F_{max} 为单项组分评价分值 F_i 中的最大值;N 为参评项目数。

然后根据 F 值,按标准中所规定的方法对地下水质量进行分级(表7-4-5)。

表7-4-4 单项组分质量评价分级表

类别	Ⅰ	Ⅱ	Ⅲ	Ⅳ	Ⅴ
F_i	0	1	3	6	10

表7-4-5 地下水质量综合评价分级表

代号	Ⅰ	Ⅱ	Ⅲ	Ⅳ	Ⅴ
级别	优良	良好	较好	较差	极差
污染程度	未污染	轻微污染	中等污染	较重污染	重污染
F	$F \leq 0.80$	$0.80 < F \leq 2.50$	$2.50 < F \leq 4.25$	$4.25 < F \leq 7.20$	$F > 7.20$

2. 评价结果

经计算,长春新区地下水水质综合评价见表7-4-6。

由表7-4-6可知,区内地下水质量可分为4级,其中Ⅴ类水未评出。总体来看,Ⅰ类水占4.17%,Ⅱ类水占33.33%,Ⅲ类水占31.25%,Ⅳ类水占31.25%。较好及以上级别地下水占68.75%,总体情况较好。

长春新区西营城地区、龙嘉地区、双德地区、奋进地区地下水水质具体评价见图7-4-4。

1)西营城地区

(1)Ⅰ类水质:在本区域未检出。

(2)Ⅱ类水质:分布于区域大部分地区,主要分布于榆树岗子、杨家岗子、石头口门、西营城镇、榆树棵、古榆树、打尖沟等。上述地区地下水水化学组分天然背景值较低,属良好水质。

(3)Ⅲ类水质:分布于区域大部分地区,主要分布于榆树岗子、杨家岗子、石头口门、西营城镇、榆树棵、古榆树、打尖沟等。该区地下水个别组分的天然背景较低,个别地区地下水中 Pb、NO_3^-、NH_4^+ 含量超出饮用水二类标准,总体上属较好水质。

表7-4-6 长春新区地下水水质综合评价表

序号	样品编号	地理位置	评价分值	地下水质量分级	影响因子
1	DXW01	奋进乡工地	0.71	优良（Ⅰ类）	
2	DXW02	长春市奋进乡沙场	2.12	良好（Ⅱ类）	
3	DXW03	长春市奋进乡隆北村	2.12	良好（Ⅱ类）	
4	DXW04	长春市奋进乡隆北村	2.12	良好（Ⅱ类）	
5	DXW05	长春市奋进乡	7.07	较差（Ⅳ类）	NO_3^-
6	DXW06	长春市奋进乡郭家店	2.12	良好（Ⅱ类）	
7	DXW07	长春市奋进乡	4.24	较好（Ⅲ类）	Na^+
8	DXW08	长春市奋进乡小城子村	0.71	优良（Ⅰ类）	
9	DXW09	长春市奋进乡	2.13	良好（Ⅱ类）	
10	DXW10	双德乡大房身村南	2.12	良好（Ⅱ类）	
11	DXW11	双德乡韩酒局子	4.24	较好（Ⅲ类）	NO_3^-
12	DXW12	后侯家屯侯俭	7.07	较差（Ⅳ类）	Al、NO_3^-
13	DXW13	龙加乡吉祥大队大房身	7.07	较差（Ⅳ类）	Al、NO_3^-
14	DXW14	秦××	7.07	较差（Ⅳ类）	NO_3^-
15	DXW15	长春市龙嘉镇	7.07	较差（Ⅳ类）	NO_3^-
16	DXW16	高家店	2.12	良好（Ⅱ类）	
17	DXW17	长春市龙嘉镇	7.07	较差（Ⅳ类）	NO_3^-
18	DXW18	四马架	2.12	良好（Ⅱ类）	
19	DXW19	龙嘉镇东小城子村朝阳村	7.07	较差（Ⅳ类）	Al、NO_3^-
20	DXW20	挖铜村挖铜屯	4.24	较好（Ⅲ类）	NO_3^-
21	DXW21	龙嘉镇翻身村9组	2.12	良好（Ⅱ类）	
22	DXW22	三家子村7队	2.12	良好（Ⅱ类）	
23	DXW23	龙嘉镇	7.07	较差（Ⅳ类）	NO_3^-
24	DXW24	龙嘉镇四家子村	4.24	较好（Ⅲ类）	NO_3^-
25	DXW25	龙嘉镇魏家窝棚	4.24	较好（Ⅲ类）	NO_3^-
26	DXW26	龙嘉镇新民村	7.07	较差（Ⅳ类）	NO_3^-
27	DXW27	龙嘉镇腰屯村	4.24	较好（Ⅲ类）	NO_3^-
28	DXW28	临河村五舍	7.08	较差（Ⅳ类）	Pb、NO_3^-
29	DXW29	龙嘉镇和平村拱家湾子	2.12	良好（Ⅱ类）	
30	DXW31	烧锅村烧锅7队花张屯	7.07	较差（Ⅳ类）	Pb、NO_3^-
31	DXW32	西营城镇董家村	4.25	较好（Ⅲ类）	耗氧量、Pb、NO_3^-
32	DXW33	石头口门	4.24	较好（Ⅲ类）	Pb
33	DXW34	石头口门	2.12	良好（Ⅱ类）	
34	DXW35	西营城镇榆树棵村7队石砬山	4.25	较差（Ⅳ类）	Pb、NO_3^-

续表 7-4-6

序号	样品编号	地理位置	评价分值	地下水质量分级	影响因子
35	DXW36	西营城镇盘道岭村 2 队老烧锅	4.24	较好（Ⅲ类）	NO_3^-
36	DXW37	西营城镇盘道岭 5 舍	4.24	较好（Ⅲ类）	Pb^{2+}
37	DXW38	西营城镇官马山村 4 队	7.07	较差（Ⅳ类）	Pb、NO_3^-
38	DXW39	董家村赵家窝铺	7.07	较差（Ⅳ类）	NO_3^-
39	DXW40	西营城镇前张家油坊	4.25	较好（Ⅲ类）	耗氧量，Pb
40	DXW41	饮马河下游后三家子	4.24	较好（Ⅲ类）	耗氧量
41	DXW42	西营城镇臻楷泡村	4.24	较好（Ⅲ类）	Pb
42	DXW43	榛秸泡 6 队莲花泡	4.25	较好（Ⅲ类）	NH_4^+、Pb
43	DXW44	西营城镇榆树岗村 5 队	2.12	良好（Ⅱ类）	
44	DXW45	西营城镇石人沟村腰榆树岗子	2.12	良好（Ⅱ类）	
45	DXW46	西营城镇石人沟村 3 舍	2.12	良好（Ⅱ类）	
46	DXW47	西营城镇唐家窑村	4.25	较好（Ⅲ类）	Al、Pb、NO_3^-
47	DXW48	西营城镇万家村 7 队	7.07	较差（Ⅳ类）	NO_3^-
48	DXW49	西营城镇万家村 1 舍	2.12	良好（Ⅱ类）	

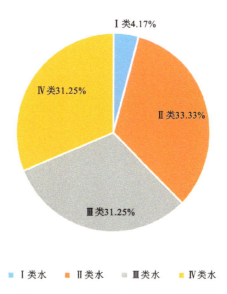

图 7-4-3　长春新区地下水质量饼图

（4）Ⅳ类水质：主要分布于东南部波状台地区的烧锅村、董家村、官马山、盘道岭，以及东北部的万家沟、沈家岭等地。该区地下水个别组分的天然背景较高，地下水中 Pb、NO_3^- 含量超出饮用水标准，水质较差。

2）龙嘉地区

（1）Ⅰ类水质：在本区域未检出。

（2）Ⅱ类水质：分布于区域大部分地区，主要分布于莲花村、郭家屯、二道湾子、和平村、计家岗子、腰三家子等。上述地区地下水水化学组分天然背景值较低，属良好水质。

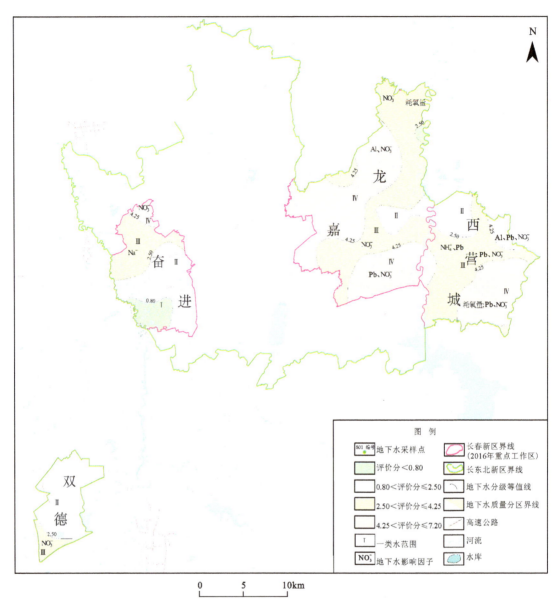

图 7-4-4　长春新区地下水水质评价图

(3) Ⅲ类水质:分布于区域大部分地区,主要分布于双丰村、挖铜村、大城子、红光村、饮马河村、九台劳动教养管理所、陆家烧锅、西八家子、二道村、西四家子、张家湾、榆树林子、马家屯、高家店、马家店等。该区地下水个别组分的天然背景值较低,个别地区地下水中 NO_3^- 含量超出饮用水二类标准,总体上属较好水质。

(4) Ⅳ类水质:主要分布于西部Ⅱ级阶地地区的朝阳沟、泉眼村、杨树村、双阳村、吉祥村、龙家堡村、侯家屯,以及南部的南泉村、新民村、临河村、龙嘉机场等地。该区地下水个别组分的天然背景值较高,地下水中 Al、Pb、NO_3^- 含量超出饮用水标准,水质较差。

3) 双德地区

(1) Ⅰ类水质:在本区域未检出。

(2) Ⅱ类水质:分布于区域大部分地区,主要分布于双德乡、三家子村、大房身、徐家窝堡、富强村等。上述地区地下水水化学组分天然背景值较低,属良好水质。

(3)Ⅲ类水质:分布于南部小部分地区,主要分布于大房子、韩酒局子等。该区地下水组分的天然背景值较低,个别地区地下水中 NO_3^- 含量超出饮用水二类标准,总体上属较好水质。

(4)Ⅳ类水质:在本区域未检出。

4)奋进地区

(1)Ⅰ类水质:分布于区域南部地区,主要分布于潘家店、贺家屯、陈家屯、金钱堡、三间房、梁家屯等。上述地区地下水水化学组分天然背景值较低,属优良水质。

(2)Ⅱ类水质:分布于区域大部分地区,主要分布于隆北村、太平村、隆西村、黄家烧锅、常家店、邢家屯等。上述地区地下水水化学组分天然背景值较低,属良好水质。

(3)Ⅲ类水质:分布于区域北部小部分地区,主要分布于泡子沿、存金堡、郭家屯、东岭粮库、同春堡、西小青等。该区地下水个别组分的天然背景值较低,个别地区地下水中总 Pb、NO_3^-、NH_4^+ 含量超出饮用水二类标准,总体上属较好水质。

(4)Ⅳ类水质:主要分布于北部波状台地区的西大青、高家屯等地。该区地下水个别组分的天然背景值较高,地下水中 NO_3^- 超出饮用水标准,水质较差。

综上所述,区内形成Ⅳ类水质的原因主要是地下水中 NO_3^- 和 Pb 含量较高所致,但多数是农村供水井环境卫生条件较差造成的,属于点状污染。总体来看,全区地下水质量较好。

二、泉眼幅地下水质量

与前文长春新区地下水质量中所用的评价方法相同,对泉眼幅地下水质量进行综合评价。

本次评价采用国家标准《地下水质量标准》(GB/T 14848—2017)进行评价,原则上以地下水类型进行评价。本次参加评价的点为48个,参评项目28项,其中全分析一般化学指标采用17项,毒理学指标采用11项。

经计算,泉眼幅地下水水质综合评价见表 7-4-7。

表 7-4-7 泉眼幅地下水水质综合评价表

序号	样品编号	地理位置	评价分值	地下水质量分级	影响因子
1	s01	吉林省长春市卡伦镇大林子	4.25	较差(Ⅳ类)	
2	s02	吉林省长春市卡伦镇西合村	2.13	良好(Ⅱ类)	
3	s03	吉林省长春市卡伦镇南六家子	2.12	良好(Ⅱ类)	
4	s04	吉林省长春市卡伦镇瓦缸窑村东第一家	7.07	较差(Ⅳ类)	NO_3^-
5	s05	吉林省长春市卡伦镇六家子	4.25	较差(Ⅳ类)	
6	s06	吉林省长春市卡伦镇双泉眼	2.12	良好(Ⅱ类)	
7	s07	吉林省长春市东湖镇北园子	7.08	较差(Ⅳ类)	Al、NO_3^-
8	s08	吉林省长春市东湖镇放牛沟	7.08	较差(Ⅳ类)	NO_3^-
9	s09	吉林省长春市东湖镇何家店	4.24	较好(Ⅲ类)	NO_3^-
10	s10	吉林省长春市东湖镇王家纸坊	2.12	良好(Ⅱ类)	
11	s11	吉林省长春市东湖镇八家子	2.12	良好(Ⅱ类)	
12	s12	吉林省长春市东湖镇前大岭	2.12	良好(Ⅱ类)	
13	s13	吉林省长春市东湖镇石厂小卖店	4.25	较差(Ⅳ类)	苯并(a)芘
14	s14	吉林省长春市卡伦镇任家屯	4.25	较差(Ⅳ类)	

续表 7-4-7

序号	样品编号	地理位置	评价分值	地下水质量分级	影响因子
15	s15	吉林省长春市卡伦镇兴隆小卖店	4.25	较差(Ⅳ类)	
16	s17	吉林省长春市卡伦镇双顶子塑料厂南200m	4.25	较差(Ⅳ类)	
17	s18	吉林省长春市卡伦镇双顶子	2.12	良好(Ⅱ类)	
18	s20	吉林省长春市卡伦镇和气村食杂点店	7.08	较差(Ⅳ类)	Al、NO_3^-
19	s21	吉林省长春市卡伦镇永丰屯	2.12	良好(Ⅱ类)	
20	s22	吉林省长春市东湖镇腰站西沟	4.25	较差(Ⅳ类)	NO_3^-
21	s23	吉林省长春市东湖镇二台子	7.07	较差(Ⅳ类)	NO_3^-
22	s24	吉林省长春市东湖镇羊草沟小卖店	7.08	较差(Ⅳ类)	NO_3^-
23	s25	吉林省长春市东湖镇前徐大沟	7.08	较差(Ⅳ类)	NO_3^-
24	s26	吉林省长春市二道区泉眼镇麻家沟	7.07	较差(Ⅳ类)	NO_3^-
25	s27	吉林省长春市泉眼镇勤劳村耿家烧锅	2.12	良好(Ⅱ类)	
26	s28	吉林省长春市英俊镇胡家村村部	2.12	良好(Ⅱ类)	
27	s29	吉林省长春市二道区泉眼镇南流沙	2.12	良好(Ⅱ类)	
28	s30	吉林省长春市二道区泉眼镇辛立村艾家屯	2.12	良好(Ⅱ类)	
29	s31	吉林省长春市二道区泉眼镇闫家屯	7.08	较差(Ⅳ类)	NO_3^-
30	s32	吉林省长春市劝农山镇老头沟麻山	2.12	良好(Ⅱ类)	
31	s33	吉林省长春市泉眼镇火石村后硔子	4.25	较差(Ⅳ类)	Al
32	s35	吉林省长春市二道区劝农山镇西勤俭沟	7.08	较差(Ⅳ类)	Al、NO_3^-
33	s36	吉林省长春市九台区东湖镇刑家沟村南	4.25	较差(Ⅳ类)	Al、耗氧量
34	s37	吉林省长春市泉眼镇小领岭村	2.12	良好(Ⅱ类)	
35	s38	吉林省长春市泉眼镇岗子村山头子	7.08	较差(Ⅳ类)	Al、NH_4^+
36	s39	吉林省长春市泉眼镇杨家沟	7.08	较差(Ⅳ类)	Al、NO_3^-
37	s40	吉林省长春市九台区东湖镇范家屯	7.07	较差(Ⅳ类)	Al
38	s41	泉眼镇前狐狸套东泉眼	4.24	较好(Ⅲ类)	Al
39	s42	吉林省长春市泉眼镇辛立村水泉子	2.12	良好(Ⅱ类)	
40	s43	吉林省长春市二道区劝农山镇伴子沟北	2.12	良好(Ⅱ类)	
41	s44	吉林省长春市二道区劝农山镇宫家屯	7.07	较差(Ⅳ类)	Al
42	s45	吉林省长春市泉眼镇勤劳村杨家屯	2.12	良好(Ⅱ类)	
43	s46	吉林省长春市莲花雅居	7.08	较差(Ⅳ类)	NO_3^-
44	s47	吉林省长春市泉眼镇下洼子村	7.08	较差(Ⅳ类)	NO_3^-
45	s48	吉林省长春市石头口门水库南	7.08	较差(Ⅳ类)	Al、NH_4^+、耗氧量
46	s49	吉林省长春市二道区劝农山镇腰钱家屯	4.25	较差(Ⅳ类)	pH值
47	s50	吉林省长春市劝农山四刘村前二道沟	4.25	较差(Ⅳ类)	Al
48	s51	吉林省长春市东湖镇甘家王家大屯	4.25	较差(Ⅳ类)	Pb

由表7-4-7可知,区内地下水质量可分为4级,其中Ⅴ类水未评出。总体来看,Ⅰ类水占0,Ⅱ类水占35.42%,Ⅲ类水占4.17%,Ⅳ类水占60.42%。具体情况如下(图7-4-5)。

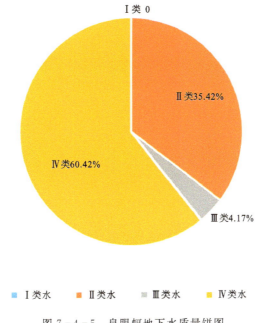

图7-4-5 泉眼幅地下水质量饼图

(1)Ⅰ类水质:分布于区域中部、东北、西南、西北地区,具体位于东湖镇高林子、八家子、王家纸坊、双泉眼以及莲花山的杨家屯、耿家烧锅、刘家屯、偏脸屯等村屯。上述地区地下水水化学组分天然背景值较低,属优良水质。

(2)Ⅱ类水质:伴随Ⅰ类水,主要分布在中部、东北、西南、西北地区,具体位于东湖镇王家纸坊、小岭村、饮马河村、贾家沟、新农村以及莲花山的勤劳村、龙头沟、胡家村、龙湾山庄等村屯。上述地区地下水水化学组分天然背景值较低,属良好水质。

(3)Ⅲ类水质:分布于区域大部分地区,主要分布于四合村、赵家村、泉眼村、龙王村、青山村、荆家村等。该区地下水个别组分的天然背景值较低,个别地区地下水中NO_3^-、NH_4^+含量超出饮用水二类标准,总体上属较好水质。

(4)Ⅳ类水质:主要分布于北部羊草沟煤矿地区的五一村、羊草沟、双顶山、新胜村、和气村,以及石头口门水库西侧的钱家和长吉南线北侧的岗子村、泉眼村、四刘村等地。该区地下水个别组分的天然背景值较高,地下水中总Al、NO_3^-、NH_4^+含量超出饮用水标准,水质较差(图7-4-6)。

综上所述,区内形成Ⅳ类水质的原因主要是地下水中Al、NO_3^-、NH_4^+含量较高所致,其中Al为原生态高含量所致,其他离子超标多数是人为因素,多为农村供水井环境卫生条件较差而造成的,属于点状污染。总体来看,全区地下水质量较好。

三、新安堡幅地下水质量

与前文长春新区地下水质量中所用的评价方法相同,对新安堡幅地下水质量进行综合评价。

本次评价采用国家标准《地下水质量标准》(GB/T 14848—2017)进行评价,原则上以地下水类型进行评价。本次参加评价的点为48个,参评项目28项,其中全分析一般化学指标采用15项,毒理学指标采用11项,非常规指标采用2项。

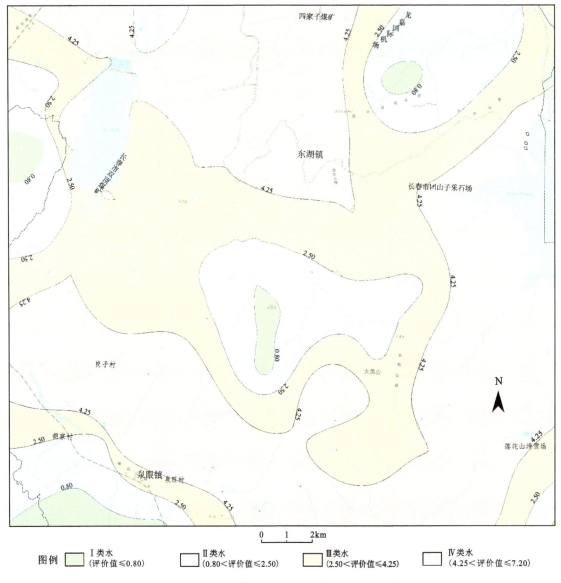

图 7-4-6 泉眼幅地下水水质评价综合分区图

经计算,新安堡幅地下水水质综合评价见表 7-4-8。

由表 7-4-8 可知,区内地下水质量可分为 4 级,其中 V 类水未评出。总体来看,Ⅰ类水占 4.17%,Ⅱ类水占 33.33%,Ⅲ类水占 22.92%,Ⅳ类水占 39.58%。较好以上地下水占 60.42%,水质总体情况较好(图 7-4-7),具体情况如下。

(1)Ⅰ类水质:分布于区域西北部地区,具体位于长春市二道区泉眼镇双山村姚马张屯。该地区地下水水化学组分天然背景值较低,属优良水质。

(2)Ⅱ类水质:伴随Ⅰ类水,主要分布在西北角、北部、西南角、东南部地区,具体位于泉眼镇于家沟、大顶子、蘑菇沟、陈家屯、后罗圈背、郭家店、闫家岗子、唐家店、桦树林子、小木家窝棚,齐家镇的四合村、关家村,奢岭镇的西山屯、冯家沟等村屯。上述地区地下水水化学组分天然背景值较低,属良好水质。

(3)Ⅲ类水质:主要分布于泉眼镇的南部、劝农山大部分村屯、新安村、齐家镇大部分村屯及奢岭镇的东部地区。该区地下水个别组分的天然背景值较低,个别地区地下水中 NO_3^-、Pb 含量超出饮用水二类标准,总体上属较好水质。

表 7-4-8 新安堡幅地下水水质综合评价表

序号	编号	地理位置	评价分值	地下水质量分级	影响因子
1	s94	吉林省长春市二道区劝农山镇东风村杨家屯	4.24	较好（Ⅲ类）	Pb
2	s95	吉林省长春市二道区劝农山镇阎家岗子	2.12	良好（Ⅱ类）	
3	s96	吉林省长春市二道区劝农山镇腰站村上赵家	4.24	较好（Ⅲ类）	NO_3^-
4	s97	吉林省长春市二道区劝农山镇兰家村杜家	2.12	良好（Ⅱ类）	
5	s98	吉林省长春市二道区劝农山镇联丰村后下窑	2.12	良好（Ⅱ类）	
6	s99	吉林省长春市二道区四家乡青山村柞树底下	4.24	较好（Ⅲ类）	Al
7	s100	吉林省长春市二道区（莲花山）四家子乡四家村	4.24	较好（Ⅲ类）	NO_3^-
8	s101	吉林省长春市二道区四家乡创新村	4.24	较好（Ⅲ类）	NO_3^-
9	s102	吉林省长春市双阳区奢岭镇大屯村潘家岭	7.07	较差（Ⅳ类）	NO_3^-
10	s103	吉林省长春市双阳区奢岭镇新安村桦树林子	2.12	良好（Ⅱ类）	
11	s104	吉林省长春市双阳区奢岭镇西顺村牛头山	7.07	较差（Ⅳ类）	NO_3^-
12	s105	吉林省长春市二道区四家乡仁义当	4.25	较差（Ⅳ类）	pH、Al
13	s106	吉林省长春市双阳区奢岭镇双胜村小木家	2.12	良好（Ⅱ类）	
14	s107	吉林省长春市二道区劝农山镇太安村下三家子	4.24	较好（Ⅲ类）	NO_3^-
15	s108	吉林省长春市二道区泉眼镇双山村腰墙缝	4.24	较好（Ⅲ类）	NO_3^-
16	s109	吉林省长春市二道区泉眼镇双山村姚马张屯	0.71	优良（Ⅰ类）	
17	s110	吉林省长春市南关区玉潭镇东升村后罗圈背	2.12	良好（Ⅱ类）	
18	s111	吉林省长春市南关区玉潭镇东升村小陈家屯	0.71	优良（Ⅰ类）	
19	s112	吉林省长春市南关区玉潭镇东升村前西小河子	7.07	较差（Ⅳ类）	Al、Pb
20	s114	吉林省长春市二道区劝农山镇太安村朱家屯	4.25	较差（Ⅳ类）	Pb、NO_3^-
21	s115	吉林省长春市二道区劝农山镇同心村山	4.25	较差（Ⅳ类）	Pb、NO_3^-
22	s116	吉林省长春市二道区劝农山镇同心村中	2.12	良好（Ⅱ类）	
23	s117	吉林省长春市二道区劝农山镇腰站村崔家屯	7.07	较差（Ⅳ类）	NO_3^-
24	s118	吉林省长春市双阳区奢岭镇双胜村腰双泉子	4.24	较好（Ⅲ类）	Pb
25	s119	吉林省长春市双阳区奢岭镇双胜村马棚铺	4.24	较好（Ⅲ类）	NO_3^-
26	s120	吉林省长春市双阳区奢岭镇罗家村	4.25	较差（Ⅳ类）	pH
27	s121	吉林省长春市二道区英俊镇胡家村西刘屯	2.12	良好（Ⅱ类）	
28	s122	吉林省长春市双阳区齐家镇管家村东獾子洞	2.12	良好（Ⅱ类）	
29	s123	吉林省长春市双阳区齐家镇管家村东炮手屯	7.07	较差（Ⅳ类）	pH、NO_3^-
30	s124	吉林省长春市双阳区齐家镇关家村西张家沟	2.12	良好（Ⅱ类）	
31	s125	吉林省长春市双阳区齐家镇四屯村	2.12	良好（Ⅱ类）	
32	s126	吉林省长春市双阳区奢岭镇徐家村李家窑	2.12	良好（Ⅱ类）	
33	s127	吉林省长春市双阳区奢岭镇裴家村	4.25	较差（Ⅳ类）	Pb

续表 7-4-8

序号	编号	地理位置	评价分值	地下水质量分级	影响因子
34	s128	吉林省长春市双阳区奢岭镇向阳村聂家屯稻田	4.25	较差（Ⅳ类）	Pb
35	s129	吉林省长春市双阳区奢岭镇西小安屯	2.12	良好（Ⅱ类）	
36	s130	吉林省长春市双阳区奢岭镇东营村冷家窝堡	4.24	较好（Ⅲ类）	NO_3^-
37	s131	吉林省长春市双阳区奢岭镇双榆树	7.07	较差（Ⅳ类）	NO_3^-
38	s132	吉林省长春市双阳区奢岭镇山嘴村	2.12	良好（Ⅱ类）	
39	s133	吉林省长春市双阳区奢岭镇东营村二道河子	4.25	较差（Ⅳ类）	Pb
40	s134	吉林省长春市双阳区奢岭镇裴家村南河沿李树村	2.12	良好（Ⅱ类）	
41	s135	吉林省长春市双阳区奢岭镇九三村	4.25	较差（Ⅳ类）	Pb
42	s136	吉林省长春市双阳区奢岭镇团结村后林家屯	4.25	较差（Ⅳ类）	Al、Pb
43	s137	吉林省长春市双阳区奢岭镇团结村柳树沟	4.24	较好（Ⅲ类）	Pb
44	s138	吉林省长春市双阳区奢岭镇团结村西火烧泡子	7.08	较差（Ⅳ类）	Pb、NO_3^-、Ni
45	s139	吉林省长春市双阳区奢岭镇奢岭村郭家平房	7.08	较差（Ⅳ类）	Pb、NO_3^-
46	s140	吉林省长春市双阳区奢岭镇幸福村西山屯	2.12	良好（Ⅱ类）	
47	s142	吉林省长春市南关区黎明村冯家店	4.25	较差（Ⅳ类）	Pb
48	s143	吉林省长春市南关区胜利村朱大屯	4.25	较差（Ⅳ类）	Pb

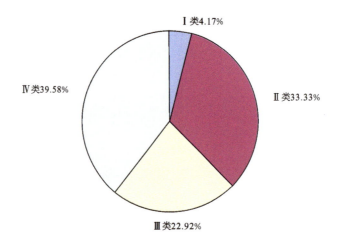

图 7-4-7 新安堡幅地下水质量饼图

（4）Ⅳ类水质：主要分布于泉眼镇南部的太安村、腰站村，劝农山镇的大屯村、西明村，齐家镇的炮手屯，奢岭镇的西部大部分地区。该区地下水个别组分的天然背景值较高，地下水中总 Al、NO_3^-、Pb 含量超出饮用水标准，水质较差（图 7-4-8）。

综上所述，区内形成Ⅳ类水质的原因主要是地下水中 Al、NO_3^-、Pb 含量较高所致，其中 Pb、Al 为原生态高含量所致，其他离子超标多数是人为因素，多为农村供水井环境卫生条件较差造成的，属于点状污染。总体来看，全区地下水质量较好。

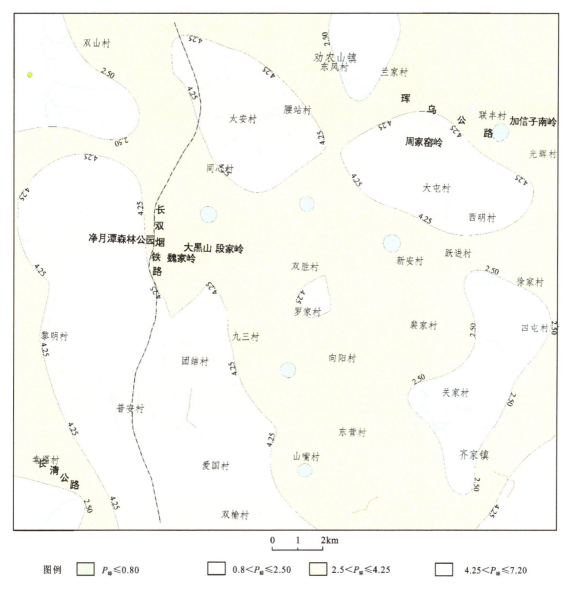

图 7-4-8 新安堡幅地下水质量综合评价分区图

四、地下水环境质量变化

(一)地下水质量单项评价

在《吉林省1∶25万多目标区域地球化学调查报告》(郭喜军等,2007)中,分级方法如下:借鉴国家标准[《地下水质量标准》(GB/T 14848—93)],以地下水质量Ⅰ类标准为低含量限,Ⅲ类标准为中等含量限,Ⅳ类标准为高含量限,并根据本区地下水元素含量特征,将As、Cl、F、Mn的低含量限做了调整,确定了地下水含量分级限(表7-4-9)。

根据2016—2018年测试结果,As的含量均低于0.01mg/L,F的含量基本低于0.5mg/L,为低含量;Fe的平均含量为0.23mg/L,为中等含量;NO_2^- 的平均含量为0.02mg/L,为中等含量;COD的平均含量为1.22mg/L,为中等含量;Mn的平均含量为0.21mg/L,为高含量。

表 7-4-9 吉林省中西部地下水含量分级表　　　　　　　　　　　单位：mg/L

元素	低含量	中等	高含量	特高含量
As	<0.01	0.01～0.05	0.05～0.1	>0.1
Cl	<150	150～250	250～350	>350
COD	<1	1～3	>3	
F	<0.5	0.5～1	1.0～2.0	>2
Fe	<0.1	0.1～0.3	0.3～1.5	>1.5
Mn	<0.01	0.01～0.1	0.1～1.0	>1.5
NO_2^-	<0.001	0.001～0.02	0.02～0.1	>0.1

（二）综合评价

选取 As、Cl、NO_2^-、COD、F 五个因子作为综合评价指标，以地下水质量 3 类标准作为评价标准（表 7-4-10）。

表 7-4-10　地下水质量评价标准表　　　　　　　　　　　单位：mg/L

评价指标	As	Cl	NO_2^-	COD	F
评价标准	0.05	250	0.02	3.0	1.0

采用内梅罗（Nemerow）综合污染指数法计算，评价综合指数，计算公式为：

$$P_i = P = [(P_{i评均})^2 + (P_{i最大})^2]/2$$

根据综合指数将地下水质量分级为：很好（$P \leq 1$）、好（$1 < P \leq 2$）、一般（$2 < P \leq 4$）、差（$P > 4$）。

（三）地下水质量变化情况

1. 重点工作区地下水质量总体变化情况

重点工作区包括长春新区、泉眼幅和新安堡幅。将 2016—2018 年 As、F、Fe、Mn、NO_2^-、COD 测试数据进行整理，经过分析，取 90% 累积频率剔除异常值后做图。根据原地下水综合环境质量分级图所取指标 As、Cl、NO_2^-、COD 及 F 对地下水进行综合质量分级。将水样测试数据在重点工作区内做图，所做的图与原吉林省中西部地下水各项指标含量分级图及综合质量分级图进行比较，结果如下。

单项指标分级中，As 和 F 的含量分级未发生变化，全部重点工作区均为低含量区。

COD 低含量地区减少，中等含量地区增加，变化面积为 70.03km²。东部东小青咀—隆北村—曹家屯—太平堡—前黄家烧锅以东、龙嘉镇东山林子—龙嘉镇双阳屯以北、朱大屯西沟—董家屯—西面铺—太安村—劝农山镇—腰刘家屯—青山村以南地区由中等含量区变为低含量区。奋进乡的中部、龙嘉镇张家洼子—四家子以东、英俊镇四合村—东湖镇放牛沟村—四家乡团山村以北地区、西营城镇—龙嘉镇王家屯以南地区、二道河子—齐家镇—东张家沟—关家村一带由原来的低含量区变为中等含量区。

Fe 低含量区和中等含量区增加，高含量区和特高含量区减少，变化面积为 279.89km²。奋进乡小青咀—隆北村—太平堡—后黄家烧锅以东、东湖镇甘家村—劝农山镇勤俭沟一带、腰墙缝、东勤俭沟、罗家村—聂家屯、后罗圈背—胜利村—大木架窝棚—太安村—前东小河子一带由高含量区变为低含量区。龙嘉镇饮马河镇—龙嘉镇一线的高含量区和特高含量区，以及双山村—东升村—太安村—史家屯南沟—以北地区、胜利村朱大屯西沟—大木架窝棚—向阳村—双榆树村—幸福村—黎明村地区的高含量区变为中等含量区和低含量区。郑家屯—西三家子—东张家沟—齐家镇—前山嘴子—裴家村一带由高含量区变为特高含量区。郑家屯—东张家屯—西三家子—东张家沟—齐家镇—前山嘴子—裴家村一带由中等含量区和高含量区变为特高含量区。

Mn 低含量区和中等含量区增加，高含量区减少，变化面积为 235.94km²。龙嘉镇朝阳村—腰屯村、后小房身—中南泉眼沟、东湖镇黑林村—泉眼镇岗子村、泉眼镇杨家木铺—流沙村—劝农山镇林山村一带由中等含量区变为低含量区，岗子村—山头子、林山村西—火石村、庙前屯—西小安屯—冷家窝棚—东毛家沟—东火烧泡子由高含量区变为低含量区；腰墙缝—太安村—大屯村—东升村—于家沟地区由原来的高含量区和中等含量区变为低含量区。龙嘉镇于太平沟—沿河村—陆家村—张家糖房以西、英俊镇解放屯—岗子村—新立村—劝农山镇龙王村以南大部分、腰墙缝—太安村—兰家村—大灰堆子—于广屯—胜利村—东升村一带、大屯村—新安堡村、向阳村—山嘴村、双榆村—团结村地区、张家糖房—西营城镇—官马山一线的南侧与西侧地区由原来的高含量区变为中等含量区和低含量区。

NO₂⁻ 中等含量区和高含量区增加，特高含量区减少，变化面积为 156.53km²。奋进乡北部、英俊镇马家店—泉眼镇胡家村—英俊镇解放屯以西的高含量区变为中等含量区；卡伦镇双泉村—和气村东南、徐大坡—腰站村—勤劳村—杜家大屯—景家窑西侧和南侧、东高台子—青山村西侧、劝农山镇刘家屯—林家屯—前砬子—东小岭屯—英俊镇后台以北地区，由原来的特高含量区和高含量区变为中等含量区。

地下水综合质量分区中：很好的地区增加，好的地区减少，一般的地区增加，差的地区减少，变化面积为 401.13km²，水质整体呈变好趋势。新安堡幅范围内原地下水环境质量好、一般和差的地区几乎都变为质量很好。大山湾子—西小青咀—隆北村—后潘家店以东，至耿家店—隆西村以东一带由质量很好变为质量好；西栗家沟—大常家屯—冷家当铺—东勤俭沟一带地下水质量由原来的差变为好。卡伦湖水库东侧沿岸南六家子—火石窝棚—孙家湾一带由质量好转为质量差。

总体来说，单项指标中，相对较低的含量分布区增加，高含量区减少。综合评价中，地下水质量相对较好的地区增加，较差的地区减少。通过对比可看出，地下水质量向好的方向发展。

2. 长春新区地下水质量变化情况

As 的含量均小于 0.01mg/L，分析结果与原分级图相同，未发生变化。

F 的含量基本小于 0.5mg/L，分析结果与原分级图相同，未发生变化。

Fe 的测试结果大多数小于 1.5mg/L，在长春新区奋进乡范围内，含量原来均为高含量区，现小青咀—隆北村—太平堡—后黄家烧锅以东为低含量区，面积约 20km²。此线以西，至西小青咀—张家纸坊—大房子—泡子沿—隆西村—古家店以东为中等含量区，面积约 30km²。在龙嘉镇原来的饮马河镇—龙嘉镇—线的高含量区与特高含量区变为中等含量区和低含量区。龙嘉镇广家窝堡—四家子村—新民村一带以南的中等含量区变为高含量区。

Mn 的含量大多小于 1.0mg/L。龙嘉镇的朝阳村—腰屯村一带，后小房身—中南泉眼沟一带由原来的中等含量区变为低含量区，面积约为 50km²。原龙嘉镇于太平沟—沿河村—陆家村—张家糖房以西的高含量区变为中等含量区，面积约 38km²。张家糖房—大莲花池—西营城镇—古榆树村—万家沟上沟—官马山一线的南侧与西侧地区由原来的高含量区变为中等含量区和低含量区，其中低含量区面积约 20km²，中等含量区面积约 50km²。

NO₂⁻ 的含量大部分在 0.1mg/L 以下。奋进乡北部的高含量区变为中等含量区。龙嘉镇的后侯家屯—草城子村—袁家村—饮马河镇—张家窑以西地区由中等含量区变为高含量区，面积约 110km²。西营城镇海青房子—庙岭—盘道岭—西营城镇—龙嘉镇蔡家屯一带由原来的中等含量区变为高含量区，面积约 100km²。

COD 含量大部分小于 3.0mg/L。奋进乡的中部由原来的低含量区变为中等含量区，东部东小青咀—隆北村—曹家屯—太平堡—前黄家烧锅以东由中等含量区变为低含量区,面积约16km²。龙嘉镇东山林子—双阳屯以北地区由中等含量区变为低含量区,面积约增加40km²。龙嘉镇张家洼子—四家子以东由低含量区变为中等含量区,面积约20km²。西营城镇—龙嘉镇王家屯以南地区由低含量区变为中等含量区,面积约80km²。

区内大部分分值小于4,质量总体来说较好。在奋进乡原来北部地区质量一般,现变为大山湾子—西小青咀—隆北村—后潘家店以东地区质量一般,面积约40km²。此线以西,至耿家店—隆西村以东一带由质量很好变为质量好地区,面积约20km²。龙嘉镇腰三家子—朝阳沟—马家店—阎家岗子—龙家堡村—计家岗子—蔡家屯以东地带由质量很好变为质量一般,面积约60km²。

3. 莲花山区地下水质量变化情况

将As、F、Fe、Mn、NO_2^-、COD测试数据进行整理,经过分析,取90%累积频率剔除异常值后做图。根据原地下水综合环境质量分级图所取指标As、Cl、NO_2^-、COD及F对地下水进行综合质量分级。以水样测试数据做图,所做的图与原地下水各项指标含量分级图及综合质量分级图进行比较,得出的结果如下。

在原地下水As含量分级图上,As的分级标准为:小于0.01mg/L为低含量区,0.01～0.05mg/L为中等含量区,0.05～0.1mg/L为高含量区,大于0.1mg/L为特高含量区。在莲花山区范围内,As的含量均小于0.01mg/L。最新测试结果与原分级图相同,未发生变化。

在原地下水F含量分级图上,F的分级标准为:小于0.5mg/L为低含量区,0.5～1.0mg/L为中等含量区,1.0～2.0mg/L为高含量区,大于2.0mg/L为特高含量区。在莲花山区范围内,F的含量均小于0.5mg/L。最新测试结果都小于0.5mg/L,结果与原分级图相同,未发生变化。

在原地下水Fe含量分级图上,Fe的分级标准为:小于0.1mg/L为低含量区,0.1～0.3mg/L为中等含量区,0.3～1.5mg/L为高含量区,大于1.5mg/L为特高含量区。在莲花山区范围内,马家坟—赵家村以西以及解放屯南的小部分地区为中等含量区,面积约32km²。四家子—创新村以东小部分地区为特高含量区,面积约14km²。其余地区为高含量区,面积约318km²。

Fe的测试结果大多数小于1.5mg/L。在莲花山范围内,原高含量区变为低含量区和中等含量区,西部的中等含量区变为高含量区。杨家木铺—西流沙—古家油坊一带变为低含量区,面积约8km²。勤劳村—火石村—劝农山镇—龙王村—钱家村一带变为中等含量区,面积约64km²。

在原地下水Mn含量分级图上,Mn的分级标准为:小于0.01mg/L为低含量区,0.01～0.1mg/L为中等含量区,0.1～1.0mg/L为高含量区,大于1.0mg/L为特高含量区。在莲花山区范围内,高含量区分布在马家坟—东狐狸套—龙王村—小木架窝堡—于广屯以西地区,面积约136km²。其余地区为中等含量区,面积约228km²。流沙村—林山村附近变为低含量区,面积约24km²。火石村—劝农山镇—腰墙缝—阎家屯变为中等含量区,面积约68km²。腰墙缝—太安村一线西南变为低含量区,面积约48km²。龙王村—上纸坊—兴隆沟地区由中等含量区变为高含量区,面积约40km²。

在原NO_2^-含量分级图上,NO_2^-的分级标准为:小于0.001mg/L为低含量区,0.001～0.02mg/L为中等含量区,0.02～0.1mg/L为高含量区,大于0.1mg/L为特高含量区。在莲花山区范围内,柞树屯—劝农山镇—东升村一线以南为中等含量区,面积约56km²。此线以北,牟大林子—东勤俭沟—南墙缝一线以南地区、勤劳村—前狐狸套—胡家桥一线以西地区为高含量区,面积约72km²。其余地区为特高含量区。

NO_2^-的测试结果,NO_2^-含量均在0.1mg/L以下。阎家屯—团结屯—东勤俭沟—李家沟—西胜利屯由特高含量区变为高含量区,面积约28km²。其余高含量区和特高含量区变为中等含量区。

在原COD含量分级图上,COD的分级标准为:小于1.0mg/L为低含量区,1.0～3.0mg/L为中等含量区,大于 3.0mg/L 为高含量区。在莲花山区范围内,杂木村以西以及郭家店以北的小部分地区为低含量区,面积约 14km²。其余地区为中等含量区。

根据最新水样测试结果,COD 含量大部分小于 3.0mg/L。东拌子沟—上钱家屯—青山村—劝农山镇以东由中等含量区变为低含量区,面积约 136km²。

在原地下水环境质量分级图上,质量分级标准为:分值小于 1 为很好,分值 1~2 为好,分值 2~4 为一般,分值大于 4 为差。在莲花山区,前曹家油坊—西流沙—杂木村—兰家村—东升村范围内为特高含量区,面积约 184km²。此线外 2km 的范围内为高含量区,面积约为 100km²。其余地区为中等含量区。

根据测试数据,重点工作区大部分分值小于 4,质量总体来说较好。腰墙缝—大常家屯—龙王村—卢家沟一线以南由质量好变为质量很好,面积约 112km²。前曹家油坊—辛立屯—流沙村以南由质量特差变为质量一般和好,质量一般面积约 48km²,质量好面积约 36km²。

第五节　锶和偏硅酸矿泉水可开发潜力分区

长春莲花山生态旅游度假区地处长白山(白头山)余脉大黑山中段,坐落在长春市东北核心地带,是主城区连接空港、内陆港、能源供应区和水源地的必经区域,也是长吉图战略的重要起步区。度假区实际控制面积为 362km²,下辖劝农山镇、泉眼镇、四家乡"两镇一乡",共 26 个建制村,总人口 5.9 万人。

长春莲花山生态旅游度假区着力实施"创新引领、生态先行、环境立区"战略,按照森林湖滨观光、山地冰雪运动、健康森林体验、民俗风情、乡村体验和休闲疗养、风情小镇六大功能区划布局,全力打造以"冰雪运动、温泉疗养、休闲度假、时尚娱乐、四季和谐"为特色引领的生态型、全景式国际旅游目的地。同时,正计划将镇区建设成服务于长春、吉林中心城区的高端居住承载地和旅游度假服务中心。此次地下水锶和偏硅酸富集区的发现为长春莲花山生态旅游度假区绿色发展开辟了空间。

一、锶及偏硅酸分布特征

长春莲花山生态旅游度假区面积为 362km²(包括石头口门水库面积),根据国家标准《饮用天然矿泉水》(GB 8537—2008)对地下水锶和偏硅酸进行评价(孙岐发等,2017;孙岐发等,2019)。通过对 2017 年及 2018 年两年取得的 102 组地下水样品的 Li、Sr、Zn、溴化物、碘化物、偏硅酸(H_2SiO_3)、Se、游离二氧化碳和 TDS 共 9 种物质进行化验。结果显示,102 组样品中有 67 组样品的 H_2SiO_3 含量达到 30mg/L 以上,占样品数量的 65.79%,最大值达到 58.73mg/L;有 40 组样品的 Sr 含量达到 0.4mg/L 以上,占样品数量的 39.2%,最大值达到 0.89mg/L。富含锶地下水面积为 196km²,占整个区域的 53.96%,主要发育在火成岩风化带及构造破碎带中;富含偏硅酸地下水面积为 318km²,占整个区域的 87.53%(表 7-5-1,图 7-5-1)。

表 7-5-1　长春莲花山生态旅游度假区富含锶及偏硅酸情况表

项目	分级(mg/L)	面积(km²)
Sr	≥0.4	196
Sr	<0.4	167
H_2SiO_3	≥30	318
H_2SiO_3	<30	45

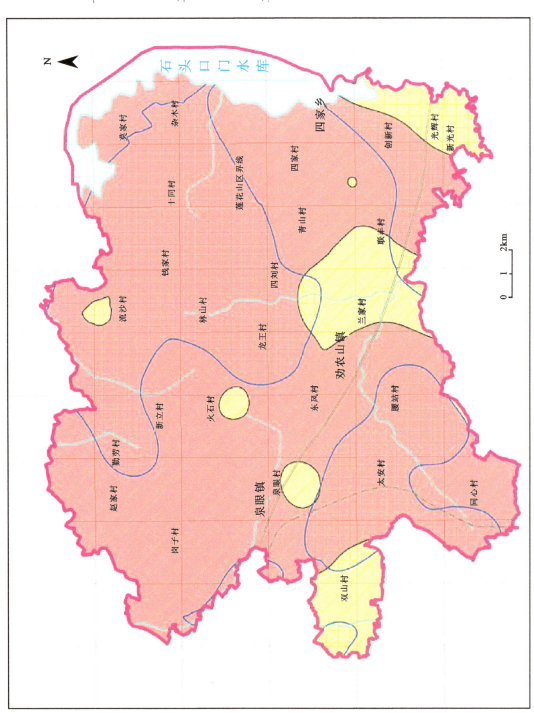

图7-5-1 长春莲花山生态旅游度假区富含锶及偏硅酸地下水资源分布图

二、富水性分析

水文孔均揭露不同时期侵入花岗闪长岩。其中，泉眼镇刘家屯 SW1801 水文孔，井深 94.0m，受构造影响，20.0~70.0m 段构造裂隙发育，富水性较好，降深为 14.18m，单井涌水量达到 840m³/d；四家子镇西山屯 SW1802 水文孔，井深为 69.0m，受构造影响，6.0~65.0m 段风化裂隙、构造裂隙发育，岩石破碎，富水性较好，降深为 16.80m，单井涌水量达到 480m³/d；其他井涌水量在 39m³/d 以上。单井涌水量较大的区域可考虑作为矿泉水资源开发利用区，水量偏低区域可开发为度假山庄、疗养院、美容院、养老院等健康养老、旅游度假区。

三、成果可靠性分析

为了增加成果的可靠性，2017 年通过调查研究确定水样的采集点，通过样品化验结果初步确定可能富含矿泉水的具体位置，在此基础上确定了两眼水文地质钻孔位置。特别是 SW1 孔，取样化验时就取了 1 组原样、1 组平等样，化验结果原样样品 Sr 含量是 0.516 2mg/L，平行样化验结果是 0.521 1mg/L，超过矿泉水标准 0.4mg/L，并且结果几乎一致。水文地质钻探成井抽水试验稳定后又取了 1 组水样，送到不同的实验室进行化验，结果 Sr 含量是 0.52mg/L（表 7-5-2），同调查时取的样品化验结果一致。不论从平行样还是从两个不同的实验室，得到的结果都近于 0.52mg/L，充分证明这一地区存在矿泉水潜力区的可靠性。

表 7-5-2　锶（Sr）样品化验成果表

序号	送样号	化验单位	Sr 含量（mg/L）
1	S28	自然资源部东北矿产资源监督检测中心	0.51
2	S34	自然资源部东北矿产资源监督检测中心	0.52
3	SW1	东北煤田地质局沈阳测试研究中心	0.52

2018 年通过调查研究确定水样的采集点，通过样品化验结果初步确定可能富含矿泉水的具体位置，在此基础上确定了两眼水文地质钻孔位置。特别是 SW1801 孔，水文地质钻探成井抽水实验稳定后取了 2 组水样，送到不同的实验室进行化验，结果显示，Sr、H_2SiO_3 含量分别是 35.6mg/L 和 33.9mg/L。SW1802 孔，水文地质钻探成井抽水试验稳定后取了 2 组水样，送到不同的实验室进行化验，结果 Sr、H_2SiO_3 含量都是 39.7mg/L（表 7-5-3）。结果充分证明，这一地区存在矿泉水潜力区的可靠性。

表 7-5-3　偏硅酸（H_2SiO_3）样品化验成果表

序号	送样号	化验单位	H_2SiO_3 含量（mg/L）
1	SW1801	自然资源部东北矿产资源监督检测中心	35.6
2	SW1801	辽宁省第一水文地质工程地质大队实验室	33.9
3	SW1802	自然资源部东北矿产资源监督检测中心	39.7
4	SW1802	辽宁省第一水文地质工程地质大队实验室	39.7

四、富含锶及偏硅酸地下水发育特征

长春莲花山生态旅游度假区地处长白山（白头山）余脉大黑山中段，发育的火山岩为该地区地下水中锶及偏硅酸的富集提供了物质基础。由于降水中的CO_2随降水渗入地下,在一定温度和压力环境中,地下水长期与周围岩石进行水解和溶滤作用,从而使得地下水成为HCO_3-Ca型含锶及偏硅酸矿泉水。地下水的化学类型为地下水中锶和偏硅酸的富存准备了外界条件,岩石风化形成的孔隙、裂缝为地下水中锶和偏硅酸提供了物质交换和储存空间,从而使得大黑山中段地下水中富含锶和偏硅酸。与以往在构造破碎带中发现的脉状、带状矿泉水不同,区内87.53%区域的地下水中偏硅酸含量达到矿泉水标准,53.96%区域的锶含量达到矿泉水标准,富含锶的区域大部分同富含偏硅酸的区域重叠,形成既富含锶又富含偏硅酸的复合型矿泉水,富含锶及富含偏硅酸的地下水呈面状分布,主要是由于区域内的火山岩存在16.3~80m的厚层风化带。

第八章　重点工作区工程地质条件

研究区以长春新区、泉眼幅及新安堡幅为重点工作区,进行1:5万工程地质调查,通过调查研究进行了岩(土)体类型划分、工程地质分区,总结了存在的工程地质问题、地震及工程适宜性等系列工程地质成果。

第一节　工程地质评价原则

一、工程地质评价基本要求

工程地质评价的目的是为了使工程建设避开地震活动带、断裂活动带及地质灾害高发区带,寻找相对稳定地区,或查明引起工程病害的原因和性质,研究工程建设如何避免和减少因自然与人为因素引起的工程破坏及灾害,合理地利用场地并提出防灾减灾对策。

工程地质评价应因地制宜,根据评价区工程地质条件和工程地质问题,按照需求进行评价。一般采用定性与定量相结合,以定性为主的方法,按图幅编制综合工程地质分区图及说明书,按调查区或规划区开展综合工程地质评价。在工作程度高和有需求的地区可开展工程建设风险评价与地下空间开发利用地质条件评价。

二、综合工程地质评价

综合工程地质评价应在区域地壳稳定性分析的基础上,按照工程地质条件和工程地质问题的一致性与差异性进行分区评价。

宜按照控制工程地质条件的地质构造单元、地貌类型或微地貌将调查区划分为不同的工程地质区。在评价区地质构造单元和地貌类型单一的情况下,可不进行这一级分区评价。

宜按照岩(土)体类型及其工程地质性质,将工程地质区进一步划分为若干工程地质亚区。

按照成岩作用程度和岩土颗粒间有无牢固联接,将岩土介质可划分为岩体和土体两大类。

按照建造类型、结构类型并结合强度,将岩体进一步划分为若干工程地质岩组,如坚硬块状侵入岩组、半坚硬层状碎屑岩组。

按照评价深度内地层岩性、工程地质性质及组合特征,将土体进一步划分为单层结构、双层结构和多层结构岩组。单层结构如马兰黄土组;双层结构如马兰黄土-砂砾石土组;多层结构如马兰黄土-一般黏性土-砂砾石土-红黏土组。

宜按照工程地质问题类型及严重程度,将工程地质亚区进一步划分为不同的工程地质段。在工程地质问题严重,或有特殊需求的地区,应针对工程地质问题或需求,开展专门工程地质评价。

工程地质问题应在查明类型、成因、数量、发育特征、分布规律、发展趋势及危害程度的基础上,依据工程地质调查资料进行。

应因地制宜,选择制约经济区、城市群和重大工程建设的工程地质问题类型,按照问题或灾种逐一进行单因素评价。在工程地质条件复杂、工程地质问题类型多的地区,宜在单因素评价的基础上进行工程地质问题综合评价。

第二节 长春新区工程条件

一、岩(土)体类型

长春新区岩(土)体类型主要包括岩体建造和土体建造。岩体建造包括花岗岩、闪长岩组,安山岩、流纹岩组以及层状岩组。土体建造主要包括黏性土、砾质土以及淤泥质土。

1. 块状花岗岩、闪长岩组

块状花岗岩、闪长岩组主要位于西营镇东部地区,主要为燕山期和印支期花岗岩、花岗斑岩、闪长岩等,呈灰褐色,表层强风化,岩芯呈砂粒状及20~40mm块状,锤击易碎。岩组最大揭露厚度为7.0m,在GC12、GC13、GC14号孔见有。岩组地基承载力特征值(f_{ak})为650kPa,可以作为建筑地基建设大型建筑。花岗岩是优质石材,可以作为建筑材料(表8-1-1)。

表8-1-1 岩土基本承载力一览表

序号	时代	岩性	可塑性	密实度	风化程度	地基承载力特征值(kPa)
1	Qh	杂填土				
2	Qh	素填土				
3	Qh	粉质黏土	软塑			105
4	Qh	粉质黏土	硬塑			235
5	Qh	粉砂		中密		240
6	Qh	粉砂		密实		275
7	Qh	细砂		稍密		200
8	Qh	细砂		中密		240
9	Qh	中砂		中密		260
10	Qh	中砂		密实		300
11	Qh	粗砂		中密		320
12	Qh	粗砂		密实		370
13	Qh	细圆砾土		密实		380
14	Qh	碎石土		密实		420
15	K_1q	砂岩			全风化	200
16	K_1q	砂岩			强风化	400
17	K_1q	砂岩			弱风化	1000
18	K_1q	中砂岩			弱风化	1000

续表 8-1-1

序号	时代	岩性	可塑性	密实度	风化程度	地基承载力特征值(kPa)
19	K_1q	粗砂岩			强风化	1100
20	K_1q	泥质砂岩			全风化	600
21	K_1q	泥质砂岩			强风化	800
22	K_1q	泥质砂岩			弱风化	2000
23	K_1qn	泥质砂岩			全风化	600
24	K_1qn	泥质砂岩			强风化	800
25	K_1qn	泥质砂岩			弱风化	1000
26	K_1q	泥岩			全风化	180
27	K_1q	泥岩			强风化	240
28	K_1q	泥岩			弱风化	700
29	K_1qn	泥岩			强风化	400
30	K_1qn	泥岩			弱风化	1000
31	K_1qn	砂质泥岩			强风化	800
32	T	花岗岩			全风化	650
33	T	花岗岩			强风化	1000

注：K_1qn 为白垩系青山口组，K_1q 为白垩系泉头组。

2. 安山岩、流纹岩组

安山岩、流纹岩组主要分布于长吉高速以南，饮马河以东，以及西营城镇盘道岭以东至本区范围，为两个小区，面积较小。岩性以安山岩、流纹岩、角砾凝灰岩和火山碎屑岩等喷出岩为主。该岩组表层呈中风化，风化壳厚度为 10～30m，地基承载力特征值(fak)为 440kPa，可以作为建筑地基。

3. 层状岩组

层状岩组主要分布在西营城镇以西，白垩系泥岩、砾岩、砂岩出露，岩石强风化，风化层厚 10～40m。岩石胶结程度差，遇水易崩解，地基承载力特征值(fak)为 180～200kPa。部分地区裂隙发育，稳定性较差。下部弱风化层地基承载力特征值(fak)为 700～2000kPa。

泥岩：棕红色，全风化，岩芯呈 30～40mm 碎块状及 50～120mm 短柱状，手可捏碎，厚 27.6m，在 GC05、GC06、GC07、GC08、GC10、GC15、GC16、GC17、GC18 号孔见有。

泥质砂岩：灰褐色，泥砂质结构，块状构造，主要成分为石英、长石，节理裂隙发育。最大揭露厚度为 72.0m，在 GC19、GC20、GC23、GC24、GC26、GC27 号孔见有。

砂岩：灰褐—灰白色，粗砂质结构，块状构造，主要成分为石英、长石，节理裂隙发育，岩芯呈 100～150mm 柱状及少量碎块状，不易断，厚度为 0.9～6.3m，在 GC06、GC07、GC09、GC10、GC11、GC15、GC16、GC18、GC22、GC24、GC25 号孔见有。

中砂岩：灰褐色，中砂结构，块状构造，主要成分为石英、长石，岩芯呈 30～40mm 块状及 50～200mm 柱状，最大柱长 300mm，锤击不易碎，厚 7.4m，在 GC08 号孔见有。

粗砂岩：黄—灰褐色，粗砂结构，块状构造，主要成分为石英、长石，岩芯呈 30～40mm 块状及 50～

100mm柱状,最大柱长400mm,锤击易碎,厚2.5m,在GC08号孔见有。

4. 黏性土

黏性土主要广泛分布于第四系发育地区,包括饮马河两岸的Ⅰ级和Ⅱ级阶地、伊通河以东的Ⅰ级和Ⅱ级阶地,以及双德乡全区。这些区域岩性为黄土状土和粉质黏土,黄褐色,软—硬塑性,含少量铁锰结核,上部含植物根系,厚0.7~6.7m,在GC23、GC24、GC25、GC26、GC27、GC28号孔见有,具有一定的承载力,地基承载力特征值(fak)为105~235kPa,可以作为一般建筑地基。

5. 砾质土

砾质土主要分布在双德乡的伊通河东岸Ⅰ级阶地,磨圆较好,具有一定的分选性,承载力较高,地基承载力特征值(fak)为200~420kPa,可以作为大型建筑的地基。

粉砂:灰白色,密实,饱和,成分以石英、长石为主,含黏性土约15%,厚2.9m,在GC16号孔见有。

细砂:黄褐色,稍—中密实,饱和,成分以石英、长石为主,含少量角砾及黏性土,分选性一般,厚1.3~2.1m,在GC01、GC19号孔见有。

中砂:黄褐色,密实,饱和,成分以石英、长石为主,含少量角砾及黏性土,分选性一般,厚4.1m,在GC16号孔见有。

粗砂:黄—灰褐色,中—密实,饱和,成分以石英、长石为主,含少量角砾及黏性土,分选性一般,厚2.8~11.4m,在GC01、GC02、GC05、GC11、GC12、GC13、GC14、GC18、GC20、GC23、GC24、GC25、GC28号孔见有。

细圆砾土:黄绿色,密实,饱和,成分为安山岩,粒径一般为2mm,占比50%以上,级配良好,充填物为20%左右黏性土,厚6.9m,在GC19号孔见有。

碎石土:灰绿色,密实,饱和,主要由碎石及少量黏性土组成,含铁锈斑纹及少量石英,一般块径为30~60mm,最大块径为70mm,揭露厚度5.6m,在GC21号孔见有。

6. 淤泥质土

淤泥质土主要分布于饮马河两岸的Ⅰ级阶地内,局部地区发育有淤泥质,含水量较高,承载力较差,地基承载力特征值(fak)为100kPa左右,不宜作为建筑地基,需要进行处理。

二、工程地质分区

本区按照工程地质力学性质可以分为以岩体为主的山地工程地质区和以土体为主的工程地质区。

(一)东部山区岩体工程地质区

东部山区岩体工程地质区划分为两个工程地质亚区,分别为低山丘陵岩浆岩工程地质亚区、低山丘陵沉积岩工程地质亚区。低山丘陵岩浆岩工程地质亚区可以划分为坚硬块状侵入岩崩塌地段和较坚硬喷出岩崩塌地段。低山丘陵沉积岩工程地质亚区可以划分为较坚硬砂岩、砂砾岩崩塌滑坡地段。

1. 低山丘陵岩浆岩工程地质亚区(Ⅰ)

坚硬块状侵入岩崩塌地段($Ⅰ_{1-1}$):主要分布在东部丘陵区,地形起伏较大,主要由印支期和燕山期侵入的花岗岩类和闪长岩类组成。岩体完整性较好,呈坚硬块状,表层有少量裂隙,局部发育断层。表层岩石风化,易发生崩塌地质灾害。

较坚硬喷出岩崩塌地段（I_{1-2}）：主要分布在东部丘陵区，地形起伏较大，主要由印支期和燕山期的喷出岩组成。岩性主要为流纹岩、流纹质安山岩，英安质角砾凝灰岩，气孔、杏仁状安山岩，拉斑玄武岩，凝灰质细砂岩、砾岩。安山岩及玄武岩较坚硬，凝灰岩类坚硬程度稍差，裂隙不发育。表层岩石风化破碎，易发生崩塌。

2. 低山丘陵沉积岩工程地质亚区（I_2）

较坚硬砂岩、砂砾岩崩塌滑坡地段（I_{2-1}）：主要分布在东部丘陵区，地形起伏较大，主要由棕红色砾岩、砂岩，紫红色、灰绿色、杂色砂砾岩和紫红色泥质粉砂岩组成。岩石大部分较坚硬，发育有层理裂隙。表层岩石风化破碎，易发生崩塌、滑坡等地质灾害。

（二）松嫩平原土体工程地质区

松嫩平原土体工程地质区主要包括更新统工程地质亚区和全新统工程地质亚区。其中，更新统工程地质亚区包括冲洪积波状台地双层黄土状土、砂、砂砾石地段，早更新世黄土堆积地段，早更新世冲洪积砂砾石堆积地段。全新统工程地质亚区包括河漫滩、I级阶地双层黏性土砂砾石地段和沼泽沉积地段。

1. 更新统工程地质亚区（II_1）

冲洪积波状台地双层黄土状土、砂、砂砾石地段（II_{1-1}）：广泛分布于工作区内，在I级阶地两侧，地面呈波状起伏。岩性可分为上、下两部分，上部以褐黄色黄土状亚黏土、黄土状亚砂土为主，夹粉细砂、粗砂、砂砾石等透镜体；下部主要为淡黄色、黄色、褐黄色粉细砂、砂、砂砾石、亚黏土、淤泥质亚黏土、黄土状亚黏土、黄土状亚砂土等。地层厚度一般为11～58m，地下水埋深较大，一般大于5m。

早更新世黄土堆积地段（II_{1-2}）：为一套河湖相沉积的黄土，其中见铁锰质结构，反映形成环境为干燥气候条件，主要为块状结构和粒状结构，不具有湿陷性。

早更新世冲洪积砂砾石堆积地段（II_{1-3}）：为河流冲洪积相成因所形成的一套冲洪积物，主要岩性为灰—灰白色、黄褐色砂、砾石层，含砾砂层以及灰紫色砂砾石层。

2. 全新统工程地质亚区（II_2）

河漫滩、I级阶地双层黏性土砂砾石地段（II_{2-1}）：主要分布在饮马河、伊通河两岸，地势比较平坦。河漫滩岩性主要为亚黏土、亚砂土和砂、砂砾石等，厚度为1～5m，是洪水淹没区，不适宜建筑。I级阶地上部为黄土状亚黏土、亚砂土，下部为砂砾石、含砾中粗砂、中细砂、粉砂；厚度一般为3～20m，地下水位埋深较浅，一般为1～3m。

沼泽沉积地段（II_{2-2}）：沼泽沉积层零星分布于饮马河谷地带。岩性以灰色、灰黑色、灰绿色淤泥质亚黏土、淤泥质亚砂土为主，部分地区夹有粉砂、粉细砂薄层和草炭。该层厚1～8m，地基承载力差。

三、工程地质问题

本地区工程地质问题主要是西营城山地工程地质区内冲沟发育，山体陡峭，部分地区表层剥蚀，岩体出露，在风化作用下，造成岩石崩裂，较易发生岩体崩塌。再加之部分地区高差大，降水集中，易发生泥石流或者水石流等地质灾害。

四、地震

根据《中国地震动参数区划图》（GB 18306—2001），场地地震动峰值加速度为0.5g，地震基本烈度为Ⅷ度。

五、工程地质适宜性

1. 总体评价

项目工作区及近邻工作区内,无深大断裂分布,亦无活动性断裂。区域历史上无破坏性地震发生。基底岩体相对完整、坚硬。总体评价区域地壳稳定性较好。

2. 地质灾害

工作区西营城西部地区出现崩塌、滑坡地质灾害,局部较为发育。饮马河两岸的Ⅰ级阶地内局部地区发育有淤泥,含水量较高,承载力较差,地基承载力特征值(fak)为100kPa左右,不宜作为建筑地基,需要进行处理。

3. 各类工程地质体适宜性

全区工程地质孔勘探深度内揭露的各工程地质层,总体工程地质性质为一般—良好。区内从地表至勘探深度内(一般为25~30m),大体分布以下几个工程地质层。

(1)填土:局部薄层状分布,一般厚度小于1.5m,多位于冻层之上,欠固结,一般工程建设均应清除。

(2)粉质黏土:分布相对连续,厚度一般为2~4m,地基承载力特征值(fak)为140kPa,工程地质性质一般。

(3)粗砂:局部分布,厚度薄,一般小于3.0m,地基承载力特征值(fak)为180kPa,工程地质性质一般。

(4)圆砾:多分布于倾斜平原或山(丘)前坡地,下伏基岩,一般厚度不及3.0m,地基承载力特征值(fak)为250kPa,工程地质性质一般。

(5)全风化砂岩、砾岩、泥岩、灰岩、安山岩、花岗岩、流纹岩等:地基承载力特征值(fak)为200~300kPa,工程地质性质一般。

(6)强风化砂岩、砾岩、泥岩:地基承载力特征值(fak)为400kPa,工程地质性质较好。

(7)强风化安山岩、花岗岩、流纹岩等火山岩:地基承载力特征值(fak)为500kPa,工程地质性质较好。

(8)中风化砂岩、砾岩:地基承载力特征值(fak)为800kPa,工程地质性质良好。

(9)中风化安山岩、花岗岩、流纹岩等火山岩:地基承载力特征值(fak)为1500~3000kPa,工程地质性质良好。

4. 工程水文地质特性

据已有资料,区域地下水资源总体贫乏。水质较好,满足饮用水要求。地下水总体对混凝土无侵蚀性,局部地块地下水对混凝土中钢筋具弱侵蚀性。地下水条件有利于工程建设。

第三节 泉眼幅工程地质

一、岩(土)体工程地质条件

(一)地层

泉眼幅内主要地层有石炭系、二叠系、侏罗系、白垩系、新近系和第四系等,现简述如下。

1. 石炭系余富屯组(C_1y)

石炭系余富屯组主要分布在石头口门水库西侧。岩性为一套中酸性火山岩和火山碎屑岩，以流纹岩为主，块状结构，上部为强风化层，风化层厚3～10m。

2. 二叠系哲斯组(P_1z)

二叠系哲斯组主要分布在石头口门水库西北侧，团山子至南窑，杜家大屯至田家大屯一带。岩性有砂岩、粉砂岩、页岩、灰岩、灰岩透镜体以及粉砂质泥岩、泥岩结核等。地层表层强风化，裂隙发育。泥岩夹层遇水易崩解。

3. 侏罗系安民组(J_3a)

侏罗系安民组分布于工作区东部，在西样子沟至东样子沟一带。地层下部岩性为青灰色、灰白色凝灰质砂砾岩；中上部为安山岩、安山质凝灰岩、流纹岩、粗面岩等。地层走向多北东，倾向北西，倾角20°～40°，与下伏地层不整合接触。地层表层全风化及强风化。

4. 侏罗系火石岭组(J_3h)

侏罗系火石岭组主要零星分布在工作区中南部，分布在赵家街村、张家店村、前曹家油坊、胡家桥村林山村至前邻家屯等处。岩层由灰绿色、灰紫色安山岩、凝灰岩、凝灰质砾岩夹少量砂岩、粉砂岩、泥质岩及煤线组成。地层零星分布于低山丘陵地区，岩芯呈碎块状或短柱状，节理裂隙发育，上部强风化。岩石标准贯入试验锤击数为42～82次。

5. 白垩系泉头组(K_1q)

白垩系泉头组主要分布在松嫩平原，埋伏于第四系之下，在盆地边缘有出露，主要分布于腰站村至黄花沟村一带，另外在魏家窝铺和双泉眼等地也有出露。地层岩性为砂砾岩、泥岩砂岩互层，泥质胶结，紫红色，层状结构，上部全风化或者强风化，呈散体结构。部分地区因为交通建设等人类活动造成地层出露，容易造成边坡不稳。

6. 白垩系营城组(K_1y)

白垩系营城组主要分布在低山丘陵区，出露面积较大，主要分布在双顶子、王家大屯至闫家屯一带、苕条背村至袁家屯村等地。该地层为一套以中酸性火山岩为主的夹煤地层，上部为流纹质凝灰岩、流纹岩，下部由安山质凝灰岩、安山岩组成。岩层表层强风化，岩芯呈碎块状或者短柱状，节理裂隙发育，岩石标准贯入试验锤击数为70～82次。

7. 新近系缸窑组(E_1g)

新近系缸窑组主要分布在图幅南部，泉眼镇北缘，张家屯—张家药铺—韩家瓦房一带，出露面积较小。该地层由一套复成分、分选性较差、胶结疏松的砾岩、砂岩和泥岩等组成，泥质胶结，层状构造，夹泥岩薄层，岩芯较完整，手捏易碎，局部呈碎块状，表层强风化。

8. 第四系更新统(Qp^2)

第四系主要分布在区内北部，更新统主要分布于饮马河、雾开河Ⅰ级阶地两侧的河间地块，地势起伏。岩性主要为黄土状粉质黏土，一般为黄褐色，可塑，偶含砾石或局部混砾、含卵石，厚5～35m，不具湿陷性。压缩模量(Es)一般为4～6MPa，凝聚力(C)一般为40～50kPa，摩擦角(ϕ)一般为10°～15°，地基承载力特征值(fak)为140kPa,工程地质性质一般。

9. 第四系全新统(Qh)

第四系全新统主要分布于雾开河、饮马河河漫滩和Ⅰ级阶地,地势平坦开阔,岩性上部为粉质黏土,下部为砂、卵砾石,为典型的双层结构。粗砂厚度一般为1.0~3.0m,一般呈稍密—中密,地基承载力特征值(fak)为180kPa。圆砾下伏多为基岩,成因为冲积、冲洪积,一般厚度不及3.0m,松散—稍密,饱水,地基承载力特征值(fak)为250kPa。角砾多混合大量黏性土及砂性土,一般厚1~3m,多埋深于基底之上,多呈稍密、稍湿状态,地基承载力特征值(fak)为230kPa。地区地下水较为丰富,埋藏浅。区域工程地质条件一般。

(二)侵入岩

侵入岩在区内广泛分布,主要分布在东部、南部低山丘陵区,尖顶或者圆顶状低山丘陵,属于燕山期侵入岩。岩性以二长花岗岩、碱长花岗岩、碱长正长岩和石英闪长岩为主,含石英、长石、角闪石和云母以及一些暗色矿物,块状构造。表层风化裂隙发育,风化壳深度可达30~40m,地基承载力特征值(fak)为800~3000kPa。侵入岩为较好的建筑石材,部分地区石材矿大量分布,开采量较大,造成矿山环境问题。矿产随意堆放、山体开挖造成地表破坏、边坡失稳,易发生岩体崩塌等灾害。

(三)地质构造

工作区属天山-兴安地槽褶皱区、吉黑褶皱系的松辽平原坳陷的东部边缘。区内地质构造较发育,主要有北东向和北北东向两组。北东向断裂是工作区内的主要构造,四间房断裂带、南湖-兴隆沟断裂带是区内主要控水构造。

四间房断裂带(F_2):走向北东50°~55°,倾向北西,倾角70°以上。断于嫩江组与姚家组交界处,北盘相对上升,垂直断距5~15m,破碎带宽度800~1000m,裂隙多发育在70~80m,裂面垂直,局部见挤压现象,属压扭性。

南湖-兴隆沟断裂带(F_4):是斜贯区内规模较大的一条断裂带,走向北东40°~45°,倾向北西,倾角70°以上。发育在青山口组地层内,破碎带宽度1500~2500m,裂隙多发育在70~80m内,个别达110m,多数裂面平直。在部分钻孔内见有压碎现象或有开口较大的张裂存在,分析断裂曾受多种应力场不同应力的作用。按区域资料结合勘探资料分析,断裂属压扭性。

北北东向断裂主要有石碑岭断裂、王家油坊断裂、上窑屯-冯家屯断裂和农大-小南屯断裂,断裂走向为10°~30°,倾向南东东,倾角50°~80°,以压扭性为主,在多期构造运动的影响下局部显张扭特征。

二、工程地质分区

依据工程地质特征,研究区可以划分为东部山区岩体工程地质区(Ⅰ)和松嫩平原土体工程地质区(Ⅱ)。东部山区岩体工程地质区可进一步划分为低山丘陵岩浆岩工程地质亚区($Ⅰ_1$)和低山丘陵碎屑岩工程地质亚区($Ⅰ_2$),低山丘陵岩浆岩工程地质亚区可以进一步划分为较坚硬块状侵入岩崩塌地段($Ⅰ_{1-1}$)和坚硬—较坚硬喷出岩崩塌地段($Ⅰ_{1-2}$),低山丘陵碎屑岩工程地质亚区包含较坚硬砂岩砾岩夹泥岩层状岩地段($Ⅰ_{2-1}$)。松嫩平原土体工程地质区包括平原区更新统Ⅱ级阶地亚区($Ⅱ_1$)和平原区全新统Ⅰ级阶地、河漫滩亚区($Ⅱ_2$),前者包括冲洪积单层粉质黏土地段($Ⅱ_{1-1}$),后者包括冲洪积双层粉质黏土、砂砾石地段($Ⅱ_{2-1}$)。

(一)东部山区岩体工程地质区

1. 低山丘陵岩浆岩工程地质亚区（I_1）

较坚硬块状侵入岩崩塌地段（I_{1-1}）：主要分布于工作区南部，岩性为燕山期花岗闪长岩、二长花岗岩、碱长正长岩、石英闪长岩等。该区岩石完整性较好，为坚硬块状，表层岩石风化。部分地区由于石材开采，造成矿山环境问题，矿产随意堆放、山体开挖造成地表破坏和边坡失稳，易发生岩体崩塌等灾害。全风化花岗岩地基承载力特征值(fak)为 200~300kPa，工程地质性质一般。强风化花岗岩地基承载力特征值(fak)为 500kPa，工程地质性质较好。中风化花岗岩地基承载力特征值(fak)为 1500~3000kPa，工程地质性质良好。

坚硬—较坚硬喷出岩崩塌地段（I_{1-2}）：主要分布于工作区中部及南部，岩性为中生代白垩纪流纹岩、安山岩、凝灰岩等。安山岩流纹岩较坚硬，凝灰岩稍差，裂隙不发育，工程地质岩性坚硬—较坚硬。全风化安山岩、流纹岩地基承载力特征值(fak)为 200~300kPa，工程地质性质一般。强风化安山岩、流纹岩地基承载力特征值(fak)为 500kPa，工程地质性质较好。中风化安山岩、流纹岩等地基承载力特征值(fak)为 1500~3000kPa，工程地质性质良好。

2. 低山丘陵碎屑岩工程地质亚区（I_2）

较坚硬砂岩砾岩夹泥岩层状岩地段（I_{2-1}）：主要分布于工作区中南部及西南部，主要包括古近系缸窑组、白垩系泉头组和二叠系哲斯组砂岩、泥岩以及砾岩等。其中，泥岩较软弱，遇水易崩解，另外古近系胶结程度较差。全风化砂岩、砾岩、泥岩地基承载力特征值(fak)为 200~300kPa，工程地质性质一般。强风化砂岩、砾岩、泥岩地基承载力特征值(fak)为 400kPa，工程地质性质较好。中风化砂岩、砾岩地基承载力特征值(fak)为 800kPa，工程地质性质良好。部分地区因为煤矿开采造成地面沉陷，工程地质性质较差，工程建设要注意避让。

(二)松嫩平原土体工程地质区

1. 平原区更新统Ⅱ级阶地亚区（II_1）

冲洪积单层粉质黏土地段（II_{1-1}）：主要分布于工作区北部、饮马河和雾开河Ⅰ级阶地两侧河间地块，地势起伏。岩性主要为黄土状粉质黏土，一般为黄褐色，可塑，偶含砾石或局部混砾，含卵石，厚5~35m，不具湿陷性。岩石标准贯入试验锤击数一般 5~10 次。压缩模量(Es)一般为 4~6MPa，凝聚力(C)一般为 40~50kPa，摩擦角(ϕ)一般为 10°~15°，地基承载力特征值(fak)为 140kPa，工程地质性质一般。

2. 平原区全新统Ⅰ级阶地、河漫滩亚区（II_2）

冲洪积双层粉质黏土、砂砾石地段（II_{2-1}）：主要分布于雾开河和饮马河的河漫滩与Ⅰ级阶地，地势平坦开阔。岩性上部为粉质黏土，下部为砂、卵砾石，为典型的双层结构。粗砂厚度一般为 1.0~3.0m，一般呈稍密—中密，岩石标准贯入试验锤击数一般 10~12 次。该层多分布于基底上部或基底上部圆砾层之上，分布不连续，地基承载力特征值(fak)为 180kPa。圆砾多分布于倾斜平原或山(丘)前坡地。该层下伏多为基岩，成因为冲积、冲洪积，一般厚度不及 3.0m，松散—稍密，饱水，动探击数一般为 8~12 次，地基承载力特征值(fak)为 250kPa。角砾多呈透镜体状近山(丘)前分布，多由上更新统坡洪积形成，多混大量黏性土及砂性土，一般厚 1~3m，多埋深于基底之上，多呈稍密、稍湿状态，动探击数一般为 5~10 次，地基承载力特征值(fak)为 230kPa。地区地下水较为丰富，埋藏浅。区域工程地质条件一般。

三、工程地质问题

区内崩塌、滑坡、泥石流等地质灾害问题较少发育,工程地质条件比较好,但是煤矿开采和采石场开采造成了较多的环境地质问题,出现了地面沉降、农田被毁、房屋开裂、地表破坏、石渣随意堆放、矿坑边坡岩体崩塌等灾害。

1. 采煤地面沉降

区内主要有长春羊草沟煤业一矿和二矿,位于九台区东湖镇北部,核定年产能190万t。煤矿开采在东湖镇北部部分地区形成地面沉降、居民房屋开裂、耕地被毁等问题。涉及的村庄有小羊草沟村、四合店村、五一村、张家染房村、二台村等。龙嘉堡煤矿位于长春市东,距离长春市18km,于2008年建成投产,设计产能每年300万t,煤矿煤层赋存较深,一般在780~1320m之间,平均深度为1028m。煤矿开采造成魏家窝铺周边等地地面沉降,村子内居民房屋开裂,部分农田破坏。

2. 采石场矿山环境问题

工作区内存在大量采石场,主要分布于石头口门西部,沿杨家木铺、王家大屯、田家大屯、后石场、前石场、团子山村等一带。这些采石场以采花岗闪长岩为主,另有安山岩、流纹岩、砂岩等。采石场大量开采造成山体地表形态破坏,石渣随意堆放为泥石流提供物源基础。地表植被破坏,生态环境受损。部分矿坑裸露岩体边坡不稳,易产生崩塌,造成地质灾害。随着长春市莲花山生态旅游度假区的规划建设,为实现"绿水青山就是金山银山"的发展理念,大部分采石矿山已被关闭,并开始进行矿山环境治理与生态环境修复。

四、地震等级

根据《建筑抗震设计规范》(GB 50011—2010)(2016版)判定工作区地震基本烈度为7度,地震加速度值为0.10g,设计特征周期为0.35s,设计地震分组为第一组。

五、工程地质适宜性

1. 总体评述

项目工作区及近邻工作区内无深大断裂分布,亦无活动性断裂。区域历史上无破坏性地震发生。工作区第四系松散层分布厚度薄,一般不及35.0m。基底岩体相对完整、坚硬。总体评价区域地壳稳定性较好。

2. 地质灾害

工作区地质灾害不发育,无规模性地质灾害分布,亦无规模性不良地质作用发生。区内无规模性特殊土分布。全区均适宜或较适宜工程建设。

3. 各类工程地质体适宜性

全区工程地质孔勘探深度内揭露的各工程地质层,总体工程地质性质为一般—良好。区内从地表至勘探深度内(一般为25~30m),大体分布以下几个工程地质层。

(1)填土:局部薄层状分布,一般厚度小于1.5m,多位于冻层之上,欠固结,一般工程建设均应清除。

(2)粉质黏土:分布相对连续,厚度一般为2~4m,地基承载力特征值(fak)为140kPa,工程地质性质一般。

（3）粗砂：局部分布，厚度薄，一般小于3.0m，地基承载力特征值（fak）为180kPa，工程地质性质一般。

（4）圆砾：多分布于倾斜平原或山（丘）前坡地，下伏基岩，一般厚度不及3.0m，地基承载力特征值（fak）为250kPa，工程地质性质一般。

（5）角砾：多呈透镜体状近山（丘）前分布，埋藏于基底之上，厚度一般为1～3m，地基承载力特征值（fak）为230kPa，工程地质性质一般。

（6）全风化砂岩、砾岩、泥岩、灰岩、安山岩、花岗岩、流纹岩等：地基承载力特征值（fak）为200～300kPa，工程地质性质一般。

（7）强风化砂岩、砾岩、泥岩：地基承载力特征值（fak）为400kPa，工程地质性质较好。

（8）强风化安山岩、花岗岩、流纹岩等火山岩：地基承载力特征值（fak）为500kPa，工程地质性质较好。

（9）中风化砂岩、砾岩：地基承载力特征值（fak）为800kPa，工程地质性质良好。

（10）中风化安山岩、花岗岩、流纹岩等火山岩：地基承载力特征值（fak）为1500～3000kPa，工程地质性质良好。

（11）中风化灰岩、砂屑灰岩、泥晶灰岩、大理岩：地基承载力特征值（fak）为1200～2000kPa，工程地质性质良好。

4. 工程水文地质特性

据已有资料，区域地下水资源总体贫乏，水质较好，满足饮用水要求。地下水总体对混凝土无侵蚀性，局部地块的地下水对混凝土中钢筋具弱侵蚀性。地下水条件有利于工程建设。

第四节　新安堡幅工程地质

一、岩（土）体类型

依据岩（土）体岩性、结构、形成条件、力学特征及工程地质特征的差异划分工程地质岩组，即把相同或相近似的岩性组合体划定为同一工程地质岩组。每一工程地质岩组由多种岩性构成。依照上述划分方法，将区内出露的岩（土）体划分为如下工程地质岩组。

岩（土）体类型的划分主要考虑岩石类型、岩体结构和岩石强度等因素。新安堡幅内主要包括岩体建造类型和土体建造类型。岩体建造包括花岗岩、闪长岩组，安山岩、流纹岩组以及层状岩组。土体建造主要包括黏性土、砾质土。

1. 花岗岩、闪长岩组

花岗岩、闪长岩组在区内广泛分布，主要分布在低山丘陵区、尖顶或者圆顶状低山丘陵，属于燕山期侵入岩。岩性以二长花岗岩、碱长花岗岩、碱长正长岩和石英闪长岩为主，含石英、长石、角闪石和云母以及一些暗色矿物，块状构造。表层风化裂隙发育，风化壳深度可达30～40m，地基承载力特征值（fak）为800～3000kPa。该岩组岩石为较好的建筑石材，部分地区石材矿大量分布，开采量较大。石材开采造成矿山环境问题，矿产随意堆放、山体开挖造成地表破坏和边坡失稳，易发生岩体崩塌等灾害。

2. 安山岩、流纹岩组

侏罗系安民组(J_3a)：分布面积较小，零星分布于工作区西北部。下部岩性为青灰色、灰白色凝灰质砂砾岩；中上部为安山岩、安山质凝灰岩、流纹岩、粗面岩等。地层走向多北东，倾向北西，倾角为20°～40°，与下伏地层不整合接触，表层全风化及强风化。

侏罗系火石岭组(J_3h)：主要零星分布在工作区西北部，广隆号至姚马张以及大顶子村至大常家屯。岩石由灰绿色、灰紫色安山岩、凝灰岩、凝灰质砾岩夹少量砂岩、粉砂岩、泥质岩及煤线组成。零星分布于低山丘陵地区，岩芯呈碎块状或短柱状，节理裂隙发育，上部强风化。岩石标准贯入试验锤击数为42～82次。

白垩系营城组(K_1y)：主要分布在北部低山丘陵区，出露面积较小，主要分布在工作区北部前邵马架子等地。该地层为一套以中酸性火山岩为主的夹煤地层，上部为流纹质凝灰岩、流纹岩，下部由安山质凝灰岩、安山岩组成。岩层表层强风化，岩芯呈碎块状或者短柱状，节理裂隙发育，岩石标准贯入试验锤击数为70～82次。

3. 层状岩组

二叠系哲斯组(P_1z)：主要分布在工作区北部，在联丰村至腰刘家屯一带。岩性有砂岩、粉砂岩、页岩、灰岩、灰岩透镜体以及粉砂质泥岩、泥岩结核等。岩层表层强风化，裂隙发育。泥岩夹层遇水易崩解。

新近系吉舒组(E_1j)：主要分布在图幅东北部，在岭上村一带，出露面积较小。该地层由一套复成分、分选性较差、胶结疏松的砾岩、砂岩和泥岩等组成，泥质胶结，层状构造，夹泥岩薄层，岩芯较完整，手捏易碎，局部呈碎块状，表层强风化。

4. 黏性土

粉质黏土：呈灰色、灰褐色、黄褐色、褐色及灰黑色等颜色，软塑—可塑，偶见硬塑，干强度中等，韧性中等，无摇振反应，稍有光泽，含铁锰质结核，局部含淤泥质。成岩时代为晚更新世、早更新世和全新世。粉质黏土为新安堡幅分布最多、最广的土体，主要分布于山前冲洪积层中，厚度为0.7～24.4m。岩石标准贯入试验锤击数一般为6～11次，地基承载力特征值(fak)为120～210kPa。

5. 砾质土

细砂：呈灰色、青灰色、灰绿色等颜色，稍湿—饱和，稍密—中密，分选好，磨圆好，混少量黏性土，矿物成分主要由石英、长石组成。成岩时代主要为全新世，成因类型为冲积。细砂在近河道分布较广泛，厚度一般为1.0～2.6m，揭露层底最大埋深为27.6m。岩石标准贯入试验锤击数一般为11.4～13.4次，地基承载力特征值(fak)为130～170kPa。

中砂：呈黄褐色、灰色等颜色，稍密—中密，饱和，颗粒级配较差，矿物成分主要由石英、长石组成。成岩时代主要为全新世，成因类型为冲积。中砂主要分布于河道两侧，层厚2～2.1m，平均厚度2m左右，揭露层底最大埋深为14.7m。岩石标准贯入试验锤击数一般为5～10次，地基承载力特征值(fak)为120～180kPa。

粗砂：呈黄褐色、灰色、灰黄色等颜色，稍湿—饱和，稍密—中密，偶见密实，分选一般，磨圆好，混少量黏性土，矿物成分主要由石英、长石组成。成岩时代主要为全新世，成因类型为冲积。粗砂在近河道分布较广泛，厚度一般为1.0～4.3m，揭露层底最大埋深为28.6m。重型动力触探击数为2.6～4.5次，地基承载力特征值(fak)为100～180kPa。

砾砂:呈黄褐色、灰色、灰黄色等颜色,稍湿—饱和,稍密—密实,分选一般,磨圆好,混少量黏性土,矿物成分主要由石英、长石组成。成岩时代主要为全新世,成因类型为冲积。砾砂在近河道分布较广泛,厚度一般为3.6~14.2m,揭露层底最大埋深为21.5m。岩石标准贯入试验锤击数一般为10~25次,地基承载力特征值(fak)为180~310kPa。

二、地质构造

工作区及周围大地构造位置处于新华夏系第二隆起带和第二沉降带的交接部位,经多次构造活动,形成了各种类型的构造体系。已被认识的构造体系有华夏系构造体系和北西向构造带。这些构造体系在区域上不同程度地控制着地层沉积和岩浆活动,同时也控制着地形、水系走向和地下水分布。

1. 华夏系构造体系

(1)伊通构造带西支断裂带:该断裂带处于工作区西北丘陵和盆地的接触带,呈北东50°延伸,南西自伊通县靠山屯,北东至永吉县乌拉街。航片显示有明显陡坎。断裂带有糜棱岩和断层泥,倾向北西,倾角70°左右。

(2)伊通构造带东支断裂带:该断裂带与西支断裂带平行延伸,位于工作区中低山与盆地的过渡地带,倾向南东,倾角近于垂直90°。

(3)伊通凹陷带:指伊通构造带西支断裂带与东断裂带间,由两侧岩体的逆冲而形成的狭长槽型盘地,延伸总长约200km。

(4)双阳河断裂:该断裂与伊通构造带西支断裂具有成生联系,在次序上,属于西支断裂的次一级构造。它发育于第三纪(古近纪+新近纪),延伸方向为北北东向,与西支断裂带交角为30°,属压扭性断裂。

2. 地震活动

在地震活动带的划分上,研究区位于华北地震区,为郯庐断裂带北段。历史上此断裂带地震活动频繁,震源浅,震级变化大。据近年地震记录得知,区内3级以上地震发生过3次,3级以下地震达10多次。1966年10月范家屯一带发生的5.2级地震对工作区有一定影响。

3. 抗震设防烈度、设计基本地震加速度和设计地震分组

根据《建筑抗震设计规范》(GB 50011—2010)(2016)判定工作区地震基本烈度为7度,地震加速度值为0.10g,设计特征周期为0.35s,设计地震分组为第一组。

三、工程地质分区

依据岩(土)体岩性、结构、形成条件、力学特征及工程地质特征的差异划分工程地质岩组,即把相同或相近似的岩性组合体划定为同一工程地质岩组。每一工程地质岩组多由多种岩性构成。依照上述划分方法,将区内出露的岩(土)体划分为东部山区岩体工程地质区(Ⅰ)和伊舒盆地土体工程地质区(Ⅱ)。

(一)东部山区岩体工程地质区(Ⅰ)

1. 低山丘陵块状岩工程地质亚区(Ⅰ₁)

石矿开采地表破坏崩塌泥石流地段(Ⅰ₁₋₁):主要分布于工作区北部,岩性为燕山期花岗闪长岩、二长花岗岩、碱长正长岩、石英闪长岩等。该区岩石完整性较好,坚硬块状,表层岩石风化。部分地区由于石材开采造成矿山环境问题,矿产随意堆放、山体开挖造成地表破坏和边坡失稳,易发生岩体崩塌等灾害。

全风化花岗岩的地基承载力特征值(fak)为200～300kPa,工程地质性质一般。强风化花岗岩的地基承载力特征值(fak)为500kPa,工程地质性质较好。中风化花岗岩的地基承载力特征值(fak)为1500～3000kPa,工程地质性质良好。

崩塌泥石流地段（I_{1-2}）：主要分布于工作区北部,岩性为二叠系、侏罗系、白垩系流纹岩、安山岩、凝灰岩等。安山岩、流纹岩较坚硬,凝灰岩稍差,裂隙不发育,工程地质岩性坚硬—较坚硬。全风化安山岩、流纹岩的地基承载力特征值(fak)为200～300kPa,工程地质性质一般。强风化安山岩、流纹岩的地基承载力特征值(fak)为500kPa,工程地质性质较好。中风化安山岩、流纹岩等的地基承载力特征值(fak)为1500～3000kPa,工程地质性质良好。

2. 低山丘陵层状岩工程地质亚区（I_2）

崩塌泥石流滑坡地段（I_{2-1}）：主要分布于工作区西部,主要包括古近系吉舒组、白垩系营城组砂岩、泥岩以及砾岩等。其中,泥岩较软弱,遇水易崩解,另外古近系地层胶结程度较差。全风化砂岩、砾岩、泥岩的地基承载力特征值(fak)为200～300kPa,工程地质性质一般。强风化砂岩、砾岩、泥岩的地基承载力特征值(fak)为400kPa,工程地质性质较好。中风化砂岩、砾岩、泥岩的地基承载力特征值(fak)为800kPa,工程地质性质良好。

（二）伊舒盆地土体工程地质区（II）

1. Ⅲ级阶地亚区（II_1）

黄土状粉质黏土单层土体地段（II_{1-1}）：主要分布于工作区中部、南部和西部等零星区域,分布范围较小,地势起伏。岩性主要为黄土状粉质黏土,一般为黄褐色,可塑,偶含砾石或局部混砾、含卵石,厚0.7～24.4m不等,不具湿陷性。岩石标准贯入试验锤击数一般为6～11次,地基承载力特征值(fak)为120～210kPa,工程地质性质一般。

2. 河漫滩Ⅰ、Ⅱ级阶地亚区（II_2）

黏性土砂砾石双层土体地段（II_{2-1}）：主要分布于双阳河漫滩和Ⅰ、Ⅱ级阶地,地势平坦开阔。岩性上部为粉质黏土,下部为砂、卵砾石,为典型的双层结构。粗砂厚度一般为1.0～3.0m,一般呈稍密—中密,地基承载力特征值(fak)为180kPa。圆砾下伏多为基岩,成因为冲积、冲洪积,一般厚度不及3.0m,松散—稍密,饱水,地基承载力特征值(fak)为250kPa。角砾多混大量黏性土及砂性土,一般厚1～3m,多埋深于基底之上,多呈稍密、稍湿状态,地基承载力特征值(fak)为230kPa。地区地下水较为丰富,埋藏浅。区域工程地质条件一般。

四、工程地质问题

区内崩塌、滑坡、泥石流等地质灾害问题较少发育,工程地质条件比较好,但是采石场开采造成了较多的环境地质问题,出现了石渣随意堆放、矿坑边坡岩体崩塌等。

工作区内存在大量采石场,主要分布于北部和中部,双山村、白庙子、上龙王庙村以及小木架窝堡等地区。这些采石场以采花岗闪长岩为主,另有安山岩、流纹岩、砂岩等。采石场大量开采造成山体地表形态破坏,石渣随意堆放为泥石流提供了物源基础,造成地表植被破坏、生态环境受损等生态环境问题。部分矿坑裸露岩体边坡不稳,易产生崩塌,造成地质灾害。随着长春市莲花山生态旅游度假区的规划建设,为实现"绿水青山就是金山银山"的发展理念,大部分采石矿山已被关闭,并开始进行矿山环境治理与生态环境修复。

五、工程地质适宜性

1. 总体评述

工作区地质灾害不发育,无规模性地质灾害分布,亦无规模性不良地质作用发生。区内无规模性特殊土分布。全区均适宜或较适宜工程建设。

2. 各类工程地质体适宜性

全区工程地质孔勘探深度内揭露的各工程地质层,总体工程地质性质为一般—良好。区内从地表至勘探深度内(一般为20~30m),大体分布以下几个工程地质层。

(1)填土:局部薄层状分布,一般厚度小于1.5m,多位于冻层之上,欠固结,一般工程建设均应清除。

(2)粉质黏土:分布相对连续,厚度一般为0.7~24.4m不等,地基承载力特征值(fak)为80~390kPa,工程地质性质一般。

(3)细砂:局部分布,厚度薄,一般小于3.0m,地基承载力特征值(fak)为130~170kPa,工程地质性质一般。

(4)中砂:局部分布,厚度薄,一般小于3.0m,地基承载力特征值(fak)为130~180kPa,工程地质性质一般。

(5)粗砂:局部分布,厚度薄,一般小于5.0m,地基承载力特征值(fak)为100~180kPa,工程地质性质一般。

(6)砾砂:局部分布,厚度薄,一般小于15.0m,地基承载力特征值(fak)为170~370kPa,工程地质性质一般。

(7)全风化砂岩、泥岩、正长岩、花岗岩和闪长岩等:地基承载力特征值(fak)为200~300kPa,工程地质性质一般。

(8)强风化砂岩和泥岩:地基承载力特征值(fak)为400kPa,工程地质性质较好。

(9)强风化正长岩、花岗岩、闪长岩等火山岩:地基承载力特征值(fak)为500kPa,工程地质性质较好。

(10)中风化砂岩、砾岩:地基承载力特征值(fak)为800kPa,工程地质性质良好。

(11)中风化正长岩、花岗岩、闪长岩等火山岩:地基承载力特征值(fak)为1500~3000kPa,工程地质性质良好。

3. 工程水文地质特性

据已有资料,区域地下水资源总体贫乏,水质较好,满足饮用水要求。地下水总体对混凝土无侵蚀性,局部地块的地下水对混凝土中钢筋具弱侵蚀性。地下水条件有利于工程建设。

第九章　重点工作区环境地质问题

以长春新区、泉眼幅及新安堡幅为重点进行1∶5万环境地质调查,通过调查研究了土壤环境质量和矿山地质问题;用InSAR手段监测了长春市、吉林市地面沉降现状(孙岐发等,2014,2016)。

第一节　重点工作区矿山地质环境

长春市经济发展对矿产资源需求较大,矿产开发强度大,对地形地貌、土地、植被破坏严重。露天开采矿山占用、破坏土地,破坏原生山体结构,形成数十米高陡崖,井工开采煤炭矿山引发地面塌陷,固体废弃物、煤矸石占用破坏土地资源(孙岐发和田辉,2014)。

一、研究区矿产资源开发利用现状

研究区矿产资源主要是煤炭和石材。截至2018年,区内有煤矿5座,归3家企业管理(表9-1-1),分别是长春羊草煤业股份有限公司的羊草沟煤矿一矿、二矿,吉林省龙家堡矿业有限责任公司的龙家堡煤矿,长春市双顶山矿业有限公司的一矿、二矿。目前,羊草沟煤矿及龙家堡煤矿都在生产,双顶山矿业于2016年停产。

羊草沟煤矿由一井(一矿)和二井(二矿)两个矿井组成,一井原生产能力为25万t/a,二井原生产能力为20万t/a,2005年4月生产能力由45万t/a扩建到150万t/a,现有的生产设备、能力水平和开采进度等配套水平:一井生产能力为60万t/a;二井生产能力为100万t/a,由年产150万t/a煤炭增加到160万t/a。地面塌陷、地裂缝、建筑破坏、地下水污染、大气污染是本区内主要的环境地质问题。

长春市双顶山矿业股份有限公司是由原来的长春市双顶山煤矿通过产权制度改革组建的股份制企业,2003年至2005年产量逐年递增,最高达到年产煤52万t,产值超亿元。2016年该企业关停,但由该企业生产造成的环境地质问题还没有停止,主要表现在地裂缝、建筑破坏等方面。

辽源矿业集团有限公司龙家堡煤矿坐落在龙嘉镇四家子村东,距长春市18km。总投资21.5亿元的龙家堡煤矿煤田煤层赋存较深,一般在132.2~780.7m之间,平均深度为1028m。该区煤种为长焰煤,煤质好,发热高,低硫低磷,属于低硫、低磷、低灰、高热值的洁净煤,热值超过28.46kJ,有"绿色环保煤炭"之称,已探明煤炭地质储量1.8亿t。龙家堡煤矿被确定为省"十一五"重点能源项目,2006年5月28日正式开工建设,2008年实现了试生产,龙家堡煤矿的生产对于缓解吉林省煤炭供需矛盾具有十分重要的意义(图9-1-1)。

研究区有采石场49座,分布在东湖镇、泉眼镇、奢岭镇、劝农山镇的山区,影响面积在几万平方米到几十万平方米不等,包括亨达采石场、团山子采石场、甘家村永鑫采石场、团山子诚信采石场、放牛沟采石场、东湖镇通达采石场、东湖镇东顺采石场等。目前,因莲花山生态旅游度假区定位在生态旅游度假方向发展,莲花山境内关闭了区内所有的采石场,正在积极筹划恢复治理工作。也就是说区内有45座采石场都在关停状态,只有奢岭镇及劝农山镇的4座采石场还在生产。

第九章 重点工作区环境地质问题

表 9-1-1　研究区煤矿及开采现状

序号	矿山名称	矿种	企业规模	采矿方式	开采现状
1	长春羊草煤业股份有限公司羊草沟煤矿一矿	煤矿	中型	井下开采	正在开采
2	长春羊草煤业股份有限公司羊草沟煤矿二矿	煤矿	中型	井下开采	正在开采
3	吉林省龙家堡矿业有限责任公司龙家堡煤矿	煤矿	大型	井下开采	正在开采
4	长春市双顶山矿业股份有限公司一矿	煤矿	小型	井下开采	停产
5	长春市双顶山矿业股份有限公司二矿	煤矿	小型	井下开采	停产

图 9-1-1　羊草沟煤矿、双顶山矿业及龙家堡煤矿

二、矿山环境地质问题类型及特征

研究区存在的矿山环境地质问题类型主要有矿山地质灾害、矿山土地资源占用与破坏、含水层破坏、地形地貌景观破坏和矿山环境污染等,其特征都是采取资源、破坏当地环境。

1. 矿山地质灾害

矿业开发强烈影响和改变着矿区的地质环境条件,引发地质灾害。研究区目前由于开采矿山所诱发的地质灾害主要为崩塌、地面塌陷、地裂缝。矿山地质灾害给工、农业生产带来严重威胁,并严重影响着生态环境,造成人员财产损失和资源破坏。

1)崩塌

崩塌多发生在地质构造发育地带,岩(土)体、节理裂缝发育延展性好,密度大,相互交切,植被不发育,岩(土)体裸露,地形高差大的区域。研究区由于矿山开采而诱发的岩(土)体崩塌主要为在露天开采的采石场区域,矿产开采过程中的边坡岩体较破碎、坡度较陡易诱发岩体崩落。经过现场调查,采坑边坡发生过小型崩塌地质灾害,但由于采矿活动多为机械操作,且人员距离边坡有一定距离,因此并未造成人员及财产损失,且崩塌堆积物已随采矿活动及时清理。

研究区共发生过多次崩塌,均为小型,崩塌点分布于采石场的陡坡处,由于采石场都是机械作业,没有造成人员伤亡(图 9-1-2、图 9-1-3)。

2)地面塌陷、地裂缝

矿山塌陷的形成过程分为覆岩破坏和采空塌陷两个过程。覆岩破坏是由于矿体被采出以后,在岩体内形成一个空间,成为一种架空结构,从而使周围原来的应力平衡状态受到破坏;采空区的顶板岩层在自身重力和上覆岩层的压力作用下,产生向下的弯曲和移动;当顶板内部形成的拉张力超过该岩层的抗拉强度极限时,顶板首先发生断裂和破碎并相继冒落,接着是上覆岩层相继向下弯曲、移动进而发生断裂和离层。依据破坏程度,可在垂直方向上将采空区上覆岩层大致划分为 3 个区域,即冒落带、裂缝带和弯曲带。随着采煤工作向前推进,受到采空影响的岩层范围也不断扩大,这种移动、变形、破坏在空间上是三维的,并由采空区向周围发展。当采空区的面积扩大到一定范围,岩层移动发展到地表,使地表产生移动和变形。开采引起的地表移动受多种地质采矿因素的影响,例如开采深度、开采厚度、采煤方法、煤层产状等。一般来说,开采工作面越大,影响越严重,煤层的厚度和倾角与地表的塌陷程度成正比,开采的深度与地表塌陷成反比。

图9-1-2　亨达采石场崩塌　　　　　　　　图9-1-3　团山子采石场崩塌

据调查统计,井下采煤和地面塌陷主要表现在:塌陷体积约是采出体积的70%左右,塌陷区波及面积为采空塌陷面积的1.2~1.3倍。地面塌陷使地表腐殖土溃入井下或流失,破坏了土壤的物理和化学特性,同时周围地表往往出现裂缝,地表裂缝破坏了土地的连续性,给土地耕种带来了困难;积水是矿区采煤塌陷引起的重要破坏类型,主要发生在矿区下沉量大且地下水潜水位高的区域,原有的陆地生态环境系统转变为水生生态环境系,致使传统的高产旱作农业退变为低产乃至绝产水田,严重影响了耕地资源利用的永续性;煤矿开采沉陷也会导致矿区内基础设施不同程度的破坏,给人们的生产、生活带来极大的不便。

地面塌陷、地裂缝多发生在井下开采的煤矿区。煤系地层多分布于中生界砂岩、砂砾岩、页岩之中,岩体类型为软弱层沉积岩。该地层岩体结构松散、破碎,处于新构造运动上升区,断裂分布广泛。煤层矿体多属于浅埋藏型,松散覆盖层厚度比例大,矿层覆岩强度低,厚度比例小,岩性组合复杂。当地下矿层被采出后,采空区的顶板岩层在自身重力和上覆岩层及建筑物等的压力作用下,产生向下的弯曲和移动,当顶板岩层内部所形成的拉长应力超过该层的抗压强度时,直接顶板首先发生断裂并相继冒落,紧随其后是上覆岩层相继向下弯曲、移动,进而发生断裂和离层。随着采矿工作面的推进,受到采空影响的岩层范围不断扩大。当矿层开采的范围扩大到某一时刻,在地表就会形成一个比采空区大的盆地形塌陷坑。

调查发现,地面塌陷、地裂缝主要发生在煤矿区。羊草沟一矿和二矿区域存在规模较大的地面塌陷(图9-1-4),导致土地无法种植,出现大面积的地裂缝影响农作物产量(图9-1-5)。地裂缝和不均匀下沉已经导致农村大量房屋破坏,主要涉及长春市东湖镇五一二社、羊草沟村、二台屯和牧业小区牛场,有的房屋已经不能居住(图9-1-6~图9-1-9),涉及的农户有200多户。双顶山煤矿虽然已经停采,但它的影响和破坏没有停止,影响的主要村庄有火石窝棚屯和四合屯,采煤形成的地裂缝影响了农业生产,也造成了居民住宅破坏。

图 9-1-4 地面塌陷导致耕地无法种植

图 9-1-5 地裂缝影响土地产量

图 9-1-6 破坏的房屋（一）

图 9-1-7 橱柜变形

图 9-1-8 破坏的房屋（二）

图 9-1-9 破坏的墙体

根据矿山监测资料，目前采空区上方地区塌陷深度一般为 3~10m，最大塌陷深度超过 10m。由于塌陷深度不均匀，已形成大小不等的塌陷坑数十个。塌陷坑平面呈椭圆形或长条状，在小羊草沟、霍家岗子、二台、四合店及周围地区，羊草沟、西门外以南地区均有分布，且规模不一。

地面塌陷造成房屋及其他建筑物倾斜、坍塌，严重威胁人民的财产和生命安全，迫使小羊草沟、霍家岗子两自然屯200户居民及四合店屯部分居民迁至新址。由于地面塌陷,在雨季塌陷坑存在不均匀大面积集水,导致部分土地无法耕种,大部分土地不同程度地减产和绝收,据统计无法耕种的土地有$25\times10^4m^2$。

地裂缝主要发生在一井井口至霍家岗子屯及二井井口至小羊草沟屯一带。煤层地裂缝多沿岩层走向或垂直岩层分布,一般长几十米至近百米,最长的达250m,宽一般为1~2m,最宽达5.0m,地面可见深度为3~5m,现最小地裂缝深2~3m,宽0.2~1.0m(表9-1-2)。

表9-1-2 地面塌陷、地裂缝影响情况表

序号	矿山名称	灾害类型	影响类型	受影响村庄
1	长春羊草煤业股份有限公司羊草沟煤矿	地面塌陷、地裂缝	农田不能种植或减产、房屋建筑破坏	长春市东湖镇五一二社、羊草沟村、二台屯和牧业小区牛场
2	长春市双顶山矿业股份有限公司一矿	地面塌陷、地裂缝	农田减产、住宅破坏	长春市东湖镇火石窝棚屯和四合屯

2. 土地资源占用与破坏

矿山在建设和开采过程中不可避免地要占用和破坏土地资源。一方面无论开采什么矿种,采矿场、废石(土)、尾矿等固体废弃物都要压占、破坏土地资源;另一方面无论井下开采还是露天开采都不同程度地要改变或破坏当地的地质环境,形成采空区或高陡边坡,进一步发展会导致土地资源被破坏。采矿过程及矿山废弃物的堆积对矿区及周围的植被均产生严重破坏,造成地表裸露、土质松软,导致水土流失可能性增加。矿产开发占用、破坏大量土地,不仅加剧土地资源短缺矛盾,而且导致土地的经济和生态效益严重下降。井下开采矿山对土地资源的影响主要表现为采空区地面塌陷、地裂缝破坏土地,固体废弃物排放占用与破坏土地,崩塌对土地的破坏。露天开采矿山主要是采矿场、排土场对土地的占用与破坏。

通过资料分析可知,矿山开发在平原区以占用耕地和草地为主;山区矿产资源丰富,开发矿山时,除占用耕地外,尚需占用林地。因此,采矿业对土地资源和森林资源均有较大的破坏作用,对生态环境影响明显。

研究区采矿活动占用与破坏的土地资源以能源矿山为主,主要是煤炭的生产基地、矸石山及煤炭堆放地(图9-1-10~图9-1-13),其次是采石场(图9-1-14、图9-1-15),研究区域有采石场49座,占用土地几百万平方米。

图9-1-10 双顶山煤矿煤矸石山

图9-1-11 羊草沟煤矿煤场

图9-1-12 羊草沟煤矿煤矸石山

图9-1-13 龙家堡煤矿煤矸石山

图9-1-14 亨达采石场废料场

图9-1-15 亨达采石场占用大量土地

3. 含水层破坏

矿业活动对水资源的破坏包括水资源浪费、区域水均衡破坏、水环境变化。井下开采对水资源影响较大,矿山在建矿、采矿过程中强制性抽排地下水以及采空区上部开裂使地下水、地表水渗漏,严重破坏了水资源的均衡、补给、径流和排泄条件,导致矿区及周围地下水位下降、地表水流量减少或断流或泉流量下降甚至干枯。在区内的某些矿区形成了大面积的疏干漏斗,造成水资源枯竭、供水紧张等一系列生态环境问题。

区域内的煤矿全部为井下开采(图9-1-16、图9-1-17),且分布在山前地带。在开采过程中,地下水沿岩层或裂隙进入巷道,巷道便成为集水廊道。企业为了便于生产,将大量的地下水抽排于地表,含水层逐渐被疏干,导致矿区及周围地区的含水系统发生改变。开采中心成为地下水的水位降落中心,整个地下水含水系统的平衡遭受破坏,使地下水影响范围内的工农业用水出现危机,影响了人们的正常生产与生活。

研究区矿业开发对水资源、水环境有所影响,特别是井下开采的矿山更为突出。井下开采形成大量采空区切断和破坏了区域地下水均衡,采矿活动大量抽排矿坑水,改变了地下水自然流畅、补给、径流和排泄条件,改变了"三水"转化关系,造成地下水位下降。

由于双顶山煤矿的疏水工程造成地下水位下降使浅层地下水枯竭,致使羊草沟村、赵家街屯、张家瓦房及火石窝棚屯100多户居民吃水困难,政府不得不采取送水的方式解决居民用水问题(表9-1-3)。

图 9-1-16　羊草沟煤矿矿井

图 9-1-17　双顶山煤矿矿井

表 9-1-3　含水层破坏影响情况表

矿山名称	灾害类型	影响类型	受影响村庄
长春市双顶山矿业股份有限公司一矿	含水层被疏干	村民饮水井无水	羊草沟村、赵家街屯、张家瓦房及火石窝棚屯

4. 地形地貌景观破坏

矿产资源开发破坏了矿区的地形地貌景观资源,是一个普遍性的地质环境问题。每个矿区都不同程度地存在着开采造成的山体、土地、植被资源的破坏,各类固体废弃物占用及破坏土地资源、植被,崩塌、滑坡、泥石流、地面塌陷等地质灾害造成的土地与植被资源破坏等问题。采矿导致基岩暴露,废石和尾矿堆积如山,改变了地形地貌,形成了巨大的颜色反差,永久地破坏了自然形成的地貌景观,产生了负面的视觉影响。闭坑后的矿区,植被恢复困难,对风景区、度假村、城镇周边主干公路沿线的可视范围内景观影响尤其突出。

由于采石场破坏了山体,形成一片片"白茬山",严重影响了公路沿线视线景观。部分露天采场边坡存在崩塌和滑坡,破坏了当地的地形地貌景观(图 9-1-18、图 9-1-19)。

图 9-1-18　采石形成的"白茬山"

图 9-1-19　采石场破坏地形地貌

5. 矿山环境污染

研究区内矿山环境污染包括水污染、土壤污染和空气污染。矿业开发采、运、放生产过程中的矿坑废水、选矿尾矿浆、采矿粉尘、煤矸石、尾矿、废石（土）等是矿山环境污染的主要污染源。生产及生活垃圾在废弃矿坑的堆放造成环境的二次污染（图9-1-20）。

图9-1-20 废弃矿坑形成天然垃圾场

水污染：废水、废渣、废气（"三废"）等中的有毒有害物质大量进入水体，超过了水体的自净化能力，使得水体的化学、物理、生物性质改变，从而导致水质恶化，影响了水的功能和效用，危害了人体健康，破坏了生态平衡。矿坑废水、选矿废水未经达标处理，随意排放，有毒有害物质渗入地下，进入河流湖泊，造成水体污染、水质恶化，不能饮用、灌溉，直接或间接地威胁矿区及附近居民的生活健康。

土壤污染：矿山排放的废水、废气和废渣中的有毒有害物质进入土壤，超过了土壤的自净化能力，影响农作物的生长发育，或其中有害物质超标排放直接或间接地危害人畜健康，称之为土壤污染。土壤污染的主要途径有3类：一是气型污染，即采矿粉尘、选冶排放的烟尘、废气，首先污染大气，然后降至地表而污染土壤；二是水型污染，即矿坑水、选矿废水排放后，通过河流或农田灌溉而造成土壤农田污染，污染物多集中分布于浅层耕作层；三是废渣污染，即采矿、选矿废渣等中的水溶性有毒物质，如Cd、Hg、Cr、As等元素被雨水冲淋而渗入土壤造成污染。

大气污染：矿山排放的废气、矿山生产过程中产生的粉尘、垃圾堆放产生的气体都对大气造成污染（图9-1-21）。

图9-1-21 生产过程产生大量粉尘

在多种矿山地质环境问题中,土地占用与破坏、地形地貌景观的破坏在闭坑后较容易进行恢复治理,与水土污染的后果不同,水土污染具有隐蔽性、滞后性和难治理性。建议矿区管理部门应加强并重视对水土污染防治工作。

调查发现,虽然相关矿业生产单位新建了矿井污水处理厂和新型墙体材料厂,使矿井污水和煤矸石得到综合利用,但是煤矿的开采和煤矸石的堆积对环境产生了不可逆的影响。占用土地资源、地面沉降、地下水污染、土壤有机污染及大气污染是本区域内主要的环境地质问题。

综上所述,矿山开采导致的主要环境地质问题就是地面塌陷、地裂缝以及由此产生的房屋建筑破坏、道路破坏,破坏了土地的完整性,降低了土地质量。另外,矿井疏干排水造成含水层破坏,固体废弃物风化、遇大风吹扬、雨水冲刷使有毒有害物质污染水、土,酸性矿井水及有毒有害物质污染水体、土壤等。井下开采造成的环境地质问题以煤矿最为严重。露天开采导致的主要环境地质问题有山体开裂诱发的崩塌、地形地貌景观破坏、占用破坏土地、矿山环境污染等(表9-1-4)。

表9-1-4 矿山环境地质问题表

序号	矿山名称	矿种	企业规模	采矿方式	存在的主要矿山环境地质问题
1	长春羊草煤业股份有限公司羊草沟煤矿	煤矿	中型	井下开采	(1)地面塌陷、地裂缝;(2)占用与破坏土地;(3)含水层破坏;(4)地形地貌景观破坏;(5)环境污染
2	吉林省龙家堡矿业有限责任公司龙家堡煤矿	煤矿	大型	井下开采	(1)环境污染;(2)占用与破坏土地;(3)地形地貌景观破坏
3	长春市双顶山矿业股份有限公司一矿	煤矿	小型	井下开采	(1)地面塌陷;(2)占用与破坏土地;(3)含水层破坏;(4)地形地貌景观破坏;(5)环境污染;(6)建筑破坏
4	采石场	石材	大、中、小型	露天开采	(1)崩塌、滑坡;(2)占用与破坏土地;(3)地形地貌景观破坏;(4)污染地下水系统;(5)环境污染

三、矿山环境地质问题防治建议

针对工作区矿山地质问题的特点,提出如下地质问题防治建议。

1. 政策先行

全面贯彻、落实国家《矿产资源法》《环境保护法》等基本法规,地方政府颁布了地方性法律、法规,加强监督管理。

2. 技术引领

(1)建立地质灾害监测网络体系,健全监测制度。有效减少工作区内矿山地质灾害的发生,减少人员伤亡及财产损失。

(2)依靠科技手段,提高矿山开采技术水平。

(3)加强矿业"三废"处理和废物回收与综合利用,以龙家堡煤矿为代表的煤炭矿山煤矸石利用较为典型。

3. 工程防范

(1)对于危害较严重、治理难度较大,治理投入效益不大的矿山地质灾害,应采取搬迁、避让的措施。如营城煤矿等采煤沉陷区,由于地面塌陷灾害严重,隐患多,治理难度大,对矿区内的居民应采取搬迁避让措施。

(2)对于崩塌、滑坡,应采取地表排水、削方减载、支挡及植树种草等措施。

(3)对于矿山泥石流地质灾害,应采取固坡、拦渣、排导、生物工程等措施。

(4)对于地面塌陷、地裂缝,应采取回填塌陷坑、充填采空区、填埋地裂缝等措施,防止对建筑物造成破坏。

(5)对"白茬山"类环境问题可采用复绿工程,废弃矿坑可改造为鱼塘,经过合理利用和管理减少环境污染,造福后人。

第二节 重点工作区土壤环境质量问题

一、长春新区土壤质量现状

(一)长春新区土壤土壤 pH 值与营养元素含量统计分析

1. 土壤 pH 值

酸度是土壤酸碱性的简称,它的活性常用酸性强度指标 pH 值来表示,一般将土壤的 pH 值分成 5 个级别。土壤溶液 pH 值是影响元素溶解性的主要因素,pH 值影响着土壤溶液中各元素的形态分布。在自然条件下,土壤中的酸碱度主要受土壤盐基状况所支配,而土壤的盐基状况决定着淋溶过程和吸附过程的相对强度。随土壤溶液 pH 值升高,各种重金属元素在固相上的吸附量和吸附能力加强。Boekhold 等(1992)对酸性沙土中镉的吸附现象进行研究,发现 pH 值每增加 0.5 个单位,镉的吸附增加一倍。廖敏等的研究则表明随 pH 值的升高镉的吸附量和吸附能力急剧上升最终发生沉淀(梁勇生,2006)。所以,土壤酸碱度对于土壤重金属污染评价是一个重要的参评指标,它是由土壤母质、生物、气候以及人为作用等多种因素控制的。

本次运用统计学软件 SPSS 对长春新区 50 个土壤采样点按 pH 值级别进行分析,由表 9-2-1 和图 9-2-1、图 9-2-2 分析结果可以得出:在长春新区 50 个土壤样品采样点中 pH 值小于 5.0 的占 2.00%;5.0~6.5 的占 44.00%;6.5~7.5 的占 42.00%;7.5~8.0 的占 12.00%;大于 8.0 的为 0。土壤 pH 值的变幅为 4.53~7.92,中值为 6.50,土壤多呈弱酸性和中性,极少数采样点 pH 值小于 5.0 或大于 7.5。

表 9-2-1 长春新区土壤 pH 值频数分布表

pH	强酸性	酸性	中性	碱性	强碱性
	<5.0	5.0~6.5	6.5~7.5	7.5~8.0	>8.0
频数(个)	1	22	21	6	0
累计百分比(%)	2.00	44.00	42.00	12.00	0

对照土壤采样点分布特征可知,呈现出偏酸性土壤的 3 个采样点主要位于龙嘉镇、西营城镇农用耕种地。而工业区及城市化较快地区土壤 pH 值偏大,如奋进乡的黄家烧锅(已拆迁,TY50,pH 值为 7.19)、龙腾广场(TY49,pH 值为 7.92)、隆北村(已拆迁,TY40,pH 值为 7.19)、隆西村(TY38,pH 值为 7.48)等。可见,随着城市化程度的深化,长春市土壤 pH 值具有逐渐升高的趋势,由于城市中常常混有建筑废弃物、水泥、砖块和其他碱性混合物等,其中钙向土壤中转移;另外,大量含碳酸盐的灰尘沉降、水泥风化向土壤中释放钙等,导致城市开发区土壤趋向碱性,pH 值与自然土壤差异明显。

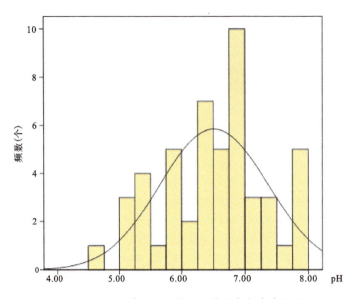

图 9-2-1 长春新区土壤 pH 值分布频率直方图

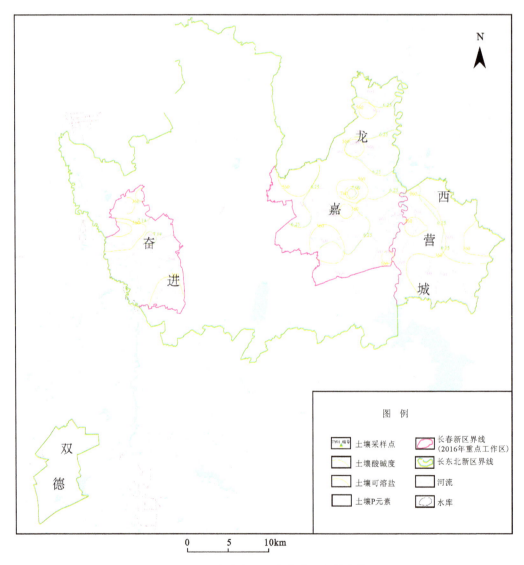

图 9-2-2 长春新区土壤营养元素等值线图

2. 土壤营养元素分布

由表9-2-2可以看出,研究区土壤营养元素中P含量有较大的变化,最高值为最低值的4倍,这表明人为活动已经对长春新区土壤化学组成产生了影响。土壤中可溶盐的范围为100～1 060.00,平均值为443.24。为了更准确地分析长春新区土壤营养元素总体含量的特征及分布情况,利用上述元素含量的分析数据,做出不同土壤营养元素的等值线图和频数分布直方图(图9-2-2、图9-2-3)。根据土壤营养元素含量的频数分布直方图可看出,长春新区土壤营养元素分布规律为:磷(P)、可溶盐为正态分布,分布频率最多的区间分别为:P为705.00～986.70mg/kg(占50.00%);可溶盐为200.00～670.00mg/kg(占66.00%)。

表9-2-2 长春新区土壤营养元素统计值

项目		pH值	可溶盐	总磷(P)
N(个)	有效	50	50	50
	缺失	0	0	0
标准差		0.85	194.79	245.76
方差		0.72	37 946.49	60 400.38
全距(mg/kg)		3.39	960.00	1 098.36
极小值(mg/kg)		4.53	100.00	333.97
极大值(mg/kg)		7.92	1 060.00	1 432.33

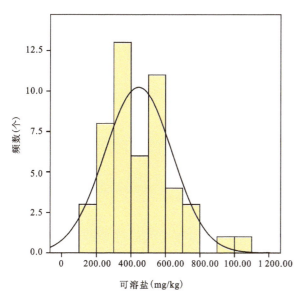 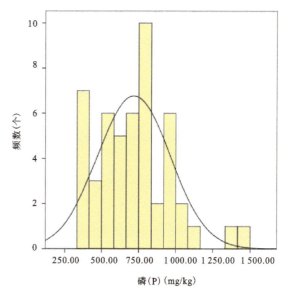

图9-2-3 长春新区土壤营养元素含量频数直方图

根据图9-2-2,对照土壤采样点分布图可知,P元素较大值分布在龙嘉镇的朝阳村(TY19,值为1 432.33mg/kg)、西朝阳沟(TY18,值为1 051.40mg/kg)、侯家屯(TY36,值为1 346.93mg/kg)、三合屯(TY37,值为1 008.00mg/kg);P元素较小值分布在西营城镇的汤家岗子(TY01,值为348.30mg/kg)、奋进乡的黄家烧锅(TY50,值为336.36mg/kg)、龙嘉镇的挖铜村(TY15,值为378.48mg/kg)、魏家窝堡(TY23,值为372mg/kg)。可溶盐较大值分布在龙嘉镇的泉眼沟(TY22,值为1060mg/kg)、奋进乡的小西屯(TY45,值为940mg/kg);可溶盐较小值分布在西营城镇的季家沟(TY03,值为100mg/kg)、龙嘉镇的干沟子(TY24,值为180mg/kg)、袁家窝堡(TY31,值为180mg/kg)。

(二)土壤重金属含量统计分析

1. 长春新区土壤重金属元素

城市工业发达,污染源众多,重金属污染源不仅数量多,而且种类繁多。城市工业"三废"排放、家庭燃煤、生活垃圾、汽车尾气排放都增加了城市重金属的负荷。国内外学者关于土壤重金属污染的大量研究都表明,汞(Hg)、镉(Cd)、铅(Pb)、铜(Cu)、铬(Cr)、锌(Zn)等重金属元素在城市土壤中累积明显,含量一般都高于附近的自然土壤及当地的背景值。另外,砷(As)虽不属于重金属,但因它的行为、来源以及危害情况等都与上述重金属相似,故通常列入其同类进行讨论。因此,本文研究的重金属元素指Hg、Cd、Pb、Cu、Cr、Zn、As、Ni共8种(郭晓东等,2018;郭晓东等,2019)。

2. 长春新区土壤重金属含量

表9-2-3列出了长春新区土壤重金属含量的范围、标准差、方差、平均值、变异系数。由表可知,长春新区土壤重金属含量有较大的变异。除Pb、Cr、Cu元素的变异系数相对较小外(9.73%、10.78%、12.90%),其他重金属元素变异系数均在15%以上,其中变异系数最大的为Hg(103.2%),其次为Cd(35.00%)和As(17.78%)。Cd、As、Zn和Ni在土样之间较大的变异性反映了不同地点的这些重金属元素污染有较大的差异,而Pb、Cr、Cu相对较小的变异性反映了各地点这3种元素污染程度的相似性或污染程度相对较轻。

表9-2-3 长春新区土壤重金属元素统计值

项目		Cd	As	Hg	Cu	Pb	Zn	Ni	Cr
N(个)	有效	50	50	50	50	50	50	50	50
	缺失	0	0	0	0	0	0	0	0
标准差		0.052	2.065	0.051	3.042	2.522	11.497	4.651	7.029
方差		0.003	4.266	0.003	9.259	6.365	132.194	21.634	49.408
全距(mg/kg)		0.27	12.05	0.344	16.01	10.22	71.63	22.46	32.59
极小值(mg/kg)		0.06	6.54	0.019	14.84	21.28	48.16	16.14	44.67
极大值(mg/kg)		0.33	18.59	0.363	30.85	31.5	119.79	38.6	77.26
均值(mg/kg)		0.15	11.61	0.05	23.58	25.91	70.92	29.91	65.21
变异系数(%)		35.00	17.78	103.20	12.90	9.73	16.21	15.55	10.78

除此之外,这8种重金属含量变化范围较大,As含量为6.54~18.59mg/kg,平均含量为11.61mg/kg;Hg含量为0.019~0.363mg/kg,平均含量为0.05mg/kg;Cr含量为44.67~77.26mg/kg,平均含量为65.21mg/kg;Cu含量为14.48~30.85mg/kg,平均含量为23.58mg/kg;Pb含量为21.28~31.50mg/kg,平均含量为25.91mg/kg;Zn含量为48.16~119.79mg/kg,平均含量为70.92mg/kg;Cd含量为0.06~0.33mg/kg,平均含量为0.15mg/kg;Ni含量为16.14~38.60mg/kg,平均含量为29.91mg/kg。从土壤重金属浓度最大值、均值、最小值之间的差异来看,长春新区土壤重金属元素含量已经明显受到不同程度的人为影响。

1) 土壤镉(Cd)统计分析

镉(Cd)在地壳中是以痕量元素形式出现,因而丰度甚微。一般来说,Cd 在地壳中丰度为 0.2mg/kg。Cd 在世界未污染土壤中含量平均值为 0.5mg/kg,变化范围是 0.01~0.7mg/kg。我国土壤中 Cd 背景值为 0.097mg/kg,变化范围是 0.006~0.272mg/kg。长春市土壤中 Cd 背景值为 0.109mg/kg。Cd 对于生物体和人体来说是非必需的元素,在清洁的环境中新生婴儿的体内几乎是无 Cd 的。有研究表明,土壤中的 Cd 含量大于 0.5mg/kg 的时候,像菠菜、大豆等农作物会受到生理毒害。

从表 9-2-3 和图 9-2-4、图 9-2-5 可以看出,长春市土壤 Cd 的变异系数较大,主要表现在奋进乡。土壤表层 Cd 含量最高的值为 TY38 号样点,含量为 0.331mg/kg,位于奋进乡隆西村附近,是中国背景值的 3.41 倍,是长春市背景值的 3.03 倍。土壤表层 Cd 含量最低的分布在龙嘉镇,其最低值为 TY23 号采样点,含量为 0.061mg/kg,位于魏家窝堡附近。各行政区 Cd 含量顺序是:奋进＞龙嘉＞西营城。总体来看,各区域土壤 Cd 相对于背景值已有不同程度污染,而较大值出现在开发区工厂附近,这主要与镉的外部来源有关。

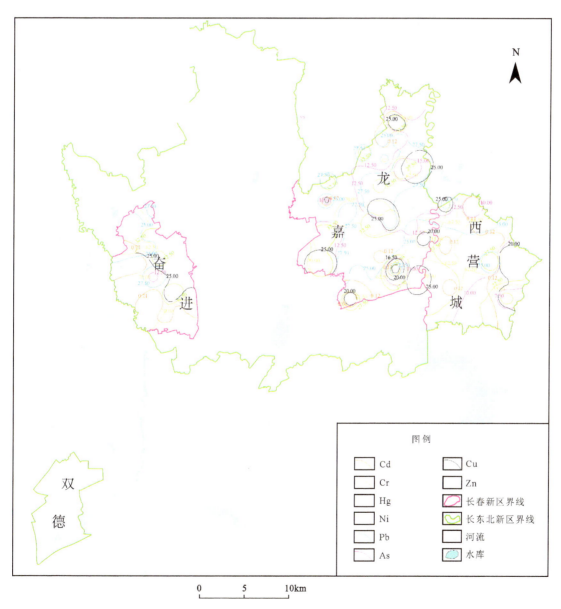

图 9-2-4 长春新区土壤重金属元素等值线图

2）土壤铅（Pb）统计分析

铅（Pb）是蓄积性毒物，铅对人体健康的主要危害是它经呼吸系统进入人体，也可以透过皮肤渗入体内，破坏组织和器官，损害神经胶质，引起细胞水肿、粘液性变和硬化。铅是一种在地球上分布广泛、含量丰富的重金属，由于其具柔软性、延展性、低熔点和耐腐蚀等特性，成为应用最广泛的金属之一。如蓄电池、汽油防爆剂、电缆外套、建筑材料、弹药、保险丝、一些油漆、食品包装材料、化妆品等均含有铅。而汽车尾气是环境中铅的重要来源，由于汽油中加入了烷基铅作为抗爆剂，当汽油燃烧时，加入的烷基铅有70%～80%被氧化分解成无机铅随尾气排出，造成公路边土壤的铅污染。有人估计，一辆汽车行驶一年排出的铅约为2.5kg，其中一半左右沉积在公路两侧30m的范围。

从表9-2-3和图9-2-4、图9-2-6可以看出，长春市土壤中Pb的变异系数最小，受人类活动的影响较小。土壤表层Pb含量最高的值为TY39号样点，含量为31.50mg/kg，位于奋进乡葛家村附近，与长春市背景值（19.06mg/kg）相比，是长春市背景值的1.65倍。土壤表层Pb含量最低的分布在龙嘉镇，最低值为TY33号采样点，含量为21.28mg/kg，位于下苇子沟附近。各行政区Cd含量顺序是：奋进＞龙嘉＞西营城。总体来看，长春市表层土壤中所有采样点Pb含量值均超出长春市背景值，已经受到人为活动的影响。

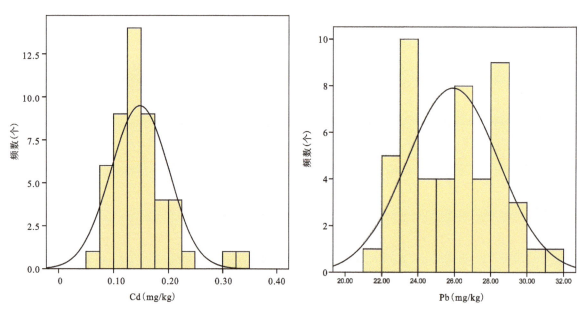

图9-2-5　长春新区土壤Cd元素含量频数直方图　　图9-2-6　长春新区土壤Pb元素含量频数直方图

3）土壤汞（Hg）统计分析

汞（Hg）是有毒的重金属，严重污染环境。汞污染已经成为当今全球性的环境问题。虽然被汞污染的土壤释放到空气中的汞蒸气不会引起人体中毒。但是需要注意的是，长期吸入极微量的汞蒸气会引起累积性中毒。汞的污染主要来自含汞催化剂制造、汞电池制造业以及荧光灯和汞灯的制造。目前我国表层土壤中Hg含量范围为0.001～45.9mg/kg，长春市土壤中Hg背景值为0.04mg/kg。

从表9-2-3和图9-2-4、图9-2-7可以看出，长春新区土壤中Hg含量变化最大，变异系数为103.2%，说明土壤表层Hg含量已经在很大程度上受到人为活动的影响。土壤表层Hg含量最高的点是龙嘉镇，此区域的污染源较复杂，可能为复合污染。其中，最高值出现在TY21号采样点，含量为0.363mg/kg，位于闫家岗子附近，为长春市背景值的9.07倍；含量最低的是西营城地区，最低值出现在样点TY01（赵家屯）附近，含量为0.363mg/kg。各行政区Hg含量排序为：龙嘉＞奋进＞西营城。含量分布频数最多的区间为0.025～0.050mg/kg，占38%，低于长春市背景值的占66%。

4）土壤Cr统计分析

铬（Cr）是动物和人体必需的元素之一，但是对于植物是否为必需还尚未证实。而铬的毒性主要是由六价铬引起的。目前，关于铬的土壤污染报道较少，通过食物链引起的人体中毒现象就更少了。土壤的铬污染主要是铁铬工业、耐火材料工业和煤的燃烧产生的铬。此外，垃圾焚烧中含Cr约170mg/kg，煤灰中含Cr达900～2600mg/kg。长春市土壤中Cr背景值为54.17mg/kg。

从表9-2-3和图9-2-4、图9-2-8可以看出，长春新区各行政区表层土壤中Cr含量的变幅不大，变异系数均较小，均低于11%。土壤Cr含量最高值出现在样点TY39、TY50（奋进乡龙腾广场、黄家烧锅村一带），分别达到了77.26mg/kg、76.05mg/kg，分别为长春市土壤Cr含量背景值的1.43倍和1.40倍；含量最低的是西营城，含量范围为47.3～67.6mg/kg。含量最低值点出现在样点TY01（赵家屯附近），含量为47.30mg/kg。各行政区Cr含量顺序为：奋进＞龙嘉＞西营城。频数最高的浓度范围为60.00～70.00mg/kg，占总样点数的56%。

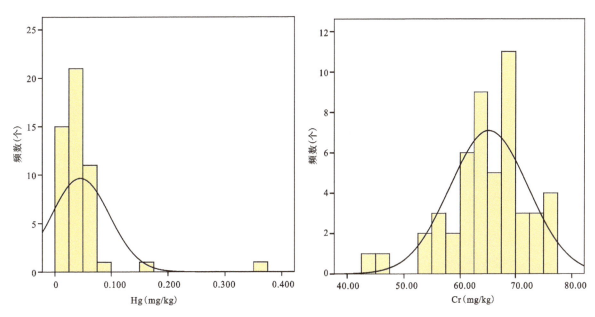

图9-2-7　长春新区土壤Hg元素含量频数直方图　　图9-2-8　长春新区土壤Cr元素含量频数直方图

5）土壤锌（Zn）统计分析

锌（Zn）作为生命必需元素，是人体每天必须摄入一定量以维持正常机能的，但过多的锌会引起恶心、呕吐、痉挛、下痢等不良症状。吸入大量氧化锌烟尘后，可引起锌中毒，表现为全身无力、头痛、咽喉发干、胸部有压迫感等。虽然我国许多地区土壤Zn含量已经超标，但由于Zn毒性极小，并没有引起足够的重视。据研究表明中国土壤Zn平均值为100mg/kg，世界土壤Zn平均值为50mg/kg，长春市土壤Zn背景值为59.86mg/kg。

从表9-2-3和图9-2-4、图9-2-9可以看出，长春新区各行政区表层土壤中Zn含量的变幅不大，变异系数均较小，均低于16%。土壤Zn含量最高值出现在样点TY20（龙嘉镇唐家湾子一带），含量达到了119.79mg/kg，为长春市土壤Zn含量背景值的2.00倍；含量最低的是样点TY33（龙嘉镇下苇子沟村一带），含量为48.16mg/kg。各行政区Zn含量顺序为：龙嘉＞奋进＞西营城。频数最高的浓度范围为60.00～80.00mg/kg，占总样点数的74%。

6）土壤铜（Cu）统计分析

铜（Cu）是人体必需的元素，广泛分布在人体的脏器组织。缺铜会引起心肌变脆、主动脉破裂、骨质疏松、毛发脱落、生长缓慢、脑水肿和皮质坏死，呈现中度或重度的脸色苍白，眼眶周围水肿，慢性或反复性的腹泻,血液中铜和铁浓度降低。铜的污染源主要是铜冶炼厂和铜矿开采以及镀铜工业的"三废"排放。此外,过量施用铜肥和含铜农药,也是造成土壤铜污染的重要污染来源。长春市土壤 Cu 背景值为 18.87mg/kg。

从表 9-2-3 和图 9-2-4、图 9-2-10 可以看出,长春新区各行政区表层土壤中 Cu 含量的变幅不大,变异系数均较小,均低于 13%。土壤 Cu 含量最高值出现在样点 TY37(龙嘉镇前三合屯一带),含量达到了 30.85mg/kg,为长春市土壤 Cu 含量背景值的 1.63 倍;含量最低的是样点 TY33(龙嘉镇下苇子沟村一带),含量为 14.84mg/kg。各行政区 Cu 含量顺序为:龙嘉＞奋进＞西营城。频数最高的浓度范围为 20.00~28.00mg/kg,占总样点数的 80%。

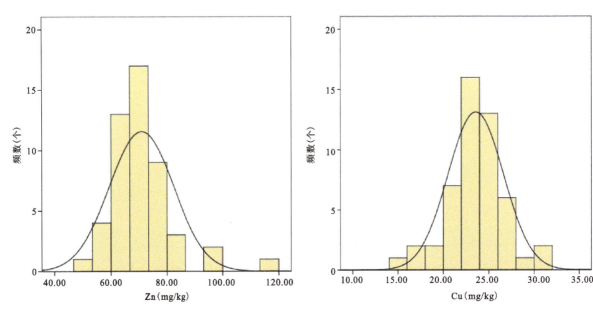

图 9-2-9　长春新区土壤 Zn 元素含量频数直方图　　图 9-2-10　长春新区土壤 Cu 元素含量频数直方图

7) 土壤砷(As)统计分析

砷(As)虽然是非金属,但它的性质和金属很相似,所以在土壤重金属研究中也将砷元素包括在内。砷中毒可使细胞正常代谢发生障碍,导致细胞死亡、代谢障碍,危害神经细胞,可引起神经衰弱症和多发性神经炎等。砷进入血液循环后直接作用于毛细血管壁,造成组织营养障碍,产生急性和慢性砷中毒。砷主要来源于工业污染,工业上排放砷的主要有化工、冶金、炼焦、火力发电、造纸、玻璃、毛革、电子工业等,农业中主要是一些含砷农药。长春市土壤中 As 背景值为 10.59mg/kg。

从表 9-2-3 和图 9-2-4、图 9-2-11 可以看出,长春新区各行政区表层土壤中 As 含量的变幅不大,变异系数均较小,均低于 18%。土壤 As 含量最高值出现在样点 TY20(龙嘉镇唐家湾子一带),含量达到了 18.59mg/kg,为长春市土壤 As 含量背景值的 1.75 倍;含量最低的是样点 TY03(西营城镇季家沟一带),含量为 6.54mg/kg。各行政区 As 含量顺序为:龙嘉＞奋进＞西营城。频数最高的浓度范围为 10.00~14.00mg/kg,占总样点数的 72%。

8) 土壤镍(Ni)统计分析

镍(Ni)一般出现在合金中,有服装产品中用作金属配饰,如纽扣、拉链、铆钉、金属耳环、项链、戒指等。有些人对镍会产生过敏性反应,如果长期接触含镍的饰品,就会对皮肤产生严重的刺激。在较高等的动物与人的体内,镍的生化功能尚未了解。每天摄入可溶性镍 250mg 会引起中毒,有些人比较敏感,摄入 600μg 即可引起中毒。依据动物实验,慢性超量摄取或超量暴露可导致心肌、脑、肺、肝和肾退行性变。镍主要来源于工业污染,由工厂将含镍废水未经处理排放造成,特别是电镀废水排入江河或渗入地下污染地下水。农民用上述水灌溉就会将镍带入土壤，造成土壤中镍含量超标。长春市土壤中 Ni 背景值为 25.34mg/kg。

从表 9-2-3 和图 9-2-4、图 9-2-12 可以看出，长春新区各行政区表层土壤中 Ni 含量的变幅不大，变异系数均较小，均低于 16%。土壤 Ni 含量最高值出现在样点 TY39（龙嘉镇唐家湾子一带），含量达到了 38.60mg/kg，为长春市土壤 Ni 含量背景值的 1.52 倍；含量最低的是样点 TY03（西营城镇季家沟一带），含量为 16.14mg/kg。各行政区 Ni 含量顺序为：奋进＞龙嘉＞西营城。频数最高的浓度范围为 26.00～36.00mg/kg，占总样点数的 84%。

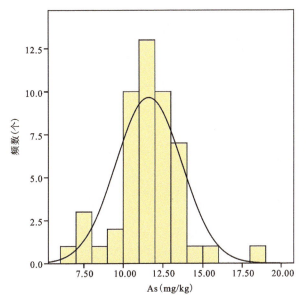

图 9-2-11　长春新区土壤 As 元素含量频数直方图

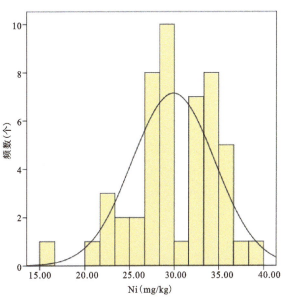

图 9-2-12　长春新区土壤 Ni 元素含量频数直方图

（三）土壤有机含量统计分析

本次土壤测试项为总六六六、挥发性卤代烃、苯、对硫磷、甲基对硫磷、滴滴涕总量、马拉硫磷等 45 项。仅滴滴涕和六六六有测出，其他有机含量均未检测出。

表 9-2-4 列出了长春新区土壤有机含量的范围、标准差、方差、均值、变异系数。由表可知，长春新区土壤重金属含量有极大的变异。六六六和滴滴涕的变异系数分别为 517% 和 440%。六六六和滴滴涕在土样之间较大的变异性反映了不同地点的这些有机元素污染有较大的差异。具体来看，六六六含量为 0～7.81μg/kg，平均含量为为 0.25μg/kg；滴滴涕含量为 0～70.00μg/kg，平均含量为 2.47μg/kg。从土壤有机浓度最大值、均值、最小值之间的差异来看，长春新区土壤重金属含量已经明显受到不同程度的人为影响，且多为点状分布。

1. 土壤六六六含量及其统计

六六六（hexachlorocyclohexane，简称 HCH）是一种广谱性的有机氯杀虫剂，主要由 A、B、C、D 共 4 种异构体构成。在这 4 种异构体中，只有 C_2HCH 具有杀虫活性，主要用来防治农作物害虫。六六六可以防除水稻、棉花、仓库害虫以及卫生害虫，但该药对瓜类容易产生药害，其次是对豆类、萝卜等蔬菜，目前已不用该药防治蔬菜害虫。

从表 9-2-5 和图 9-2-13、图 9-2-14 可以看出,长春新区各行政区表层土壤中六六六含量多为未检出,仅有 2 个土壤样品检测出六六六。土壤六六六含量检出值出现在样点 TY47、TY42(奋进乡存金堡、高家屯一带),含量分别为 7.81μg/kg、4.91μg/kg。频数最高的浓度范围为 0,占总样点数的 96%。

表 9-2-4 长春新区土壤有机含量统计值

N(个)		滴滴涕	六六六
N(个)	有效	50	50
	缺失	0	0
标准差		10.872 35	1.292 59
方差		118.208	1.671
全距(μg/kg)		70.00	7.81
极小值(μg/kg)		0	0
极大值(μg/kg)		70.00	7.81
均值(μg/kg)		2.47	0.25
变异系数(%)		440	517

表 9-2-5 长春新区土壤六六六含量频率值

有效浓度(μg/kg)	频数(个)	百分比(%)	有效百分比(%)	累积百分比(%)
0	48	96.0	96.0	96.0
4.91	1	2.0	2.0	98.0
7.81	1	2.0	2.0	100.0
合计	50	100.0	100.0	

2. 土壤滴滴涕含量及其统计

滴滴涕,化学名为二氯二苯三氯乙烷(dichlorodiphenyltrichloroethane,简称 DDT),曾广泛用于农业虫害防治、控制传播疟疾和斑疹伤寒等病原微生物。20 世纪 40 年代以来,世界范围内累计生产使用滴滴涕约 180 万 t。由于其具有高残留、难降解、高毒性等持久性有机污染物(POPs)的典型特征,20 世纪 70 年代早期,各国纷纷开始禁用滴滴涕。我国是生产和使用滴滴涕的大国,累计用量约 46.4 万 t,占国际用量的 25.8%。滴滴涕不易被降解成无毒物质,使用中易造成积累从而污染环境。残留于植物中的滴滴涕可通过"食物链"或其他途径进入人和动物体内,沉积中毒,影响人体健康。目前滴滴涕在我国已被禁止使用,但滴滴涕的一些工业用途,包括以它为原料的农药还需要以滴滴涕作为中间体,例如三氯杀螨醇。

从表 9-2-6 和图 9-2-13、图 9-2-15 可以看出,长春新区各行政区表层土壤中滴滴涕含量多为未检出,仅有 4 个土壤样品检测出滴滴涕。土壤滴滴涕含量检出值出现在样点 TY42、TY43、TY47 和 TY02(奋进乡存金堡、大山湾子、高家屯一带和西营城董家村附近),含量分别为 70.00μg/kg、23.10μg/kg、25.20μg/kg 和 5.47μg/kg。频数最高的浓度范围为 0,占总样点数的 92%。

表 9-2-6 长春新区土壤滴滴涕含量频率统计

有效浓度(μg/kg)	频数(个)	百分比(%)	有效百分比(%)	累积百分比(%)
0	46	92.0	92.0	92.0
5.47	1	2.0	2.0	94.0
23.10	1	2.0	2.0	96.0
25.20	1	2.0	2.0	98.0
70.00	1	2.0	2.0	100.0
合计	50	100.0	100.0	

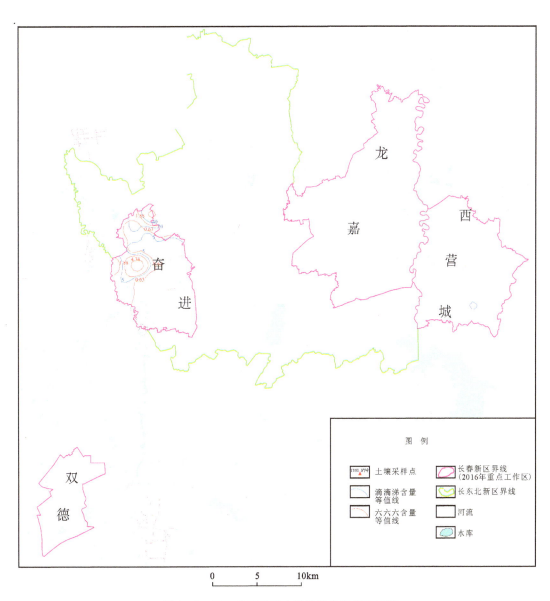

图 9-2-13 长春新区土壤有机含量等值线图

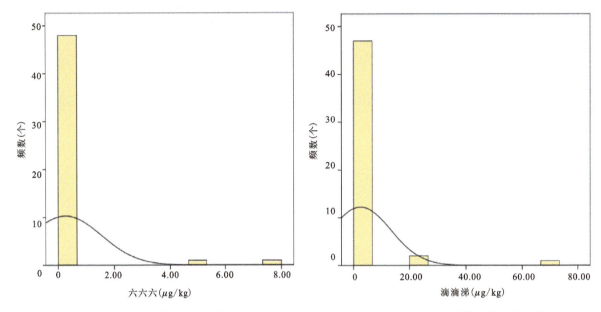

图 9-2-14　长春新区土壤六六六含量频数直方图　　图 9-2-15　长春新区土壤滴滴涕含量频数直方图

3. 土壤有机含量分布及其来源分析

由图 9-2-13 可知,龙嘉镇境内土壤有机含量均未检出;西营城镇仅有南部的董家村滴滴涕有检出,且以点状分布;而奋进乡的北部地区滴滴涕和六六六均有检出,且严重超标。西营城南部有机农药的检出与农药的使用有关;奋进地区有机污染物的超标与人类工业活动密切相关。

滴滴涕和六六六在土壤环境中的环境行为主要有:被土壤胶粒及有机质吸附到土壤孔隙中;随降水和地表水径流向深层土壤淋溶;扩散和挥发到大气中;在土壤内部或表层发生光化学降解或微生物降解;被农作物和杂草吸收。

以 TY43 点测试结果来看:总滴滴涕为 23.19μg/kg,其中 p,p'-DDT 含量为 13.20μg/kg,p,p'-DDD 含量为 0.92μg/kg,o,p'-DDT 含量为 0.97μg/kg,p,p'-DDT 含量为 8.10μg/kg。这说明该区近 10 年内滴滴涕在有明显的使用,通过土壤的吸附及光化学、微生物作用到达此时的平衡点。

二、泉眼幅土壤质量现状

(一)土壤 pH 值与营养元素含量统计分析

1. 土壤 pH 值

本次运用统计学软件 SPSS 对泉眼幅 51 个土壤采样点按 pH 值级别进行分析,由表 9-2-7 和图 9-2-16 分析结果可以得出:在泉眼幅 51 个土壤样品采样点中 pH 值小于 5.0 的占 0;5.0~6.5 的占 38.00%;6.5~7.5 的占 62.00%;7.5~8.0 的占 0;大于 8.0 的占 0。土壤 pH 的变幅为 4.53~7.92,中值为 6.50,土壤多呈弱酸性和中性,极少数采样点 pH 值小于 5.0 或大于 7.5。

表 9-2-7 泉眼幅土壤 pH 值频数分布表

pH	强酸性	酸性	中性	碱性	强碱性
	<5.0	5.0~6.5	6.5~7.5	7.5~8.0	>8.0
频数(个)	0	19	32	0	0
累计百分比(%)	0	38	62	0	0

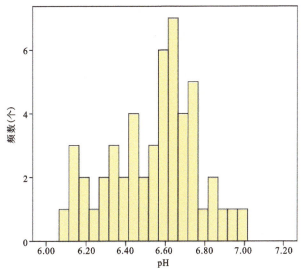

图 9-3-16 泉眼幅土壤 pH 值分布频率直方图

2. 土壤营养元素

研究区土壤矿质元素 P 含量有较大的变化,最高值为最低值的 4 倍,这表明人为活动已经对泉眼幅土壤化学组成产生了影响。土壤中可溶盐的范围为 70~1 290.00mg/kg,平均值为 553.33mg/kg。为了更准确地分析土壤营养元素总体含量的特征及分布情况,利用上述元素含量的分析数据,做出不同土壤营养元素的等值线图和频数分布直方图(图 9-2-17)。根据土壤营养元素含量的频数分布直方图可看出,土壤营养元素分布规律为:磷(P)、可溶盐为正态分布,分布频率最多的区间分别为:P 为 54.90~81.10mg/kg(占 70.50%);可溶盐为 420.00~890.00mg/kg(占 56.00%)。

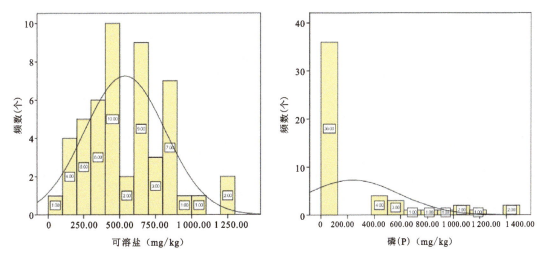

图 9-2-17 泉眼幅土壤营养元素含量频数直方图

(二)土壤重金属含量统计分析

本次测试 As、Hg、Cr、Cu、Pb、Zn、Cd、Ni 共 8 种重金属元素,含量变化范围较大,As 含量为 6.90～21.90mg/kg,平均含量为 11.90mg/kg;Hg 含量为 0.003～0.005mg/kg,平均含量为 0.037mg/kg;Cr 含量为 57.70～1 293.00mg/kg,平均含量为 492.00mg/kg;Cu 含量为 15.80～35.50mg/kg,平均含量为 22.80mg/kg;Pb 含量为 22.30～55.30mg/kg,平均含量为 28.20mg/kg;Zn 含量为 52.40～120.00mg/kg,平均含量为 76.20mg/kg;Cd 含量为 0.05～1.43mg/kg,平均含量为 0.16mg/kg;Ni 含量为 17.80～33.20mg/kg,平均含量为 25.30mg/kg。从土壤重金属浓度最大值、均值、最小值之间的差异来看,土壤重金属含量已经明显受到不同程度的人为影响(9-2-18)。

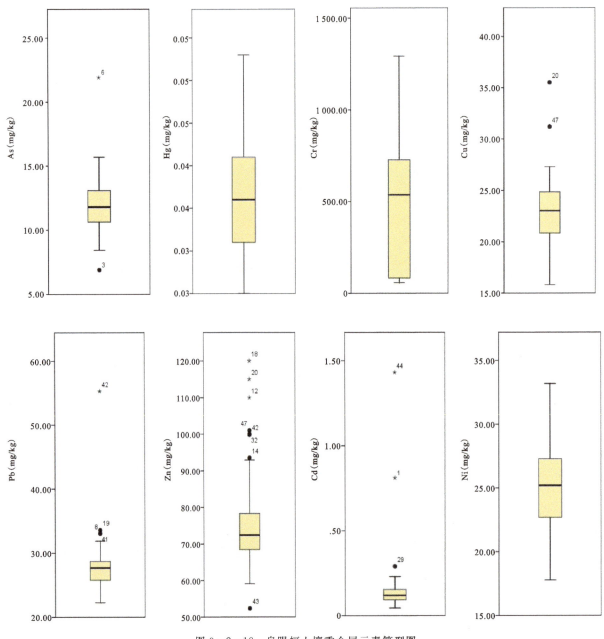

图 9-2-18 泉眼幅土壤重金属元素箱型图

(三)土壤有机含量统计分析

土壤有机污染是由有机物引起的土壤污染。土壤中主要有机污染物有甲苯、三氯甲烷。测试结果如表9-2-8所示,泉眼幅研究区土壤甲苯及三氯甲烷在个别地方有检出,但未达到《土壤环境质量农用地土壤污染风险管控标准(试行)》(GB 15618—2018)有机污染物风险筛选值(表9-2-9)。

综上所述,泉眼幅研究区为农业生产区,但人类活动制造的甲苯是最大的污染源,主要来自于汽油、交通以及有机溶剂,大部分直接进入环境空气中,少部分通过垃圾和石油污染等途径进入到土壤中,但含量未超限。泉眼幅研究区土壤未受有机污染物污染,较为清洁。

表9-2-8 泉眼幅土壤有机含量一览表　　　　单位:mg/kg

编号	甲苯	三氯甲苯	编号	甲苯	三氯甲苯
TR01	<0.28	<0.35	TR26	<0.28	<0.35
TR02	<0.28	<0.35	TR27	<0.28	<0.35
TR03	1.39	<0.35	TR28	<0.28	<0.35
TR04	<0.28	<0.35	TR29	<0.28	<0.35
TR05	0.88	<0.35	TR30	<0.28	<0.35
TR06	<0.28	<0.35	TR31	<0.28	<0.35
TR07	1.17	<0.35	TR32	<0.28	<0.35
TR08	<0.28	<0.35	TR33	<0.28	<0.35
TR09	<0.28	<0.35	TR34	<0.28	<0.35
TR10	<0.28	<0.35	TR35	<0.28	<0.35
TR11	<0.28	<0.35	TR36	<0.28	<0.35
TR12	<0.28	<0.35	TR37	1.29	2.39
TR13	<0.28	<0.35	TR38	<0.28	2.77
TR14	<0.28	<0.35	TR39	<0.28	<0.35
TR15	<0.28	<0.35	TR40	<0.28	<0.35
TR16	<0.28	<0.35	TR41	<0.28	<0.35
TR17	<0.28	<0.35	TR42	<0.28	<0.35
TR18	<0.28	<0.35	TR43	<0.28	<0.35
TR19	<0.28	<0.35	TR44	0.76	<0.35
TR20	<0.28	<0.35	TR45	0.91	<0.35
TR21	<0.28	<0.35	TR46	<0.28	<0.35
TR22	<0.28	<0.35	TR47	<0.28	<0.35
TR23	<0.28	<0.35	TR48	<0.28	<0.35
TR24	<0.28	<0.35	TR49	<0.28	<0.35
TR25	<0.28	<0.35	TR50	<0.28	<0.35

注:此表中未列1个平行样数据。

表 9-2-9　泉眼幅农业用地土壤污染风险筛选值　　　　　单位:mg/kg

序号	污染物项目	风险筛选值
1	甲苯	1200
2	三氯甲烷	12

三、新安堡幅土壤质量现状

(一)土壤 pH 值与营养元素含量统计分析

1. 土壤 pH 值

本次运用统计学软件 SPSS 对新安堡幅 50 个土壤采样点按 pH 值级别进行分析。由表 9-2-10 和图 9-2-19 分析结果可以得出:在 50 个土壤样品采样点中,pH 值小于 5.0 的占 0;5.0～6.5 的占 86.00%;6.5～7.5 的占 14.00%;7.5～8.0 的为 0;大于 8.0 的占 0。土壤 pH 值的变幅为 5.28～6.95,中值为 6.12,土壤多呈弱酸性。

表 9-2-10　新安堡幅土壤 pH 值频数分布表

pH	强酸性	酸性	中性	碱性	强碱性
	<5.0	5.0～6.5	6.5～7.5	7.5～8.0	>8.0
频数(个)	0	43	7	0	0
累计百分比(%)	0	86	14	0	0

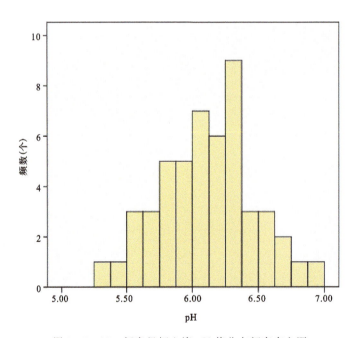

图 9-3-19　新安堡幅土壤 pH 值分布频率直方图

2. 土壤营养元素

研究区土壤营养元素中 P 含量有较大的变化,最高值为最低值的 5 倍,这表明人为活动已经对土壤化学组成产生了影响。土壤中可溶盐的范围为 225～2 090.00mg/kg,平均值为 565.10mg/kg。为了更准确地分析土壤营养元素总体含量特征及分布情况,利用上述元素含量的分析数据,做出频数分布直方图(图 9-2-20)。根据土壤营养元素含量的频数分布直方图可看出,土壤营养元素分布规律为磷、可溶盐为正态分布,分布频率最多的区间分别为:P 为 500.00～1 000.00mg/kg(占 70.00%),可溶盐为 400.00～700.00mg/kg(占 64.00%)。

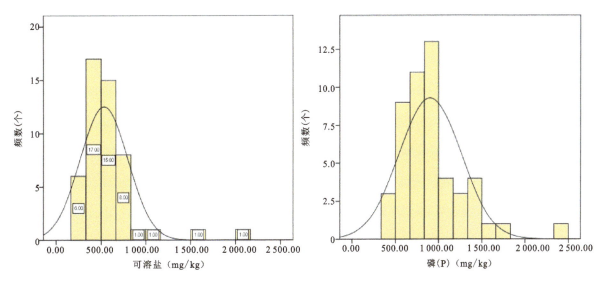

图 9-2-20 新安堡幅土壤营养元素含量频数直方图

(二)土壤重金属含量统计分析

本次测试 As、Hg、Cr、Cu、Pb、Zn、Cd、Ni 共 8 种重金属元素,含量变化范围较大,As 含量为 5.76～17.20mg/kg,平均含量为 10.40mg/kg;Hg 含量为 0.02～0.11mg/kg,平均含量为 0.042mg/kg;Cr 含量为 49.50～88.20mg/kg,平均含量为 66.40mg/kg;Cu 含量为 14.20～46.40mg/kg,平均含量为 23.90mg/kg;Pb 含量为 19.70～37.10mg/kg,平均含量为 26.40mg/kg;Zn 含量为 51.20～202.00mg/kg,平均含量为 74.10mg/kg;Cd 含量为 0.07～0.38mg/kg,平均含量为 0.13mg/kg;Ni 含量为 14.90～34.90mg/kg,平均含量为 24.00mg/kg。从土壤重金属浓度最大值、均值、最小值之间的差异来看,土壤重金属含量已经明显受到不同程度的人为影响(9-2-21)。

(三)土壤有机含量统计分析

土壤有机污染是由有机物引起的土壤污染。土壤中主要有机污染物有农药、三氯乙醛、多环芳烃、多氯联苯、石油、甲烷等,其中农药是最主要的有机污染物。测试结果如表 9-2-11 所示,该区土壤六六六及滴滴涕在个别地方有检出,但未达到《土壤环境质量农用地土壤污染风险管控标准(试行)》(GB 15618—2018)中的有机污染物风险筛选值(表 9-2-12)。

综上所述,新安堡幅地区为农业生产区,早期农业生产大量使用有机农药,而有机农药的半衰期较长,导致在一些地区检出六六六和滴滴涕,但含量未超限。该区土壤未受有机污染物污染,较为清洁。

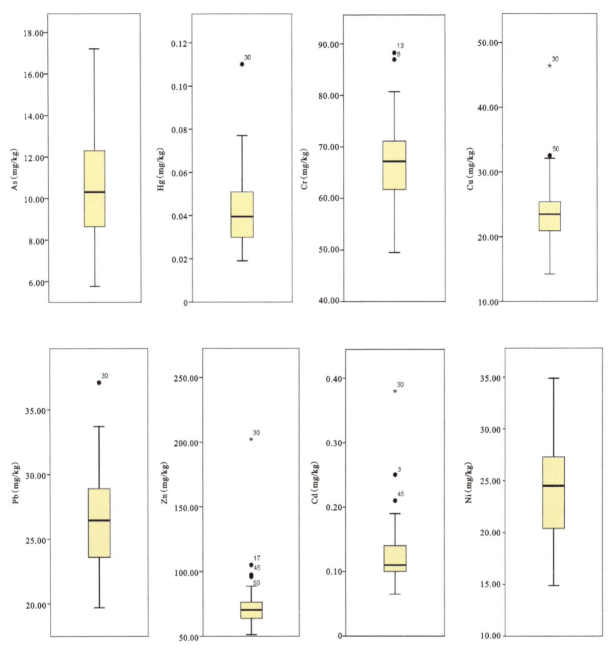

图 9-2-21 新安堡幅土壤重金属元素箱型图

表 9-2-11 新安堡幅土壤有机含量一览表

单位：mg/kg

编号	六六六	滴滴涕	编号	六六六	滴滴涕
TR01	0	<0.1	TR26	0	<0.1
TR02	0	<0.1	TR27	0	<0.1
TR03	0	0	TR28	0	<0.1
TR04	0	0	TR29	0	<0.1
TR05	<0.1	<0.1	TR30	0	<0.1

续表 9-2-11

编号	六六六	滴滴涕	编号	六六六	滴滴涕
TR06	0	<0.1	TR31	0	<0.1
TR07	0	<0.1	TR32	0	<0.1
TR08	0	<0.1	TR33	0	<0.1
TR09	<0.1	<0.1	TR34	0	<0.1
TR10	<0.1	<0.1	TR35	0	0
TR11	<0.1	<0.1	TR36	0	<0.1
TR12	<0.1	<0.1	TR37	0	<0.1
TR13	0	<0.1	TR38	0	<0.1
TR14	0	<0.1	TR39	0	<0.1
TR15	0	<0.1	TR40	0	<0.1
TR16	0	<0.1	TR41	0	<0.1
TR17	0	<0.1	TR42	0	<0.1
TR18	0	<0.1	TR43	0	<0.1
TR19	<0.1	<0.1	TR44	0	<0.1
TR20	<0.1	<0.1	TR45	0	<0.1
TR21	0	<0.1	TR46	0	<0.1
TR22	0	0	TR47	<0.1	<0.1
TR23	0	<0.1	TR48	0	0
TR24	0	<0.1	TR49	0	<0.1
TR25	0	<0.1	TR50	0	<0.1

表 9-2-12 新安堡幅农业用地土壤污染风险筛选值　　　　单位：mg/kg

序号	污染物项目	风险筛选值
1	六六六总量	0.10
2	滴滴涕总量	0.10
3	苯并(a)芘	0.55

四、长春新区土壤环境质量评价

土壤环境质量评价涉及评价因子、评价标准和评价方法。本文评价因子为项目调查中的主要重金属污染物 Cd、Hg、Pb、As、Cu、Cr、Zn、Ni 共 8 种重金属元素；评价标准采用国家土壤环境质量标准及污染分级标准；评价方法采用单项因子分指数法、内梅罗综合污染指数法，分别对研究区各评价因子污染现状及土壤环境综合质量现状进行评价。

(一)评价因子及分析评价标准

1. 土壤环境质量标准

本次调查选取土壤中常见的部分重金属元素 Cd、Hg、Pb、As、Cu、Cr、Zn、Ni 作为评价因子。采用《土壤环境质量农用地土壤污染风险管控标准(试行)》(GB 15618-2018)进行分析评价,在这一标准中,它根据土壤应用功能和保护目标,将土壤环境划分为 3 级(表 9-2-13)。

表 9-2-13 土壤环境质量分类和标准分级

类别	土壤环境质量分级适用范围	分级	标准分级含义
Ⅰ类	主要适用于国家规定的自然保护区(原有背景重金属含量高的除外)、集中生活饮用水源地、茶园、牧场和其他保护地区的土壤,土壤质量基本上保持自然背景水平	一级	为保护区域自然生态、维持自然背景的土壤环境质量限制值
Ⅱ类	适用于一般农田、蔬菜地、茶园、果园、牧场等土壤,土壤质量基本上对植物和环境不造成危害与污染	二级	为保障农业生产、维护人体健康的土壤限制值
Ⅲ类	主要适用于林地土壤及污染物容量较大的高背景值土壤和矿产附近等地的农田土壤(蔬菜地除外),土壤质量基本上对环境和植物不造成危害与污染	三级	保障农业生产和植物正常生长的土壤临界值

2. 污染分级标准

本次以测区土壤地球化学背景为基础,借鉴国家土壤环境质量标准(表 9-2-14),确定污染分级标准(表 9-2-15)。以测区背景上限为重金属元素累积起始值(X_a),国家土壤环境质量标准的二类标准作为污染起始值(X_c),土壤环境质量标准的三类标准作为重污染起始值(X_p)。

表 9-2-14 土壤环境质量标准值　　　　　　　　　　　　　　　　　　　　　单位:mg/kg

项目	一级	二级(pH 值)			三级(pH 值)
	自然背景值	<6.5	6.5~7.5	>7.5	6.5
Cd	0.2	0.3	0.3	0.6	1
Hg	0.15	0.3	0.5	1	1.5
As	15	40	30	25	40
Cu	35	50	100	100	400
Pb	35	250	300	350	500
Cr	90	150	200	250	300
Zn	100	200	250	300	500
Ni	40	40	50	60	200

表 9-2-15　污染分级指标表　　　　　　　　　　　　　　　　　　　　　单位：mg/kg

元素	Cd	Hg	As	Pb	Cu	Cr	Zn	Ni
累积起始值(X_a)	0.15	0.15	15	35	30	90	85	40
污染起始值(X_c)	0.3	0.3	25	250	50	200	200	50
重污染起始值(X_p)	1	1.5	30	500	400	300	500	200

(二)指数评价法

1. 单项污染分指数法

污染分指数是指某一污染物影响下的环境污染指数,可以反映出各污染物的污染程度。本书根据式(9-1)计算出的单项污染分指数,按单项污染分级标准对重金属元素污染程度进行分级(表 9-2-16)。

$$\begin{aligned}
&C_i \leqslant X_a \text{ 时}, P_i = C_i/X_a \\
&X_a < C_i \leqslant X_c \text{ 时}, P_i = 1 + (C_i - X_a)/(X_c - X_a) \\
&X_c < C_i \leqslant X_p \text{ 时}, P_i = 2 + (C_i - X_c)/(X_p - X_c) \\
&C_i \geqslant X_p \text{ 时}, P_i = 3 + (C_i - X_p)/(X_p - X_c)
\end{aligned} \qquad (9-1)$$

式中,P_i 为污染分指数;C_i 为土壤中的污染物 i 的实测浓度值;X_a 为累积起始值;X_c 为污染起始值;X_p 为重污染起始值。

表 9-2-16　单项污染分级标准

分指数	$P_i<1$	$1 \leqslant P_i<2$	$2 \leqslant P_i<3$	$P_i \geqslant 3$
质量等级	清洁	潜在污染	轻污染	重污染

长春新区土壤重金属单项污染分级计算结果见表 9-2-17,从表中可以看出表层土壤重金属污染特征如下。

(1)长春新区表层土壤大部分没有受到重金属的污染,基本上都处于环境本底值上下。代表元素为 Cr、Pb、Ni,P_i 值均小于 1,质量等级为清洁。

(2)潜在污染的重金属元素为 Zn、Cu、As,主要分布在龙嘉镇、唐家湾子、二道湾子和奋进乡,且多以点状分布。

(3)Cd 轻污染区主要分布于奋进乡北部的大部分区域,其余地点为潜在污染区;在龙嘉镇西部及东南部分区域存在潜在污染区。

(4)Hg 轻污染区分布在龙嘉镇,潜在污染区分布在西营城镇北部,其余大部分地区为清洁区。

2. 内梅罗综合污染指数评价

用单项污染分指数法评价长春新区土壤重金属污染状况,分别了解了每种重金属在长春新区表层土壤的污染状况。用综合指数法评价长春新区土壤重金属污染状况,则可以了解这 8 种重金属在长春新区表层土壤的综合污染状况(表 9-2-17)。

表 9-2-17　长春新区表层土壤重金属单项污染分级指数（P_i）结果

编号	Cd	Hg	Cr	Pb	Ni	As	Cu	Zn
TY01	0.73	0.15	0.71	0.66	0.71	0.75	0.69	0.72
TY02	0.89	0.33	0.62	0.65	0.55	0.53	0.77	0.85
TY03	0.52	0.14	0.53	0.65	0.40	0.44	0.63	0.76
TY04	0.63	0.13	0.65	0.68	0.57	0.52	0.58	0.66
TY05	0.83	0.13	0.75	0.75	0.74	0.77	0.71	0.76
TY06	0.59	0.13	0.66	0.68	0.65	0.69	0.71	0.76
TY07	0.94	1.11	0.70	0.71	0.68	0.68	0.81	0.82
TY08	0.85	0.20	0.69	0.66	0.68	0.73	0.68	0.75
TY09	0.64	0.17	0.75	0.75	0.62	0.68	0.73	0.84
TY10	0.72	0.23	0.63	0.74	0.58	0.57	0.69	0.65
TY11	0.77	0.23	0.73	0.81	0.69	0.92	0.90	0.87
TY12	0.94	0.13	0.75	0.72	0.67	0.91	0.78	0.82
TY13	1.19	0.51	0.73	0.82	0.80	1.04	0.92	0.95
TY14	0.86	0.25	0.72	0.75	0.71	0.79	0.76	0.83
TY15	0.59	0.15	0.86	0.75	0.89	0.89	0.88	0.86
TY16	1.00	0.41	0.72	0.82	0.75	0.77	0.79	0.73
TY17	0.50	0.15	0.74	0.66	0.71	0.73	0.80	0.73
TY18	1.39	0.34	0.72	0.81	0.84	0.83	0.72	0.81
TY19	0.96	0.37	0.69	0.69	0.70	0.68	0.76	0.88
TY20	0.98	0.41	0.60	0.87	0.56	1.36	0.83	1.30
TY21	0.97	2.05	0.77	0.84	0.84	0.96	0.78	0.82
TY22	1.54	0.24	0.81	0.82	0.80	0.85	0.90	0.94
TY23	0.41	0.14	0.68	0.66	0.65	0.68	0.64	0.67
TY24	0.79	0.21	0.77	0.68	0.80	0.84	0.79	0.85
TY25	0.94	0.22	0.72	0.79	0.67	0.77	0.83	0.78
TY26	0.79	0.29	0.80	0.85	0.86	0.90	0.90	0.90
TY27	1.13	0.40	0.79	0.85	0.85	0.93	0.81	0.98
TY28	0.67	0.16	0.74	0.66	0.73	0.63	0.84	0.86
TY29	1.44	0.22	0.77	0.81	0.83	0.83	0.80	0.90
TY30	1.03	0.20	0.81	0.81	0.80	0.83	0.79	0.84
TY31	0.98	0.41	0.81	0.74	0.90	0.79	0.80	0.80
TY32	0.71	0.43	0.74	0.78	0.74	0.78	0.83	0.84
TY33	0.70	0.24	0.59	0.61	0.51	0.50	0.49	0.57
TY34	1.20	0.34	0.80	0.82	0.90	0.88	0.88	1.13
TY35	1.15	0.19	0.76	0.69	0.76	0.87	0.79	0.85

续表 9-2-17

编号	Cd	Hg	Cr	Pb	Ni	As	Cu	Zn
TY36	1.47	0.17	0.50	0.64	0.70	0.75	0.59	0.80
TY37	1.24	0.38	0.86	0.65	0.80	0.69	1.04	0.91
TY38	2.04	0.25	0.77	0.71	0.91	0.78	0.94	1.09
TY39	0.98	0.15	0.86	0.90	0.97	0.86	0.85	0.75
TY40	1.13	0.35	0.71	0.77	0.75	0.76	0.79	0.83
TY41	0.87	0.18	0.77	0.75	0.92	0.82	0.82	0.87
TY42	1.04	0.22	0.71	0.81	0.74	0.71	0.74	0.82
TY43	1.08	0.22	0.64	0.66	0.67	0.65	0.69	0.68
TY44	1.19	0.40	0.71	0.75	0.84	0.84	0.79	0.97
TY45	1.47	0.21	0.67	0.64	0.80	0.83	0.80	0.76
TY46	1.03	0.21	0.67	0.67	0.88	0.79	0.76	0.77
TY47	2.00	0.21	0.78	0.75	0.86	0.70	1.01	0.88
TY48	0.98	0.14	0.75	0.77	0.81	0.78	0.83	0.76
TY49	1.01	0.15	0.69	0.74	0.74	0.77	0.80	0.77
TY50	0.67	0.15	0.85	0.77	0.86	0.80	0.86	0.80

为了突出环境要素中浓度最大的污染物对环境质量的影响,采用内梅罗综合污染指数法对研究区土壤重金属污染进行综合评价,计算公式为:

$$P_{综}=\sqrt{\frac{P_{ij最大}^2+P_{ij平均}^2}{2}} \quad (9-2)$$

式中,$P_{综}$ 为内梅罗综合污染指数;P_{ij} 为单项污染分指数;$P_{ij最大}$ 为所有元素污染指数最大值;$P_{ij平均}$ 为所有元素污染指数平均值。

内梅罗综合污染指数反映了各种污染物对土壤的作用,同时突出了高浓度污染物对土壤环境质量的影响,可按内梅罗综合污染指数划定污染等级,其中土壤污染评价标准见表 9-2-18。

表 9-2-18 土壤内梅罗综合污染指数($P_{综}$)评价标准

等级	Ⅰ	Ⅱ	Ⅲ	Ⅳ	Ⅴ
$P_{综}$	$P_{综}\leqslant 1.00$	$1.00<P_{综}\leqslant 2.30$	$2.30<P_{综}\leqslant 4.40$	$4.40<P_{综}\leqslant 7.23$	$P_{综}>7.23$
污染等级	清洁	警戒线	轻度污染	中度污染	重污染

根据式(9-1)、式(9-2),用 SPSS 软件计算出长春新区表层土壤 50 个样品中每个样品的内梅罗综合污染指数后再进行计算与统计,并依据表 9-2-18 对该研究区重金属污染程度进行分级,利用 GIS 空间插值分析做出长春新区土壤环境质量分区图,将不同污染区的面积进行统计,如表 9-2-19 和图 9-2-22 所示。

由表 9-2-19 和图 9-2-22 可以看出,长春新区表层土壤轻度污染区面积占总面积的 5.34%,中度污染区面积占总面积的 1.00%,重度污染区面积占总面积的为 0,清洁区面积只占总面积的 16.59%,达到警戒限的土壤区域面积最大,占总面积的 77.07%。通过分析可见,表层土壤的重金属污染比较严重,虽然轻度以上污染面积所占比例较小,但是处于警戒限的土壤面积大,必须引起有关部门的足够重视,以防止土壤环境进一步恶化。

表 9-2-19　长春新区表层土壤重金属元素内梅罗综合污染指数($P_综$)评价结果表

$P_综$	$P_综 \leqslant 1.00$	$1.00 < P_综 \leqslant 2.30$	$2.30 < P_综 \leqslant 4.40$	$4.40 < P_综 \leqslant 7.23$	$P_综 > 7.23$
样品数(个)	27	17	3	3	0
面积比例(%)	16.59	77.07	5.34	1.00	0

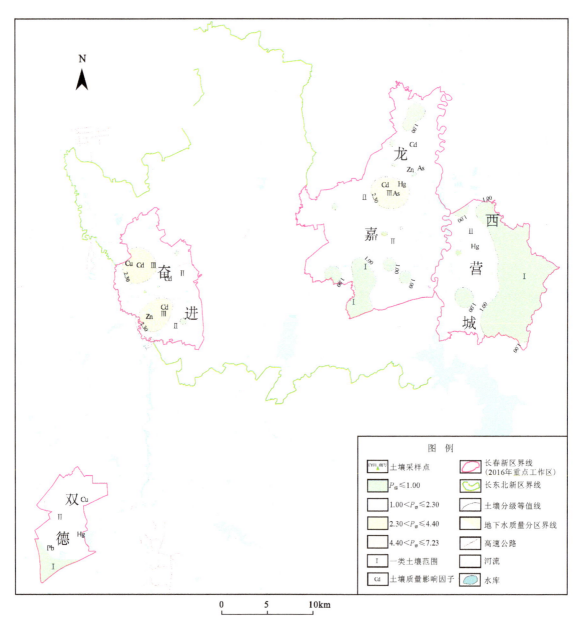

图 9-2-22　长春新区表层土壤环境质量评价图

从污染区域来看,由于工业发展和人类经济活动的影响,紧邻城区的土壤明显比农业区土壤受到的污染程度更严重。奋进乡的北部污染最为严重,形成不规则状轻度污染区,污染元素为 Cd、Zn、Cu。龙嘉镇的中部有一小块区域属轻度污染,形成椭圆形轻度污染区,污染元素为 Cd、As、Hg。大部分郊区由于远离工业区,土壤环境质量较好,未受到污染。

概括而言，表层土壤重金属污染有如下特征：从行政区来看，污染严重顺序为：奋进＞龙嘉＞双德＞西营城；从地理分布来看，城区严重于郊区；从地形分布来看，西部平原区严重于东部台地区。轻度污染区和中度污染区主要分布在长春新区的北部和中部，而研究区东部的区域污染程度较轻。郊区大部处于警戒限，有小范围是清洁区。这说明长春新区表层土壤重金属综合污染主要是由人为活动引起的。

五、泉眼幅土壤环境质量评价

泉眼幅土壤环境质量评价方法同本节长春新区土壤环境质量评价中的相关内容。

1. 单项污染分指数法

泉眼幅土壤重金属单项污染分级计算结果如表 9-2-20 所示，从表中可以看出表层土壤重金属污染特征如下。

（1）泉眼幅地区表层土壤大部分没有受到重金属的污染，基本上都处于环境本底值上下。代表元素为 Hg、Pb、Ni，P_i 值均小于 1，质量等级为清洁。

（2）潜在污染的重金属元素为 As、Zn，主要分布在东湖镇和莲花山，且多以点状分布。

（3）Cr 重污染区分布面积较大；在东湖镇中部及莲花山东南部区域为清洁区，主要包括腰站村、小羊草沟、北园子。

（4）Cd 轻污染区分布在双泉村东湖镇祁家窝堡，潜在污染区分布在龙嘉镇、东湖镇，其余大部分地区为清洁区。

表 9-2-20　泉眼幅表层土壤重金属单项污染分级指数（P_i）结果

编号	Cd	Hg	Cr	Pb	Ni	As	Cu	Zn
TYS01	2.73	0.24	7.85	0.72	0.74	1.07	0.86	1.04
TYS02	0.50	0.17	4.36	0.69	0.72	0.78	0.83	0.83
TYS03	0.30	0.27	7.64	0.88	0.57	0.46	0.74	0.71
TYS04	0.50	0.19	5.20	0.72	0.75	0.82	0.81	0.85
TYS05	0.59	0.28	5.83	0.73	0.49	0.56	0.62	0.69
TYS06	0.74	0.20	3.96	0.73	0.67	1.69	0.84	0.93
TYS07	0.63	0.20	7.73	0.77	0.50	0.63	0.79	0.84
TYS08	0.64	0.29	4.51	0.94	0.75	0.81	0.81	1.07
TYS09	0.79	0.26	8.21	0.68	0.63	0.75	0.71	0.80
TYS10	0.73	0.29	0.83	0.76	0.56	0.81	0.70	0.82
TYS11	0.70	0.27	6.52	0.74	0.69	0.75	0.77	0.77
TYS12	1.07	0.23	0.83	0.81	0.61	0.83	0.71	1.22
TYS13	0.97	0.25	9.39	0.85	0.69	0.90	0.67	0.82
TYS14	0.86	0.27	11.05	0.91	0.68	0.78	0.85	1.07
TYS15	0.96	0.27	8.21	0.81	0.67	0.82	0.77	0.91
TYS16	0.94	0.23	6.63	0.79	0.61	0.64	0.69	0.90
TYS17	1.05	0.24	6.29	0.81	0.68	0.81	0.80	0.84

续表 9-2-20

编号	Cd	Hg	Cr	Pb	Ni	As	Cu	Zn
TYS18	1.51	0.27	0.86	0.79	0.67	0.87	0.89	1.30
TYS19	1.14	0.35	0.89	0.96	0.75	0.96	0.83	0.93
TYS20	1.28	0.33	0.69	0.74	0.60	0.91	1.27	1.26
TYS21	0.66	0.20	5.32	0.78	0.57	0.91	0.59	0.87
TYS22	0.51	0.17	4.75	0.77	0.59	0.60	0.64	0.76
TYS23	0.58	0.27	6.44	0.82	0.77	0.79	0.81	0.89
TYS24	0.77	0.20	5.37	0.81	0.70	0.80	0.75	0.83
TYS25	0.75	0.20	5.66	0.76	0.67	0.77	0.78	0.82
TYS26	0.75	0.27	9.18	0.80	0.60	0.69	0.72	0.74
TYS27	1.32	0.35	12.93	0.72	0.60	0.61	0.77	0.89
TYS28	0.67	0.26	6.82	0.81	0.65	0.80	0.83	0.85
TYS29	1.95	0.24	5.43	0.89	0.66	0.94	0.72	0.95
TYS30	0.95	0.20	0.90	0.76	0.80	0.98	0.82	0.81
TYS31	0.63	0.25	7.09	0.85	0.55	0.77	0.61	0.77
TYS32	1.04	0.19	0.98	0.82	0.83	0.97	0.91	1.13
TYS33	0.75	0.19	6.69	0.71	0.56	0.65	0.68	0.76
TYS34	0.87	0.31	0.64	0.77	0.53	0.92	0.70	0.76
TYS35	0.68	0.29	7.41	0.80	0.44	0.69	0.57	0.72
TYS36	0.87	0.22	0.67	0.90	0.53	0.81	0.87	0.86
TYS37	0.79	0.23	5.59	0.74	0.55	0.57	0.53	0.85
TYS38	0.48	0.34	4.04	0.80	0.62	0.94	0.76	0.82
TYS39	0.59	0.25	4.69	0.85	0.65	0.84	0.72	0.86
TYS40	0.99	0.25	0.86	0.90	0.61	0.77	0.86	0.90
TYS41	0.61	0.22	7.75	0.95	0.59	0.91	0.69	0.85
TYS42	0.85	0.32	0.81	1.09	0.63	0.74	0.85	1.13
TYS43	0.35	0.21	3.62	0.64	0.53	0.57	0.53	0.62
TYS44	3.60	0.21	8.71	0.79	0.45	0.64	0.58	0.82
TYS45	1.32	0.36	0.79	0.75	0.60	0.68	0.82	0.91
TYS46	0.51	0.19	8.51	0.69	0.54	0.73	0.72	0.89
TYS47	0.72	0.22	0.93	0.80	0.77	0.88	1.06	1.14
TYS48	0.81	0.21	7.13	0.73	0.64	0.73	0.69	0.80
TYS49	0.34	0.17	3.42	0.78	0.72	0.75	0.75	0.74
TYS50	1.26	0.18	0.81	0.82	0.68	0.83	0.86	0.96
TYS51	1.28	0.36	0.77	0.72	0.61	0.73	0.80	0.91

注：表中51个样品中有一个样品是平行样，不进行指数评价。

2. 内梅罗综合污染指数评价

用 SPSS 软件计算出泉眼幅表层土壤 51(有 1 个平行样不做评价)个样品中,每个样品的内梅罗综合污染指数后再计算与统计,并依据表 9-2-21 对该研究区重金属污染程度进行分级,利用 GIS 空间插值分析做出长春新区土壤环境质量分区图,将不同污染区的面积进行统计,如表 9-2-21 和图 9-2-23 所示。

表 9-2-21 泉眼幅表层土壤重金属元素内梅罗综合污染指数($P_{综}$)评价结果表

$P_{综}$	$P_{综} \leq 1.00$	$1.00 < P_{综} \leq 2.30$	$2.30 < P_{综} \leq 4.40$	$4.40 < P_{综} \leq 7.23$	$P_{综} > 7.23$
样品数(个)	18	8	2	16	6
面积比例(%)	13.76	10.94	22.29	48.89	4.12

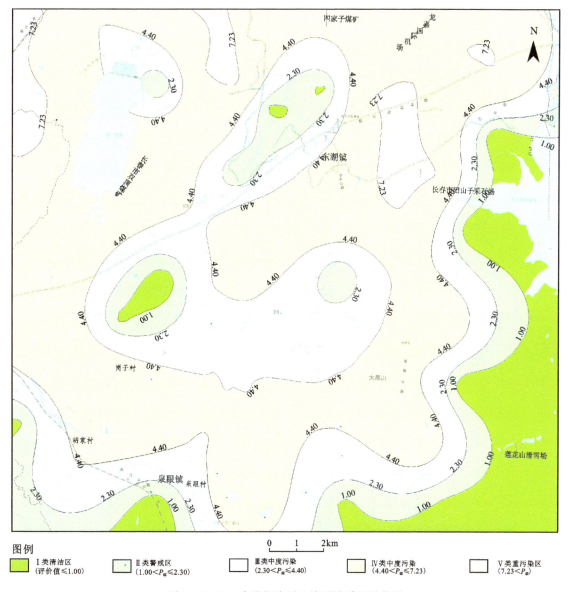

图 9-2-23 泉眼幅表层土壤环境质量评价图

由表 9-2-21 和图 9-2-23 可以看出，泉眼幅表层土壤轻度污染区面积占总面积的 22.29%，中度污染区面积占总面积的 48.89%，重度污染区面积占总面积的 4.12%，清洁区面积占总面积的 13.76%，达到警戒限的土壤区域面积较小，占总面积的 10.94%。通过分析可见，表层土壤的重金属污染比较严重，中度污染区域的土壤面积大，必须引起有关部门的足够重视，以防止土壤环境进一步恶化。

从污染区域来看，由于工业发展和人类经济活动的影响，紧邻城镇区的土壤明显比农业区土壤受到的污染程度严重。卡伦湖的北部污染最为严重，形成条带状重度污染区，污染元素为 Cr、Cd、Zn、As。龙嘉机场的东部有一小块区域属重度污染，形成椭圆形轻度污染区，污染元素为 Cr、Cd。东湖镇东侧有一小块区域属重度污染，污染元素为 Cr、Cd。大部分区域由于远离工业区，土壤环境质量较好，未受到污染。

概括而言，表层土壤重金属污染有如下特征：从行政区来看，污染严重顺序为：东湖镇＞龙嘉镇＞泉眼镇；从地理分布来看，城镇区严重于郊区；从地形分布来看，西部平原区严重于东部台地区。中度污染区和重度污染区主要分布在研究区的中部和北部，而研究区东部的丘陵地带较为清洁。这说明泉眼幅表层土壤重金属综合污染主要是由人为活动引起的。

六、新安堡幅土壤环境质量评价

新安堡幅土壤环境质量评价方法同本节长春新区土壤环境质量评价中的相关内容。

1. 单项污染分指数法

新安堡幅土壤重金属单项污染分级计算结果如表 9-2-22 所示，从表中可以看出表层土壤重金属污染特征如下。

表 9-2-22　新安堡幅表层土壤重金属单项污染分级指数（P_i）结果

编号	Cd	Hg	Cr	Pb	Ni	As	Cu	Zn
TR01	0.74	0.24	0.73	0.77	0.70	0.71	0.76	0.73
TR02	1.09	0.17	0.71	0.83	0.61	0.58	0.90	1.01
TR03	1.66	0.27	0.60	0.96	0.52	0.42	0.78	0.92
TR04	0.71	0.19	0.75	0.84	0.62	0.60	0.79	0.74
TR05	0.76	0.28	0.76	0.67	0.60	0.58	0.81	0.76
TR06	0.55	0.20	0.86	0.75	0.79	0.81	0.92	0.87
TR07	0.56	0.20	0.77	0.77	0.66	0.84	0.81	0.82
TR08	0.75	0.29	0.97	0.78	0.84	0.97	1.10	0.98
TR09	0.83	0.26	0.70	0.71	0.56	0.59	0.67	0.74
TR10	0.71	0.29	0.78	0.74	0.69	0.62	0.82	0.80
TR11	0.74	0.27	0.77	0.82	0.66	0.61	0.78	0.78
TR12	0.75	0.23	0.86	0.77	0.73	0.82	0.87	0.90
TR13	0.80	0.25	0.98	0.75	0.87	0.99	1.09	1.03
TR14	0.70	0.27	0.85	0.66	0.77	0.75	0.96	0.88
TR15	0.77	0.27	0.82	0.83	0.71	0.82	0.84	0.80
TR16	0.66	0.23	0.81	0.75	0.66	0.54	0.80	0.82

续表 9-2-22

编号	Cd	Hg	Cr	Pb	Ni	As	Cu	Zn
TR17	0.94	0.24	0.90	0.78	0.84	1.22	1.09	1.18
TR18	0.85	0.27	0.73	0.76	0.55	0.87	0.68	0.81
TR19	1.09	0.35	0.75	0.83	0.65	0.74	0.78	0.89
TR20	0.93	0.33	0.71	0.74	0.52	1.12	0.85	0.98
TR21	0.65	0.20	0.74	0.71	0.56	0.61	0.77	0.79
TR22	0.58	0.17	0.59	0.70	0.47	0.50	0.65	0.70
TR23	1.16	0.27	0.65	0.89	0.51	0.73	0.64	0.78
TR24	0.58	0.20	0.68	0.68	0.51	0.48	0.74	0.74
TR25	0.54	0.20	0.72	0.63	0.48	0.50	0.89	0.85
TR26	0.63	0.27	0.79	0.82	0.63	0.76	0.83	0.83
TR27	0.73	0.35	0.76	0.60	0.55	0.82	0.94	0.88
TR28	0.80	0.26	0.55	0.56	0.37	0.38	0.71	1.00
TR29	0.58	0.24	0.70	0.65	0.51	0.51	0.76	0.85
TR30	2.12	0.20	0.76	1.01	0.62	0.66	1.82	2.01
TR31	0.71	0.25	0.69	0.78	0.46	0.57	0.63	0.72
TR32	0.93	0.19	0.71	0.85	0.49	0.64	0.65	0.68
TR33	0.43	0.19	0.60	0.62	0.43	0.42	0.51	0.61
TR34	0.68	0.31	0.66	0.67	0.54	0.58	0.68	0.75
TR35	0.76	0.29	0.58	0.58	0.38	0.42	0.47	0.61
TR36	0.50	0.22	0.57	0.64	0.40	0.44	0.52	0.60
TR37	0.81	0.23	0.75	0.66	0.62	0.66	0.76	0.86
TR38	0.83	0.34	0.81	0.78	0.72	0.88	0.80	0.84
TR39	1.14	0.25	0.76	0.74	0.68	0.76	0.83	0.97
TR40	0.81	0.25	0.73	0.95	0.64	0.84	0.75	0.76
TR41	0.68	0.22	0.74	0.89	0.60	0.81	0.72	0.79
TR42	0.90	0.32	0.77	0.87	0.71	0.83	0.78	0.88
TR43	0.73	0.21	0.66	0.64	0.48	0.55	0.61	0.72
TR44	0.66	0.21	0.70	0.65	0.53	0.65	0.71	0.77
TR45	1.37	0.36	0.82	0.69	0.66	0.68	1.03	1.11
TR46	0.81	0.19	0.63	0.68	0.41	0.76	0.63	0.74
TR47	1.28	0.22	0.63	0.80	0.53	0.86	0.70	1.00
TR48	0.72	0.21	0.77	0.84	0.62	0.82	0.80	0.87
TR49	0.68	0.17	0.80	0.81	0.73	0.81	0.73	0.87
TR50	1.28	0.18	0.79	0.78	0.66	0.69	1.13	1.10

(1) 新安堡幅表层土壤大部分没有受到重金属的污染,基本上都处于环境本底值上下。代表元素为 Hg、Cr、Ni,P_i 值均小于 1,质量等级为清洁。

(2) 潜在污染的重金属元素为 Pb、As、Cd、Cu、Zn。其中,Pb 潜在污染区以点状分布,主要分布图幅最东侧;As 潜在污染区以点状分布;Cd 潜在污染区主要分布在图幅中部,且多以点状分布;Cd 轻污染区,仅有一处零星发现;Cu 潜在污染区主要分布在图幅东南部及西部小部分,且多以点状分布;Zn 潜在污染区主要分布在图幅西南部,且多以点状分布。

(3) 调查区不存在重金属轻度污染和重度污染的区域。

2. 内梅罗综合污染指数评价

用 SPSS 软件计算出表层土壤 50 个样品中,每个样品的内梅罗综合污染指数后再计算与统计,并依据表 9-2-23 对该研究区重金属污染程度进行分级,利用 GIS 空间插值分析做出新安堡幅表层土壤环境质量分区图,将不同污染区的面积进行统计,如表 9-2-23 和图 9-2-24 所示。

表 9-2-23 新安堡幅表层土壤重金属元素内梅罗综合污染指数($P_{综}$)评价结果表

综合指数	$P_{综}\leqslant 0.7$	$0.7<P_{综}\leqslant 1.0$	$1.0<P_{综}\leqslant 2.0$	$2.0<P_{综}\leqslant 3.0$	$P_{综}>3.0$
样品数(个)	6	39	5	0	0
面积比例(%)	11.80	78.60	9.60	0	0

由表 9-2-23 和图 9-2-24 可以看出,新安堡幅表层土壤清洁区面积占总面积的 11.80%,轻度污染区面积占总面积的 9.60%,中度污染区和重度污染区面积均为 0,达到警戒限的土壤区域面积较大,占总面积的 78.60%。

通过分析可见,表层土壤的重金属污染比较轻,处于警戒线以上的区域土壤面积大,必须引起有关部门的足够重视,以防止土壤环境进一步恶化。

从污染区域来看,由于工业发展和人类经济活动的影响,紧邻城镇区的土壤明显比农业区土壤受到的污染程度严重。新安堡幅的西部和东北部污染最为严重,形成椭圆形、点状条带状轻度污染区,污染元素为 Cd、Zn、Pb、Cu。新安堡幅中部的大部分区域处于警戒线区域,由于土壤 Cd 的环境背景值略高,导致评价结果略微高于 0.70,其他重金属离子都处于清洁状态。大部分区域由于远离工业区,土壤环境质量较好,未受到污染。

七、土壤环境质量变化

将长吉经济圈重点工作区内 2016—2018 年土壤样品测试结果,按照吉林省地质调查院 2004—2006 年完成的《吉林省 1∶25 万多目标区域地球化学调查报告》(以下简称《1∶25 万报告》)(郭喜军等,2007)中的评价方法进行评价,结果与《1∶25 万报告》中吉林省中西部土壤的结果进行对比,阐述其变化情况。

(一) 有毒有害元素

1. 评价标准

土壤环境质量评价标准采用国家土壤环境质量标准[《土壤环境质量标准》(GB 15618—1995)],评价指标选择 Cd、Hg、As、Pb、Cu、Cr、Zn、Ni 共 8 种元素。

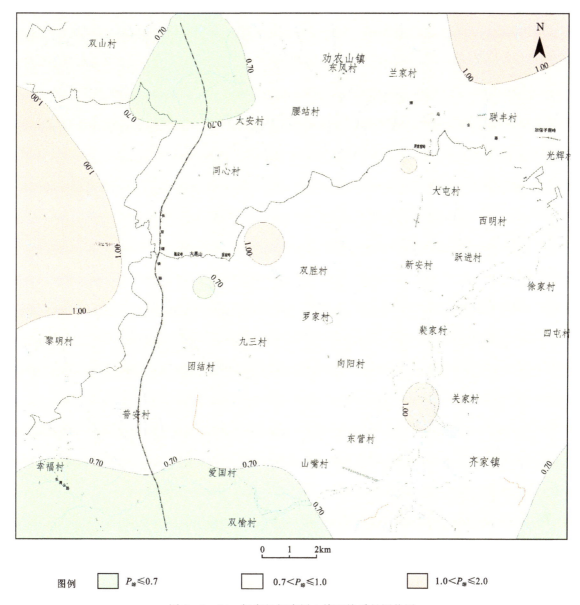

图 9-2-24 新安堡幅表层土壤环境质量评价图

2. 单项评价

根据土壤环境质量标准,采用《1:25万报告》中的分级方法进行评价。质量指数为元素含量与对应的土壤环境质量标准二级质量标准之比,将 P_i 分为3级:$P_i \leqslant 1$,质量好;P_i 为1~2,质量较差;$P_i \geqslant 2$,质量很差。

土壤环境质量单项指标分级结果如下:Hg、As、Pb、Cu、Cr、Zn、Ni 的 P_i 不大于1,即全部重点工作区 1 238.39 km² 范围内,有毒有害元素含量均小于土壤环境质量二级标准。Cd 污染指数在全区范围内大部分地区无变化,均小于1,在河家屯—杨家东沟—曹家屯—五道岗子—朱大屯西沟一带由不大于1变为1~2,面积约 5.5 km²。

(二)土壤酸碱度

原《吉林省中西部酸碱度(pH)变化图》将 pH 值分为6级:≤5.5,5.5~6.5,6.5~7.5,7.5~8.5,8.5~9.5,≥9.5。原图上土壤的 pH 值大部分在 5.5~6.5 范围内,根据最新数据做图后,泉眼幅范围内大部分地区变为6.5～7.5，变化面积约187.9km²。韩家窝堡—泉眼村—袁家村—陆家烧锅—阎家岗子一带、龙家堡村—杨树村—后小房身—东小房身一带pH值由5.5～6.5变为不大于5.5，变化面积约199.86km²。西营城范围内根据最新测试结果除西营城镇由原来的5.5～6.5变为6.5～7.5外，其他地区无变化。新安堡幅工作区内仅有小部分发生变化，pH值主要由不大于5.5和5.5～6.5变为6.5～7.5。

（三）综合评价

1. 重点工作区综合评价

重点工作区包括长春新区、泉眼幅和新安堡幅。采用模糊逻辑系统进行土壤环境质量综合评价，重金属隶属函数为：

$$\mu(x)=\begin{cases} \dfrac{1}{4}\cos\left[\left(1+\dfrac{x}{2a}\right)\pi\right] & x\leqslant a \\ \dfrac{1}{4}+\dfrac{x-a}{4(b-a)} & a<x\leqslant b \\ \dfrac{1}{2}+\dfrac{x-b}{4(c-b)} & b<x\leqslant c \\ \dfrac{3}{4}+\dfrac{\arctan(x-c)}{2\pi} & x>c \end{cases}$$

式中，$\mu(x)$为重金属含量对土壤环境功能危害的隶属度；x为重金属含量；a为一级上限值；b为二级上限值；c为三级上限值。

根据重金属危害性隶属函数计算单指标隶属度。

土壤综合环境质量根据隶属函数计算每个元素的隶属度，隶属度最大的元素作为该评价单元的隶属度。隶属度在0～1之间，隶属度越高，环境质量越差。根据原《吉林省中西部土壤综合环境质量图》，将综合指数分为3级：≤0.25（优良），0.25～0.50（安全），0.50～0.75（较差）。原综合环境图上$P_{综}$大部分都不大于0.25，仅在劝农山镇的东南侧有6.2km²的$P_{综}$为0.25～0.50的区域。根据2016—2018年数据做图后，卡伦湖镇双泉村祁家窝堡一带、泉眼镇—劝农山镇中间地段$P_{综}$变为0.25～0.50，面积约15.6km²。在饮马河镇$P_{综}$由不大于0.25变为0.25～0.50，面积约6.4km²。奋进乡西北部$P_{综}$由不大于0.25变为0.25～0.50，面积约8.1km²。在胜利村河家屯—杨家东沟—曹家屯—五道岗子—朱大屯西沟一带，$P_{综}$由原来的不大于0.25变为0.50～0.75，面积约5.5km²。在聂家崴子—向坡子—三道河子—南河沿—前岳家油坊一带，$P_{综}$由原来的不大于0.25变为0.25～0.50，面积约8.8km²。

综合最新评价结果来看，土壤总体环境质量优良，仅个别地区发生小幅度恶化，土壤环境大体是安全的。

2. 长春新区综合评价

与原中西部土壤中各元素分区图比较，其中As、Cd、Cr、Cu、Hg、Ni、Pb、Zn的含量未发生变化，质量指数均小于1。

2006年的结果显示，长春新区范围内$P_{综}$均不大于0.25，土壤环境质量好。最新结果显示，饮马河镇附近$P_{综}$变为0.25～0.50，面积约8km²。奋进乡郭家屯—前存金堡$P_{综}$变为0.25～0.50，面积约8km²。

3. 莲花山区综合评价

2006年的成果$P_{综}$均不大于0.25。根据最新数据做图后，卡伦湖镇双泉村祁家窝堡一带、泉眼镇—劝农山镇中间地段$P_{综}$变为0.25～0.50，面积约11km²。

主要参考文献

陈南祥.工程地质及水文地质[M].北京:中国水利水电出版社,2007.

迟宝明,卢文喜,肖长来,等.水资源概论[M].长春:吉林大学出版社,2006.

郭喜军.吉林省1:25万多目标区域地球化学调查报告[R].长春:吉林省地质调查院,2007.

郭晓东,孙岐发,赵勇胜,等.珲春盆地农田重金属分布特征及源解析[J].农业环境科学学报,2018,37(9):1875-1883.

郭晓东,赵勇胜,何海洋,等.珲春盆地土壤重金属污染及生态风险评价[J].科技通报,2019,35(2):225-230.

国家环境保护局,国家技术监督局.土壤环境质量标准:GB 15618—1995[S].北京:中国标准出版社,1995.

胡宝和.哈尔滨-长春经济区环境地质综合勘察报告[R].长春:吉林省勘察设计院,1990.

吉林省水文水资源局.吉林省中部城市引松供水工程建设项目水资源论证报告[R].长春:吉林省水文水资源局,2009.

梁秀娟,迟宝明,王文科,等.专门水文地质学[M].北京:科学出版社,2016.

梁秀娟.吉林市城区地下水应急饮用水水源地调查评价报告[R].长春:吉林大学,2012.

梁勇生.镉对菜心生长的影响及镉污染土壤的治理研究[D].南宁:广西大学,2006.

梁忠民,钟平安,华家鹏.水文水利计算[M].北京:中国水利水电出版社,2006.

廖轶群.基于GIS的新疆地区植被生态需水量研究[M].杨凌:西北农林科技大学,2006.

刘思峰,郭天榜.灰色系统理论及其应用(第八版)[M].北京:科学出版社,2018.

戚琳琳,张博,赖乔枫,等.基于MIKE BASIN的水资源合理配置方案对比分析——以长吉经济圈为例[J].水利水电技术,2018,49(5):16-24.

芮孝芳.水文学原理[M].北京:水利水电出版社,2004.

生态环境部国家市场监督管理总局.土壤环境质量农用地土壤污染风险管控标准(试行):GB 15618—2018[S].北京:中国标准出版社,2018.

水利部水利水电规划设计总院.全国水资源调查评价技术细则[R].北京:水利部水利水电规划设计总院,2017.

孙岐发,田辉,郭晓东,等.长春莲花山发现锶富集区[J].中国地质,2019,46(2):430-431.

孙岐发,田辉,郭晓东,等.吉林长春地区地下水中发现偏硅酸和锶富集区[J].中国地质,2017,44(5):1031-1032.

孙岐发,田辉,李旭光.基于PS-InSAR精密水准等技术的沈阳地区地面沉降研究[J].地质与资源,2016a,25(1):79-83.

孙岐发,田辉,张扩.下辽河平原地区历史地面沉降情况研究[J].地质与资源,2014,23(5):450-452.

孙岐发,田辉,张勤,等.盘锦湿地地面沉降历史过程研究[J].湿地科学,2016b,14(5):607-610.

孙岐发,田辉.抚顺矿山地质灾害控制方法研究[J].地球科学前沿,2014,4(2):75-82.

田辉,金洪涛,孙岐发,等.辽河三角洲地下潜水现状及变化规律研究[J].地质与资源,2017,26(3):290-295.

王金枝.宁夏农村饮水安全工程运行管理绩效考核研究[D].银川:宁夏大学,2014.

肖长来,梁秀娟,卞建民,等.水环境监测与评价[M].北京:清华大学出版社,2008.

肖长来,梁秀娟,王彪.水文地质学[M].北京:清华大学出版社,2010.

肖长来.长春市地铁一号线抽水试验报告[R].长春:吉林大学,2011.

徐金.基于马尔萨斯人口修正模型的黑龙江省人口预测[J].中国集体经济,2010(4):96-98

徐志侠,王浩,董增川,等.南四湖湖区最小生态需水研究[J].水利学报,2006,37(7):784-788.

薛禹群,吴吉春.地下水动力学(第三版)[M].北京:地质出版社,2010.

杨志峰,崔保山,刘静玲.生态环境需水量评估方法与例证[J].中国科学,2004,34(11):1072-1082.

叶守泽.水文水利计算[M].北京:中国水利水电出版社,2013.

于秀林,任雪松.多元统计分析[M].北京:中国统计出版社,1999.

詹道江,叶守泽.工程水文学(第三版)[M].北京:中国水利水电出版社,2000.

张德新.吉林省水资源(第二次评价)[M].长春:吉林科学技术出版社,2003.

张茜.长吉经济圈水资源合理配置研究[D].长春:吉林大学,2017.

中国地质调查局.水文地质手册(第二版)[M].北京:地质出版社,2012.

中华人民共和国国家质量监督检验检疫总局.地下水质量标准:GB/T 14848—2017[S].北京:中国标准出版社,2017.

周媛媛.基于熵权法的矿井水综合利用评价指标体系构建[J].内蒙古煤炭经济,2016,(10):16-17.

周振民,刘俊秀,范秀.河道生态需水量计算方法及应用研究[J].中国农村水利水电技术,2015(11):126-128.

左其亭,窦明,马军霞.水资源学教程[M].北京:中国水利水电出版社,2008.

Boekhold A E. Field scale behaviour of cadmium in soil[D]. Netherlands:Wageningen Agricultural University, 1992.